装备状态维修概论

张仕新　刘义乐　等编著

国防工业出版社

·北京·

内 容 简 介

本书以状态维修开放体系结构(Open System Architecture for Condition Based Maintenance,OSA-CBM)为主线,重点介绍了实施装备状态维修过程中所涉及的状态维修对象确定、状态信号获取、状态信号处理与特征提取、状态趋势预测、状态评估与分类、状态维修决策等环节的关键技术和方法,为装备实施状态维修和精确保障提供理论支持。本书可作为院校装备维修保障专业的培训教材,也可作为兵器工业部门或部队开展装备维修理论研究的参考资料。

图书在版编目(CIP)数据

装备状态维修概论/张仕新等编著．—北京:国防工业出版社,2022.3
ISBN 978-7-118-12488-0

Ⅰ.①装… Ⅱ.①张… Ⅲ.①武器装备-维修-概论
Ⅳ.①E92

中国版本图书馆 CIP 数据核字(2022)第 039549 号

※

*国防工业出版社*出版发行
(北京市海淀区紫竹院南路 23 号 邮政编码 100048)
天津嘉恒印务有限公司印刷
新华书店经售
*
开本 710×1000 1/16 印张 16½ 字数 290 千字
2022 年 3 月第 1 版第 1 次印刷 印数 1—1500 册 定价 98.00 元

(本书如有印装错误,我社负责调换)

国防书店:(010)88540777   书店传真:(010)88540776
发行业务:(010)88540717   发行传真:(010)88540762

编写委员会

主　　编　张仕新　刘义乐

副 主 编　王少华　徐玉国　孙海东

编写人员　张仕新　刘义乐　王少华　徐玉国

　　　　　孙海东　陈春良　昝　翔　李爱民

　　　　　李　勇　崔玉莲　唐　伟　裴金顶

前　　言

本书以美国机械信息管理开放系统联盟(Machinery Information Management Open System Alliances, MIMOSA)所提出的状态维修开放体系结构为主线,重点介绍了实施装备状态维修过程中所涉及的状态信号获取、状态信号处理与特征提取、状态趋势预测、状态评估与分类、状态维修决策等关键技术和方法,为装备实施状态维修和精确保障提供理论与方法支持。

本书共8章:第1章绪论,重点介绍状态维修的含义、体系结构、发展现状及趋势;第2章状态维修对象确定,从必要性、适用性、有效性等方面确定装备维修的对象;第3章状态信号获取,介绍了温度、压力、转速、振动、声波、油液等常见状态信息的采集方法;第4章状态信号处理与特征提取,介绍了从幅值域、时域、频域不同角度对信号进行表征,以及状态信号处理与特征提取的常用方法;第5章状态趋势预测,介绍了常用趋势预测技术,以及装备技术状态趋势预测典型案例;第6章状态评估与分类,介绍了常用状态评估与分类技术,以及状态评估与分类方法典型应用示例;第7章状态维修决策,介绍了状态维修决策的内容、一般程序,以及状态维修检测间隔期决策模型及其应用;第8章装备状态维修的组织与实施,从实施程序、任务分工及配套资源建设、人员训练等角度介绍了装备状态维修的实施。

张耀辉教授对本书结构、纲目、内容提出了宝贵意见,并进行了主审,在此表示衷心感谢!本书在编写过程中,参考了大量相关的文献,得到了陆军装甲兵学院有关部门和专家的大力支持,在此表示衷心感谢!

由于水平有限,不妥或错误之处在所难免,恳请批评指正。

编　者

2022 年 1 月

目　　录

第1章 绪 论

20世纪70年代以来,军事装备设计技术发展迅速,各种高新技术在装备上的运用日益广泛,复杂机械构件、电子设备、液压系统等技术已经成为当前装备的主要技术构成,装备的故障机理和技术状态变化规律也随之日趋复杂,装备作战效能的保持和发挥对维修保障的依赖程度日益增强,传统的装备维修保障方式难以满足现实需求。由定时维修主导的装备维修策略已经明显地暴露出其弊端和缺陷,状态维修策略日益受到关注,通过系统研究和实际应用,取得了良好的军事和经济效益。

1.1 装备状态维修的必要性

1.1.1 维修的含义

在人类社会中,维修是伴随着生产工具的使用而出现的,随着生产工具的发展,机器设备的大规模使用,维修也逐步发展成为社会性劳动和社会生产力的一个重要组成部分。一百多年以前,马克思就对机器设备的维修做过许多精辟的论述。他指出:固定资本的维持,还要求有直接的劳动支出。机器必须经常擦洗。这里说的是一种追加劳动,没有这种追加劳动,机器就会变得不能使用,是对那些和生产过程不可分开的有害的自然影响的单纯预防,因此是在最严格的意义上把机器保持在能够工作的状态。马克思的这些论述明确阐明了没有维修,机器就不能使用,没有这种追加的"劳动",机器就难以维持其连续运行。

人们对维修的认识是不断深化的:最早认为,维修是为了排除设备故障及预防故障的发生;后来认为,维修是设备使用的前提和安全的保障,维修是生产力的重要组成部分。随着科学技术的发展、设备自动化程度的不断提高,生产对维修的依赖性也不断增大。维修能提高设备的可用率和完好率,延长设备的使用寿命,从而增加产品数量,提高产品质量。装甲装备、航空装备、舰船装备等武器装备作为一种技术密集、结构复杂的产品,是当代科学技术的结晶,代表着当今科学技术的发展水平。要保证它们的正常运行,离不开维修工作。同时,装备维修是随科学技术、武器装备的发展而不断发展的。

　　维修作为专业术语,只是在近些年的辞书中才开始列入这个词条。有的词条中将维修作为维护和修理的简称。在我国一直有维护和修理这两个术语,维护是保持某一事物或状态不消失、不衰竭,相对稳定,修理是使损坏了的东西恢复到能重新使用,即恢复其原有的功能。现在,维修这个术语已经在多个标准中给出了定义。

　　MIL-STD-721C《可靠性和维修性术语的定义》定义维修是使产品保持或恢复到规定状态所采取的全部措施。

　　GB/T 3187—94《可靠性基本名词术语及定义》定义维修为保持或恢复产品处于能执行规定功能的状态所进行的所有技术和管理(包括监督)的活动。维修可能包括对产品的修改。

　　GJBz 20365—96《军事装备维修基本术语》定义维修为使装备保持、恢复或改善规定技术状态所进行的全部活动。按不同要求,分为预防性维修、修复性维修和改进性维修。

　　上述标准对维修的定义实质上是相同的,装备维修有以下五项共同因素:

　　(1)维修的目的是保持或恢复装备的规定状态。在这里规定状态可以理解为良好的可运行状态,或设计最佳状态,或完成规定功能所必需的状态。

　　(2)对于没有损坏的装备,主要采取预防性措施,保持它的规定状态,防止出现故障;对于已经出现了故障的装备,采取故障分析与定位、故障排除等措施,尽快恢复它的规定状态,以重新投入使用。

　　(3)维修是一种活动,既包括技术活动,也包括管理活动。技术活动如检查、润滑、拆卸、分解、组合、安装、调试、检验等。管理活动如制定维修方案、确定维修制度、确定和管理维修资源,以及维修备件供应、维修技术手册的编写等。

　　(4)从范围来讲,装备维修涉及维修中的"物"、维修中的"事"和维修中的"人"。

　　(5)装备的维修活动主要发生在装备使用阶段,并且主要是由使用部门组织实施,但直接受到装备的研制、生产、使用、管理的影响与制约。

　　装备维修具有重大的军事效益和经济效益:首先,通过采取各种有效维修措施,维护、保养、使用好装备,可使其自然磨损降到最低,并保持良好的战术技术性能,从而延长装备的使用寿命。其次,恢复损坏的装备,使其"再生",同样可以产生明显的军事效益和经济效益。在战时,维修的这种作用尤为重要,它是弥补装备损失最直接、最及时、最经济的途径。再次,运用各种技术手段,通过对装备进行必要的改装和改造,既可以改善和提高装备的性能,也可以延长装备的使用寿命,从而产生明显的军事效益和经济效益。

　　现代战争,一方面装备的威力增大,另一方面装备本身被摧毁的可能性在增大,维修保障在保持军队持续作战能力方面的作用更加显著。例如,在历时 42 天的海湾战争中,多国部队出动飞机 10 多万架次,平均每日出动 2600 余架次;每架飞机每天飞行少则 2~4h,多则十几小时,各型飞机完好率达 90% 以上,强有力的维修保障工作保证了部队高出动强度和持续作战能力,为战争胜利提供了有力保障。战后美军断言:"那些长期以来埋头苦干而没有机会在宣传媒介上露脸的维修保障,在这次战争中得到了应有的评价。在这次战争方程式中,它是一个最关键的因素""维修系统的组织和领导是成功的两把钥匙,而这两把钥匙的形成则取决于 20 世纪 80 年代所进行的各种准备"。

现代战争的经验教训告诉我们,装备维修在整个军事斗争中的作用是举足轻重的。没有装备维修保障,再先进的武器装备也只能发挥一次性效能,有可能很快就成为一堆废物,没有维修保障就没有战斗力已成为国内外军事家的共识。

1.1.2 维修的分类

从不同的角度,维修有不同的分类方法,通常按照维修的目的与时机分类,如图 1-1 所示。

1. 修复性维修

修复性维修(Corrective Maintenance)也称为修理或排除故障维修,是指装备(或其部分)发生故障或遭到损坏后,使其恢复到规定技术状态所进行的维修活动,属于事后维修(Break-down Maintenance)。

战场抢修是一种特殊的修复性维修,又称为战场损伤评估与修复(Battlefield Damage Assessment and Repair,BDAR),是指当装备在战斗中遭受损伤或发生故障后,采用快速诊断与应急修复技术恢复、部分恢复必要功能或自救能力所进行的战场修理。它虽然也是修复性的,但环境条件、时机、要求和所采取的技术措施与一般修复性维修不同,必须给予充分的注意和研究。

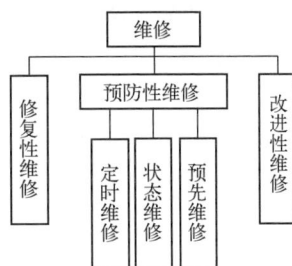

图 1-1 维修方式的分类

2. 预防性维修

预防性维修(Preventive Maintenance)是在发生故障之前,使装备保持在规定状态所进行的各种维修活动。预防性维修的目的是发现并消除潜在故障,或避免故障的严重后果防患于未然。预防性维修适用于故障后果危及安全和任务完成或导致较大经济损失的情况。

预防性维修通常分为以下三种方式:

(1) 定时(期)维修:依据规定的间隔期或固定的累计工作时间或里程,按事先安排的计划进行的维修。其优点是便于安排维修工作,组织维修人力和准备物资。定期维修适用于已知寿命分布规律且确有耗损期的装备。这种装备的故障与使用时间有明确的关系,大部分项目能工作到预期的时间以保证定期维修的有效性。

(2) 状态维修(Condition Based Maintenance, CBM):通过对装备的技术状态参数及其变化进行连续或定期的监测,对其状态进行实时评估,以确定其状态,并预测装备的剩余寿命或功能故障将何时发生,根据装备的实时状态及其发展趋势,在功能故障发生的预测期内视情安排维修的一种维修方式。状态维修不对装备或部件规定固定的拆卸、分解范围和固定的维修间隔期,而是在对装备技术状态进行监测、预测的基础上,视情确定维修的范围和最佳的维修时机,所以能充分利用装备或部件的可用寿命,减少维修工作量和人为差错,但要求有合适的状态监测系统。另外,装备或部件必须存在一个可以定义的潜在故障状态,有能反映潜在故障状态的可检测参数和能反映故障征兆的参数判据。

(3) 预先维修(Proactive Maintenance, PaM):通过对可能引起装备产生故障的"故障根源"(Root Cause of Failure)进行监测、分析与识别,在系统的性能和材料退化之前采取措施进行维修的一种维修方式。预先维修可以从根本上避免功能故障的发生,可以有效地减少系统的整体维修需求,延长系统的使用寿命。预先维修是为消除"故障根源"而进行的维修,"故障根源"是指可能引起最底层分析项目发生故障的一切因素,流体机械系统"故障根源"有液体污染、液体泄漏、液体化学特性不稳定、液体物理特性不稳定、液体气蚀、液体温度不稳定、液压件严重磨损、机械载荷不稳定等。例如:液压阀由于生锈卡死而发生功能故障,当液压阀卡死后再维修属于修复性维修;监测液压阀生锈到一定程度后而在卡死之前进行维修属于状态维修;如果液压阀生锈是由于液压油变质引起的,监测液压油变质到一定程度而液压阀生锈之前就进行维修属于预先维修。预先维修适用于可靠性要求特别高的关键部件和设备。

使用分队对装备所进行的例行擦拭、清洗、润滑、加油注气等,是为了保持装备在工作状态正常运转,也是一种预防性维修,通常称为维护或保养。

3. 改进性维修

改进性维修是利用完成装备维修任务的时机,对装备进行经过批准的改进和改装,以提高装备的战术技术性能、可靠性或维修性,或使之适合某一特殊的用途。它是维修工作的扩展,实质是修改装备的设计。结合维修进行改进,一般属于基地级维修(制造厂或修理厂)的职责范围。

维修还有其他的分类方法:按维修对象是否撤离现场,可分为现场维修与后送维修;按是否预先有计划安排,可分为计划维修和非计划维修。此外,随着计算机在装备上的广泛应用,计算机软件维修(或称维护)也日益成为不可忽视的问题。软件维修通常包含适应性维修和改正性维修,前者是为使软件产品在改变了的环境下仍能使用进行的维修,后者是克服现有故障进行的维修。此外,对软件也有改进性维修。

1.1.3 装备维修的发展及状态维修的产生

早先的维修是在设备故障后进行,实行的是设备"不坏不修,坏了才修"的事后维修。它是以设备出现功能性故障为基础的。设备无法继续运转,有明显的经济损失,以及严重威胁设备或人身安全等,都是出现功能性故障的表现。出现了故障,才去设法维修,维修处于被动地位。产业革命前,主要以此作为维修的指导思想,事后维修占主体地位,维修工作基本上由操作人员进行。

到了 20 世纪初,出现了流水线生产。为了使生产不致中断,1925 年美国首先提出了预防性的定时维修,即事先在某一固定时刻对设备进行分解检查,更换翻修,以预防故障的发生,防患于未然。实行定时预防维修,要求设备上的零部件(元器件)在即将磨损到极限状态或损坏之前及时进行更换、修理,将维修工作做在故障发生之前,这是一种积极主动的维修。它以机件磨损规律为基础,其基本观点是预防维修与使用可靠性之间存在着因果关系,即每个机件的可靠性都与使用时间有直接关系,都有一个可以找到的并且在使用中不得超越的翻修时限,到时必须翻修,翻修得越彻底,分解得越细,防止故障的可能性就越大。

由于把机件磨损或故障作为时间的函数,因此定时维修成为预防性维修的基本方式,而磨损程度主要靠人的直观检查,拆卸分解的维修就成为预防性维修的主要方法。也就是说,装(设)备的可靠性和安全性与其总成、部件、组件、零件的可靠性是紧密相关的。由于是从零部件等的可靠性随时间的增加而下降这一条件出发,因此必须经常检查、定期维修,检查和维修的周期长短是控制其可靠性的重要因素。从这一观点出发,"以预防为主"的维修思想的实质是根据量变到质变的发展规律,把故障消灭在萌芽状态,防患于未然。通过对故障的预防,使装备经常处于良好的状态。实践证明,定时预防性维修的思想及其相适应的维修体制和维修制度在近几十年来基本处于主导位置,在减少故障和事故、减小停机损失及保证装备发挥其效能等方面起到了积极作用。

随着科学技术的发展及在装备中广泛应用,新型飞机、舰船、坦克、导弹等的出现,特别是信息化技术的发展与应用,现有的装备信息化程度高、体系结构复杂、涉及技术领域广,一方面提高了装备战术技术性能,另一方面对维修保障提出了新的要求。装备结构特性和故障规律是开展维修的重要依据,高新技术在新型装备上的应用也带来了结构特性、故障规律和特点的新变化。例如,由机械类故障为主向机电液综合故障扩展,由单一部件故障为主向复杂系统故障扩展,由硬件故障为主向软硬件复合故障扩展,由单装故障为主向装备体系故障扩展,等等。目前,高技术装备仍采用定时维修,出现了诸多问题,主要表现为装备维修的"过剩"与"不足"。

由于定时维修基于这样一个观念,即设备的每个机件工作时就会出现磨损,磨损就会引起故障,而故障影响安全,因此装备的安全性取决于其可靠性。而装备的可靠性是随时间增长而下降的,必须经常检查并定时维修才能恢复其可靠性。预防性维修工作做得越多、维修间隔期越短、维修深度越大,装备就越可靠。其理论基础是故障规律为典型的"浴盆"曲线(图1-2),即存在早期故障期、偶然(随机)故障期、耗损故障期。定时维修对于简单的机械装备和零件是比较适用的。对于大型复杂装备或武器系统来说,传统的做法会遇到两个重大问题:一是随着装备的复杂化,保证装备可靠,就要确定合理的维修间隔期,如果使用过程中出现故障,则认为间隔期不合理,为了保证装备使用可靠,应尽量缩短间隔期,然而无论机件大小都进行定时翻修,其维修费用将不堪负担;二是有些产品或项目,无论其翻修期缩到多短、翻修深度增到多大,其故障率仍然不能有效控制。

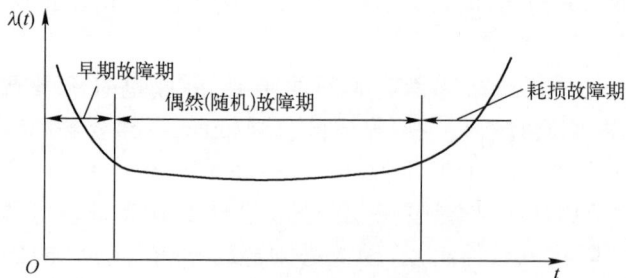

图1-2　"浴盆"型故障率曲线

通过大量维修实践和系统研究,人们对装备定期全面翻修产生了疑问,主要原因如下:

(1)一些故障不可能通过缩短维修周期或扩大修理范围的办法解决,频繁地拆装可能会导致出现更多故障,且增加了维修工作量和维修费用。

(2)定时维修主要采取分解检查,它不能在装备运行中来鉴定其内部零件可靠性下降程度,也就不能客观地确定何时会出故障,而且分解后检查结果常常与传统的统计分析结果相矛盾,所以不能提供延长寿命的依据。

(3) 对于复杂装备,有的机件有耗损故障期,有的机件只有早期故障期和偶然故障期,而没有耗损故障期,有些故障甚至是突发性的。装备是由许多零件组成的,在使用中究竟哪个零件何时会出现故障则是偶然的,零件数目越多,偶然性就越强,只要能及时更换发生故障的零件,整个装备的可靠性总量度对时间来说是基本上不变的,其可靠性与时间无关。

(4) 对于偶然性故障,采取定时维修不一定适用,而应设法鉴别潜在故障,以预防功能性故障的发生或防止危及安全的故障发生。

以上的事实揭示了传统定时维修存在不科学部分,即以耗损理论为基础的定时维修并不适合复杂装备。另外,由于定时维修没有充分考虑现代新型装备的系统构成,以及在使用过程中任务载荷、工作环境、具体使用特点等造成的装备技术状况的个体差异,在维修时间上“一刀切”,出现了维修“过剩”和“不足”等现象,或因维修“过剩”而导致维修费用上升,或因维修“不足”而导致发生故障。

20 世纪 40 年代末期,美国的格兰德河(Rio Grande)铁路部门通过监测润滑油中金属元素的浓度来确定内燃机车的运行状况并预测其元件故障,取得了不错的经济效益,这被认为是应用状态维修的萌芽。美军从中受到启发,逐步开始在一些军用装备的维修上探索这种技术的应用。70 年代,随着测试技术、信号处理技术、信息传输技术以及计算机技术的快速发展,状态维修在航空航天、机械制造、电力等行业的作用日益突出。

状态维修是在对装备技术状态进行监测、预测的基础上,确定维修的范围和最佳的维修时机,将故障消灭在萌芽状态,显著减少装备灾难性事故的发生,同时减少维修工作量和人为差错,能够充分利用装备或部件的可用寿命,提高装备的可用性。状态维修主要有以下的特点:

(1) 能把故障消灭在萌芽状态。事先检测运行状态,预先巡检,主动巡查并确定异常状态,及时进行事先维修。

(2) 计划性更符合实际。状态维修是建立在“状态”基础上的,它强调计划检测,事先采集信息,计划适时适度修理,因此它的计划性更符合实际。

(3) 核心是巡回检测、故障诊断和适时适度修理。状态维修又称为“预知维修”,在于维修之前预知“状态”,因而检测工作十分重要。

(4) 按照需要进行维修。状态维修只更换或修理有需求的部件或系统,减少停机时间,提高装备的完好率。

1.2 状态维修及其关键技术

1.2.1 状态维修基本原理

装备在使用过程中的状态大致分为功能故障状态、潜在故障状态和正常状态三种。功能故障状态是可以直接反映装备发生功能故障的状态,在此状态下,装备中的预定功能不能按规定的标准实现。潜在故障状态是装备从正常状态向功能故障状态发展的过渡状态,在此状态下,装备的预定功能虽然还能在一定程度上实现,但装备内部已出现早期故障或损伤,其性能在逐渐衰退和劣化。正常状态是从制造完成到发生潜在故障之间装备所表现出的状态,在此状态下,装备可正常运行。

装备在平时训练和作战中的工作环境十分复杂、恶劣,其技术状态在使用过程中不断变化。随着服役时间的增长,在各种应力的作用下,装备机件发生磨损、疲劳、变形、断裂、腐蚀、老化等,技术状态逐渐劣化,以致发生故障和丧失工作能力。随着故障诊断技术的发展,人们发现任何装备在发生故障前均有一些征兆,如振动幅度增大、温度增高、出现异常噪声、出现裂纹、润滑油内金属颗粒的异常变化等,如果通过连续或定期的监测及时发现这样的异常变化,必要时采取针对性对策,就可避免功能故障的发生。

装备大部分故障的发生是一个缓慢变化的过程而非瞬时出现,这个过程可用如图 1-3 的 P-F 间隔曲线表示。其中:O 点为故障萌发点,即状态劣化的实际起点;P 点为潜在故障点,从这点开始异常的状态可以通过现有的技术手段准确地检测;F 点为功能故障点,即装备最终失效的时间点。从 P 点到 F 点之间的时间长度称为 P-F 间隔。

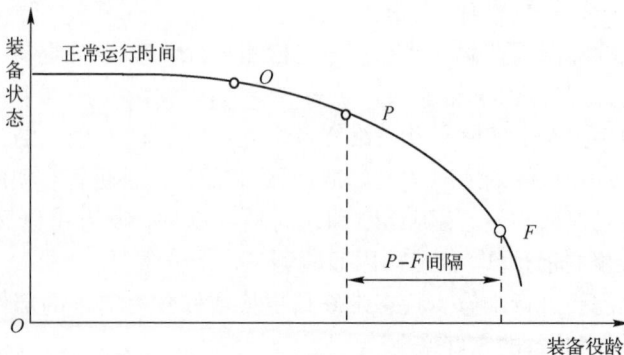

图 1-3 P-F 间隔曲线

装备虽然已在故障萌发点 O 处出现故障,但是由于征兆信号较弱以及监控技术等方面的限制,此时这一故障还不能被检测到,装备处于潜在故障状态继续运行;随着故障进一步地扩展,当到达潜在故障点 P 之后才能够通过技术手段准确地检测到反映故障征兆的特征量,此时若不进行预防维修,故障继续扩展直至最终到达功能故障点 F。状态维修的原理:在潜在故障点 P 和功能故障点 F 之间检测出装备的故障征兆,并采取相应的维修措施,预防和避免功能故障后果的发生。

1.2.2　状态维修的体系结构

状态维修经过不断的发展与完善已经形成了一些技术标准,美国的机械信息管理开放系统联盟(Machinery Information Management Open System Alliances, MIMOSA)等一些组织联合提出了状态维修开放系统结构(Open System Architecture for Condition Based Maintenance, OSA-CBM),描述了实现 CBM 的基本流程,如图 1-4 所示。

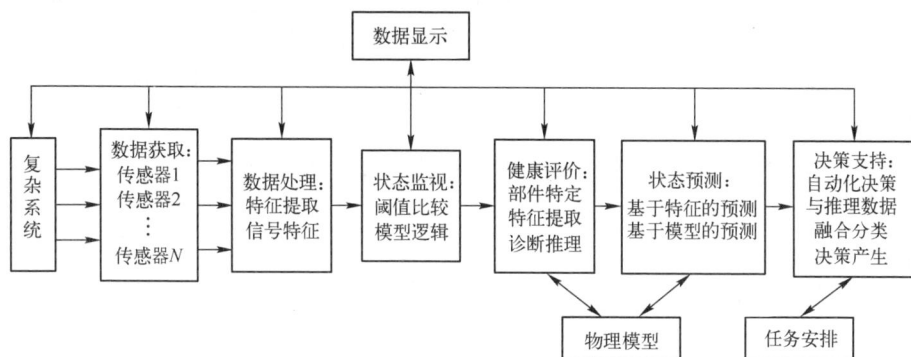

图 1-4　OSA-CBM 的组成结构

该结构将 CBM 分为以下 7 大模块:

(1) 数据获取(Data Acquisition):通过传感器获取状态信息。

(2) 数据处理(Data Processing):将获取的信息进行信号处理和特征提取。

(3) 状态监视(Condition Monitor):将状态特征同预先设定的极限或是阈值进行比较,输出状态指示(如偏低、偏高,正常等)。

(4) 健康评价(Health Assessment):确定被监测对象的状态是否退化,产生诊断记录。

(5) 状态预测(Prognostics):根据当前的状态参数预测未来的状态。

（6）决策支持（Decision Support）：根据健康评价和状态参数预测结果，提出维修建议和相应的维修方案。

（7）数据显示（Presentation）：显示任意一层的信息。

OSA-CBM 描述了状态维修过程中所涉及的关键技术和数据处理过程。从现阶段的研究看，通过已经制定的一系列标准，如 IEEE Std 1451、IEEE Std 1232 和 ISO 13373-1 等，对状态维修前三个模块的相关内容做了规范。

有的研究将装备状态维修归纳为三部分，即状态监测、故障预测以及维修决策。状态监测是指对装备运行时的某些特征参数（振动值、温度等）进行提取，与正常值对比以判断装备工作是否正常。故障预测是通过建立的模型和各种智能方法对处于潜在故障的装备进行寿命预测。状态监测和故障预测的目的是维修决策，通过状态数据，再以费用-风险度为目标，实现维修决策。

1.2.3　增强型状态维修

2001 年，美国国防部维修技术高级指导小组（Maintenance Technology Senior Steering Group，MTSSG）开展了增强型状态维修（Condition Based Maintenance Plus，CBM+）项目。CBM+是以 CBM 为基础，以状态信息的传输与处理技术和维修决策分析技术为核心，提高系统可靠度、可用度和安全性的一种维修方式。CBM+ 的核心是通过以可靠性为中心的维修分析（Reliability Centered Maintenance Analyse，RCMA）及其他相关程序与技术分析，综合考虑修复性维修、预防性维修等策略，根据具体情况确定最佳的维修方式，确定维修计划，目的是在装备有维修需求时才进行有效的维修。CBM+的结构如图 1-5 所示。

CBM+通常由以下部分组成：

（1）硬件：采用内置传感器的系统健康监测和管理；集成数据总线。

（2）软件：在线和离线的决策支持和分析能力；适当的故障诊断和预测；自动维修信息生成和恢复。

（3）设计：开放式系统结构；维修保障系统；操作系统接口；最小维修需求系统设计；基于装备状态的维修决策。

（4）过程：以可靠性为中心的维修分析；修复性维修、预防性维修的权衡；基于趋势的可靠性和过程改进；提供保障系统响应的综合信息系统；持续过程改进。

（5）通信：数据库；离线交互式通信线路。

（6）工具：交互式电子技术手册（IETM）；自动识别技术（AIT）；特殊项目辨识；便携式维修辅助装置（PMA）；内置的、基于数据的、交互式训练。

（7）功能：较低不确定性的故障发现、隔离和预测；优化的维修需求和较少

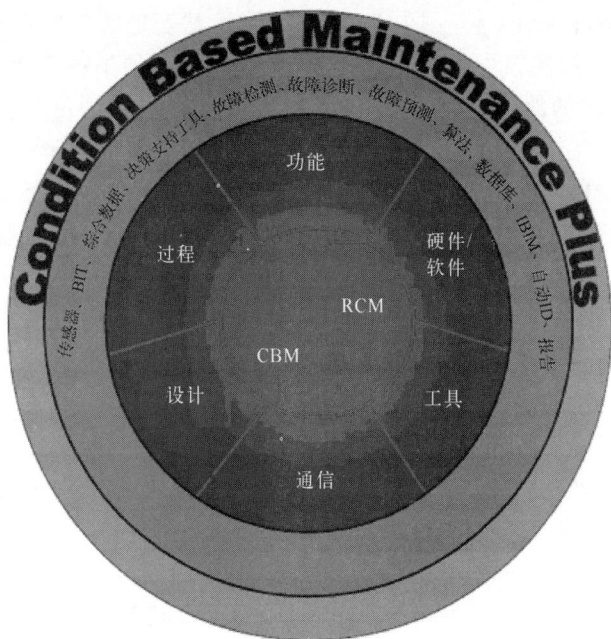

图 1-5 CBM+总体结构

的保障资源;配置管理和资产可视化。

　　CBM 和 RCM 之间有密切的关系。RCM 是一种用于确定装备维修需求、制定和优化维修策略的系统工程,以研究装备可靠性规律为基础而得到广泛应用。RCM 通过基于装备在其使用环境下的功能与故障分析,明确系统内各装备故障后果和危害程度;出于对安全、可靠与经济性方面的综合考虑,利用一种规范化的逻辑决断方法对不同维修策略进行选择和组合优化,实现装备故障后果的全面和有效管理。在利用 RCM 逻辑决断进行维修策略决策时,状态维修具有对装备干预少、维修活动针对性强和效率高、总体成本费用低等优势。CBM 通常被当作装备维修策略的一个优先选择项,可对随机类型故障进行有效管理。随机型故障无法通过定期维修进行很好预防,但是如果利用 CBM,通过对装备状态的监测与诊断,及时掌握装备状态、探测潜在故障发展过程,在装备发生故障之前实施相应的维修活动,实现对随机型故障的有效管理。

　　RCM 与 CBM 具有互补性,两者都是以制定维修策略为目的,最终服务于装备维修活动的计划与实施。依据 RCM 与 CBM 的互补特征,将两者结合起来可以取得较好效果:

　　(1) 利用 RCM 逻辑决断选择装备的 CBM 维修任务时,可根据必要性、技术可行性、经济性等因素进行状态监测技术的排序,以合理选择状态维修策略。RCM 将装备风险分析反馈给 CBM,以确定状态监测的频度和级别,虽然 CBM 是 RCM 维修决策中的优先选择项,但并不是任何情况都会选用。例如,对非安全性影响的故障,首先考虑的是哪种方法更加经济可行,而 CBM 未必是最佳选择。

(2)在 RCM 维修决策过程中会用到许多信息,CBM 为 RCM 提供了动态的实时数据,提高了 RCM 分析的科学性。开发基于 CBM 的装备状态信息数据库,既能实现装备记录的可追溯性,又能通过对装备状态及其劣化趋势变化分析,正确判断故障特征和发生原因,这些信息都将作为 RCM 维修决策的依据。

RCM 与 CBM 融合具有重要意义。RCM 考虑的是实施状态监测的必要性和经济性,状态监测装置及运行和维护都会增加成本,而将 RCM 与 CBM 进行有机融合,既能正确评估状态监测技术的效率和效力,又能使状态监测装置在运用过程中获得更高的投资回报。无论是在线监测还是定期离线监测,都需要从多方面进行综合考虑:如果选择定期离线监测,则要结合检测技术特征、装备故障规律、维修活动的可执行性等决定监测周期,监测周期过长,可能使故障发生概率增高,监测周期过短,将增大工作量,成本费用增加。在 RCM 维修策略逻辑决断中,CBM 通常是管理和评价装备故障后果的首选维修策略,但在开展 CBM 同时,还要安排相应的定期预防性维修活动,充分利用状态监测反映出的装备状态信息,以延长装备使用时间,提高装备完好率,降低装备运行和维修的总成本。全方位的 RCM 应用,强调在装备设计时就进行基于 RCM 的设计方案论证和维修需求分析,从源头上提高装备的可靠性和维修性,有利于减少装备运行后增加状态监测而进行的技术改造。

CBM+建立在 RCM 的基础上,它又通过应用一系列的程序、性能和工具完善并拓展了 RCM,改进了维修分析过程的实施。表 1-1 给出了与 RCM 决策步骤相关的 CBM+性能。CBM+策略包括许多管理与技术活动,可提高基本的 RCM 工作,一定意义上讲,CBM+会产生一个更有效的 RCM 分析。

表 1-1　与 RCM 决策步骤相关的 CBM+性能

RCM 决策步骤	CBM+性能
功能:系统的期望能力,它运行状况如何,在什么环境下运行	提供分析和决策保障来辅助确定寿命周期维修策略,从而确保达到所需的系统性能;为客户提供技术数据确保资源的最佳利用,从而执行选择的维修任务
功能故障:系统的故障状态,通常指系统达不到期望性能标准的状态	提供诊断工具来评估系统/部件的劣化级别;跟踪部件的健康和状态
故障模式:引起功能故障的特定状态(故障表现形式)	使用传感器和数据分析技术来确定故障原因;收集、存储并传送系统状态和故障数据

续表

RCM 决策步骤	CBM+性能
故障影响:当每个故障模式发生时对发生情况的描述,应足够详细保证正确评估故障后果	利用自动化工具和数据处理软件来采集、处理故障信息;应用交互式电子技术手册等手段来报告、巡检、测试和排除故障
故障后果:对功能损失的描述(如安全、环境、任务或经济)	保持平台硬件和软件结构,提供数据仓库作为包含来自使用与保障过程的状态趋势、历史和交流报告的综合数据库
维修工作和间隔期:如果存在,对预计或预防故障的适用和有效工作的描述	综合诊断性能来辅助预测故障原因和时机;基于来自综合状态分析的故障预测,每个平台上的嵌入式健康管理系统预计装备/部件的剩余寿命
其他工作:包括但不限于故障发现工作、运行故障、工程重新设计,以及对操作程序或技术手册的改变/补充	提供标准图形和趋势显示、用户警报、数据挖掘和分析、仿真和建模、计划决策支持系统和建议

尽管 CBM+出现比较晚,但由于其特有的优越性,使得它一经出现便成为装备使用与维修领域关注的焦点。与传统维修方式相比,CBM+在制定维修策略时考虑了系统运行状态,以及由于制造过程、使用保障过程等造成的差异,并尽可能在故障前进行维修。因为掌握了装备的现行技术状态,运用数据分析与决策技术预测装备的寿命并实施精确维修,所以能有效地减少停机时间,节约维修费用,延长使用寿命,提高装备的完好率和可用度。

1.2.4　状态维修关键技术

状态维修关键技术包括状态监测技术、状态预测技术、状态评估技术和状态维修决策技术,这些技术是状态维修的重要支撑。

1. 状态监测技术

目前已开发的状态监测技术种类极多,按检测征兆(或潜在故障的效应)将状态监测技术分为以下六种技术:

(1) 动力学效应监测技术:监测装备的状态,装备或装备部件运动通过振动波、脉冲波、声波等形式散发出能量,能量的异常变化为监测其状态变化提供依据。其中,运用振动效应进行状态监测在实际中应用最为广泛,也是目前发展最为成熟的监测技术之一,它以机械振动、冲击以及模态参数为目标。

含有运动部件的装备会在各种频率下产生振动,振动的频率取决于振源的性质,其频率或频谱的变化范围很大。根据对振动信号测量、处理、分析及识别的结果,能在不停机、不解体的情况下掌握装备的运行状态。一般而言,振幅(或位移)传感器在低频时较为灵敏,速度传感器在中频带较为灵敏,而加速度传感器在高频时较为灵敏。

（2）颗粒效应监测技术：可监测潜在故障引起的释放到装备或部件运行环境中的大小和形状各异的离散颗粒，主要以泄漏、残留物、气体、液体、固体磨粒成分变化为监测目标。用于颗粒效应监测的技术有很多，如铁谱分析、压力差分析、金属碎屑探测等，采用这些技术可以监测磨损、疲劳、腐蚀等产生的颗粒，以及压缩机、齿轮箱、变速箱、发动机及液压系统的油。

（3）化学效应监测技术：通过化验释放到环境中的化学元素来监测装备的运行状态。监测流体（通常是润滑油）中污染元素、流体特性或湿气、流体中的磨损金属、基本流体及添加物的特性或油中的水分，从而进行装备状态监测。它主要适用于齿轮箱、设备润滑系统、电力变压器等。

目前应用较多的监测技术是油液分析技术，它综合了颗粒效应与化学效应进行状态监测。油液分析技术包括油液本身物理化学性能分析和油中不溶性物质的分析，通过油液分析监测机械装备的运行情况，无须拆机或安装传感器，易操作，信息量大。常用的有油液理化性能的监测、油液污染度的监测、油液所含磨粒的铁谱分析、油样光谱分析、油液的红外光谱分析等。

（4）物理效应监测技术：装备状态监测的物理效应包括外观和结构的物理变化，这些变化可以直接监测。通过相应的监测技术对诸如裂纹、断裂、可见的磨损效应和尺寸变化进行监测，可以监测出设备的运行状态。常用的有超声脉冲回波、超声透射、超声共振和射线成像等物理监测技术。

（5）温度效应监测技术：主要监测装备运行时本身的温度变化情况，进而掌握装备的运行状况。它以温度、温差、温度场、热像为监测目标。目前应用较广泛的是红外监测技术。

（6）电学效应监测技术：主要监测电阻、导电性、绝缘强度和电位的变化。以电流、电压、电阻和功率等电信号与磁特性为监测目标。常用的有线性极化电阻、电位监测、磁力线分析等技术。

除了上述状态监测技术，还有许多其他监测技术，如以噪声（声强和声压）、声阻、超声、声发射为检测目标的声学监测，以亮度、光谱和各种射线效应为监测目标的光学监测，以压力、压差和压力脉动为监测目标的压力监测，以力、应力、扭矩为监测目标的强度监测等。

2. 状态预测技术

对于复杂装备而言，仅依据实时的状态信息不足以做出合理状态评估和维修决策，装备未来一段时间的状态才是维修决策的关键依据。因此，依据状态的历史和当前信息来预测装备未来的状态是状态维修决策的一个关键内容。根据状态描述方式的不同，状态预测可以分为以下三种：

（1）直接状态预测：对直接反映装备状态的参数进行预测，它以直接状态监测为基础,获得直接反映系统状态的数据信息。直接状态预测通常应用于磨损、裂纹等物理劣化过程,通常假设状态劣化为某一随机过程,建立对应的物理学模型进行状态预测,如马尔可夫过程模型、半马尔可夫过程模型、伽马过程模型、计数过程模型等。直接状态预测通常以典型的失效机理为基础,具有完备的物理学模型,预测精度较高;但此类模型往往以严格的假设为基础,多用于零部件层次的状态预测,不适用于工况复杂、状态受多因素作用的复杂装备。

(2) 状态特征参数预测:大多数情况下,通过状态监测获得的状态特征参数并不是装备的真实状态,只能间接地反映装备状态,如发动机振动特征参数不能直接反映发动机的真实状态。状态特征参数预测是一种时间序列预测,它认为装备状态变化的"惯性"导致特征参数在不同时刻测量值的相关性。特征参数预测的主要工作是利用不同时刻的特征值建立时序样本,进行状态预测。常用的预测有基于概率和数理统计的预测及自学习预测。

基于概率和数理统计的预测主要有时间序列预测、数据平滑预测、自回归模型、滑动平均模型、自回归滑动平均模型、Box-Jenkins 模型和隐马尔可夫模型等。这类方法对线性系统有良好的预测精度,但对于非线性系统的预测效果较差,且此类方法的预测误差受预测时间间隔影响较大,不适于进行长期预测。

自学习预测包括人工神经网络(ANN)预测、向量机预测、灰色预测和模糊预测等。不同的自学习预测具有特定的适用范围,与经典概率统计方法比较,此类方法的预测精度有显著提高。大量研究表明,神经网络方法具有很好的非线性拟合和自适应能力,适合对各类复杂装备的状态进行预测。

(3) 剩余寿命(Residual Useful Life,RUL)预测:表征装备技术状态的综合参数,目前剩余寿命预测和基于剩余寿命的状态维修决策正成为 CBM 研究的热点。剩余寿命预测是根据装备的运行状态或同类装备的历史数据,预测装备由当前时刻到失效的剩余寿命。预测方法主要有基于数理统计理论的剩余寿命预测、基于自学习理论的剩余寿命预测和基于相似性的剩余寿命预测。

基于数理统计理论的剩余寿命预测认为状态特征是装备失效概率的影响因素,根据同类装备的历史数据建立"装备失效概率、监测状态以及运行时间"之间的函数。典型的预测方法有随机滤波模型、马尔可夫模型、比例风险模型、比例强度模型等。基于数理统计的预测多对系统的状态变化过程离散化,并对不同状态阶段的转移做一定的假设,这样能够一定程度地降低建模和计算难度;但会影响剩余寿命预测的精度。因此,预测模型是否适用主要取决于相关假设是否符合系统状态劣化的实际情况。

基于自学习的剩余寿命预测主要包括神经网络、支持向量机以及相关的衍生方法。此类预测方法具有较好的非线性拟合能力,预测精度相对较高,适合进行中长期预测,而且对数据具有较强的适应能力,可以对从整装到零件的各层次的对象进行剩余寿命预测;但此类预测方法通常对样本数据有特定的要求,一般要求样本数据在整个寿命周期内平均分布,且具有相应周期的典型数值特征。因此,由于安全性要求而采取保守维修策略的装备在寿命后期的状态数据将难以获取,一定程度上影响了模型的应用。

基于相似性的剩余寿命预测认为装备的剩余寿命可表示为同类装备在某一时刻剩余寿命"加权平均",状态监测数据间的相似程度决定了相应的权重。此类预测具有极广的应用范围,适合对复杂系统的整体剩余寿命预测;但预测精度受到了一定的限制。

3. 状态评估技术

状态评估是确立状态参数与真实状态之间的映射关系,是维修决策的基础,利用状态监测数据和历史数据中的特征参数,可以对当前的状态进行评估;利用状态参数预测数据,也可以对未来一段时间的状态进行评估。由于现代装备结构日趋复杂,反映装备真实状态的可监测征兆也日益增多,目前研究热点集中在基于多维参数的状态评估,关键是对多维特征参数的降维处理,即如何确定各特征参数的权重分配。常用的赋权方法有以下三种:

(1) 主观赋权法:利用专家的先验知识对各参数的权重做出评估,主要有环比评分法、层次分析法、专家打分法和 D-S 证据理论等。这些方法对状态信息的处理过程相对简单,具有较强的时效性,同时评估的输出往往具有明确的语义,解释性较强;但此类方法对评估经验的依赖程度高,评估的准确性相对较低,增大了决策的风险。此类方法主要用于整装层次状态的评估。

(2) 客观赋权法:根据原始的状态数据所包含的客观信息进行权重分析,主要有主成分分析法、熵值法、因子分析法、离差最大化法、相似系数法、模糊聚类法和理想点法等。与主观赋权法相比,客观赋权法能够有效提高状态评估的准确性,且适用于不同层次装备状态的评估;但此类方法多要求保证数据的全面性,且对数据采集环节要求较高,受噪声数据的影响较大,评估结果有时会与实际相悖。

(3) 智能赋权法:智能赋权法并不直接给定参数权重,而将相关信息以结构参数的形式进行描述,主要有贝叶斯网络、神经网络和模糊综合评判等。智能评估方法具有极其广泛的适用范围,能够结合定性和定量等多类状态信息进行评估,擅长表达隐性知识,利用特征复杂的状态数据进行数据拟合和外推,已成为状态评估的重要方法。

4. 维修决策技术

维修决策是在状态评估的基础上,针对不同的维修决策目标考虑停机时间、费用等因素,建立维修决策模型,确定最稳、最优的维修决策结果。状态维修决策模型主要以数理统计和随机过程理论为基础,建模方法有很多,这里介绍以下三种方法:

(1)比例风险模型:将状态参数、工作载荷、故障等因素视为装备寿命的伴随因素,这些因素对装备的实际风险产生乘积效应,相应地在模型中将它们作为失效风险函数的协变量。比例风险模型充分考虑了各种相关因素对装备状态的影响,并能够将这些因素作为协变量引入维修决策模型中;但是该模型只考虑各种因素当前的检测数据,忽略了历史检测数据对装备状态的影响,并未完全反映状态变化的全过程。

(2)随机滤波模型:利用状态监测历史信息对装备状态进行评估,直接给出剩余寿命的概率密度分布,实现基于剩余寿命的维修决策。随机滤波模型直接对装备剩余寿命进行预测,为维修决策提供了丰富的信息;但该模型假设状态监测信息与剩余寿命之间的关联关系仅存在于故障延迟阶段,忽略了它们之间的内在联系,存在不合理的方面。另外,利用此模型进行状态维修决策需要大量数据的支持,并且要求需要同一装备在时间序列上的长期连续的检测数据,因此对状态数据的要求较高。

(3)马尔可夫决策模型:应用随机过程中马尔可夫链理论描述对象的状态变化规律,并针对装备状态进行维修决策。马尔可夫过程充分考虑了状态变化过程中的不确定性,以状态转移概率矩阵描述状态变化的概率,比较符合装备状态的实际变化特点。目前,大多数马尔可夫决策决策过程通常以常数矩阵描述状态转移规律,无法通过信息更新修正相关参数以适应新的维修需求。为了与状态变化的实际相符,一些研究对贝叶斯方法与状态转移规律的结合进行了探讨并取得了一定的进展,相关研究成果已取得了较好的应用效果。

1.3　状态维修的应用情况及发展趋势

1.3.1　状态维修研究与应用情况

CBM起源于民用领域,但在其实施过程中产生的巨大经济效益促使其在军用领域获得了长足的发展。目前,CBM已受到美国为首的西方军事强国的极大重视,在实施过程中逐渐被推广,不仅减少了维修工时,而且提高了装备可靠性和安全性,产生了巨大的经济和军事效益。

美国陆军1998年开始实施"陆军诊断改进计划"(Automotive Diagnose Improvement Project, ADIP),已取得良好的效果。根据计划要求,美国坦克-汽车发展工程研究中心(Tank-Automotive Research Development and Engineering Center, TADEC)对美国陆军装备 CBM 应用开展了大量研究。TADEC 提出了陆军装备 CBM 的系统框架,该框架主要由数据监测系统、便携式维修辅助系统和健康与数据管理系统组成,如图 1-6 所示。该系统通过嵌入式传感器建立数据采集系统,通过网络传输状态信息,利用数据处理系统进行数据分析并得出决策结果,三大部分相互支持,为陆军装备的 CBM 奠定了基础框架。

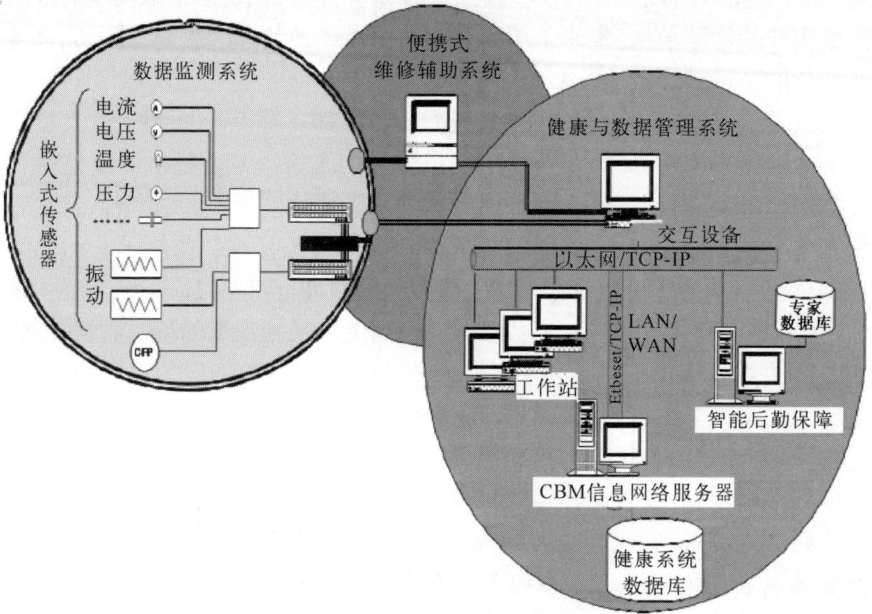

图 1-6　美陆军装备 CBM 系统框架

　　状态预测与诊断是 CBM 决策的基础,只有对收集的信息进行有效的分析,评估和预测出装备状态,才能为状态维修提供决策支持。TADEC 提出了一套完整的状态预测与诊断进程,如图 1-7 所示。

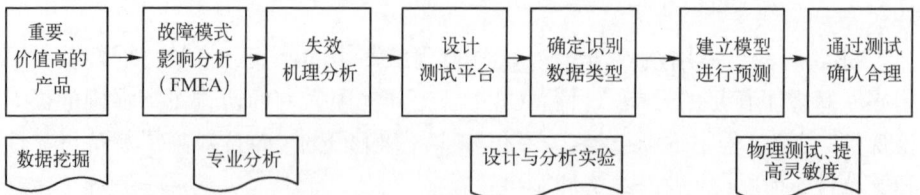

图 1-7　状态预测与诊断进程

　　总体上,美军实施 CBM 是以数据收集和分析为技术基础,完善的管理系统、准确状态诊断和合理的状态预测为维修决策提供了有力的支撑。

　　美国陆军航空器(直升机)等通过配备数字化资料采集器(DSC)系统实施 CBM。利用嵌入式传感器,通过 DSC 完成对数据的采集,在每次飞行后下载这些监测的零部件健康数据,结合当前的备件、人员等数据传输到维修信息系统,同时生产控制办公室可做出有关维修、供应的报告;维修报告数据、飞行器状态管理系统、维修信息管理系统等已装载的数据进入 CBM 数据仓库,确定部件健康状态及剩余寿命。美国陆军航空部队正大力推广实施 CBM,通过配备 DSC 的飞机取得了巨大的 CBM 效益。对于 143 架 UH-60 型直升机,取得 29.5 万美元的经济效益,提高战备完好性 3.3%,节省 1237 个维修工时,减少停机时间 673h,减少维修试验飞行 146h。

　　美国海军积极倡导实施状态维修,1998 年海军作战部颁布 OPNAV INST 4790.16 指令——《基于状态的维修政策》,以综合状态评估系统(ICAS)作为 CBM 的实施工具。该系统能监测机械数据的趋势,能对舰船及其设备进行器材需求评估、设备状态评估等,对每个系统或设备的主要性能参数监测结果予以评估,给出汇总表格,用绿、黄、红色分别表示其可用、注意和不可用,最后有具体的维修建议;能运用基于规则的专家系统对数据持续地进行分析产生使用与维修建议,还可以做出舰船级的综合性能分析报告。2006 年 9 月至 2007 年 8 月,完成 12 个系统的综合性能分析报告,提交 2871 艘舰船的数据,分析报告为实现"在正确的时间、以正确的费用进行正确的维修"提供了依据。根据 2005 财年和 2006 财年修理费用统计,应用 ICAS 的舰艇年度平均修理费用比没有采用的减少约 38%。

　　美国空军在联合攻击机上采用了故障预测与状态管理系统 PHM 作为 CBM 技术的代表。该系统具有增强的诊断能力,评估装备实际状态、预测剩余寿命的功能,通过故障预测与状态管理,可以在飞机处于飞行时,将状态及故障等数据自动下传,以准备相应的维修资源,大大缩短下次出动的准备时间。据估计,F-35 战斗机采用 PHM 技术可以使其维修人力减少 20%~40%,保障规模缩减 50%,出动架次率提高 25%,使用与保障费减少了 50%以上。

　　俄罗斯空军实现状态维修的主要做法如下:

　　(1) 建立状态维修下的航空装备寿命耗损数据库。为了实现状态的维修,必须要分析单个航空装备的飞行信息,评估其个体损伤程度以及在此基础上确定剩余寿命,同时判断在不同使用条件下同一型号航空装备的实际载荷范围。格罗莫夫飞行研究所、留里卡科研中心以及萨图尔科研生产联合体对苏-27/30 系列飞机发动机的使用进行跟踪工作后,研制了涡扇发动机信息跟踪系统,在该系统内建立了状态维修下的发动机寿命耗损数据库,主要包括:累计与保存测量到的发动机工作参数和外部环境(飞行条件)参数,以及自动处理机上测量的结果;监测发动机主要零件的寿命损耗;分析发动机参数趋势,预测可能出现的故障现象;保存和修正"标准数据库",包括发动机特性、加载标准和检测限制容差;根据用户的查询,将累计的数据显示在屏幕上,打印出来并存入电子载体;图表显示获取的结果。

(2) 研制信息诊断设备并将其运用到维修实践中。信息诊断设备包括软/硬件综合诊断检测设备、自动化诊断检测终端和综合检测系统等,可帮助工程技术人员形成关于航空装备(特别是航空发动机)完好状态的客观结论,以及有关安全完成飞行任务准备的客观结论。

(3) 建立维修信息诊断系统。维修系统的效率在很大程度上由现代化信息技术运用程度决定,这种现代化信息技术能够实现单机以及所有航空装备的连续信息支援。在此情况下,特别注意监控航空装备在所有寿命周期阶段(研制、使用、贮存和修理)的状态。

(4) 建立寿命周期各阶段统一的航空装备技术状态数据库。在俄罗斯空军现有的航空装备和武器技术状态信息收集系统中,没有建立关于单机在其各寿命周期阶段的统一数据库,故将建立并运用包含以下信息的数据库:单机性能信息、航空发动机和购买的成套产品的信息;使用的全部空军航空装备和武器的技术状态信息;使用的全部装备技术状态控制措施的修正信息。该数据库能够提高系统决策的灵活性和质量,有效评估经过修正的提高航空装备可靠水平与飞行安全水平措施的有效性和使用可靠性,使解决维修问题程序最大限度自动化,显示保障完好状态中的薄弱环节,并预测全部使用的装备的状态。

CBM 技术在地方企业的大型装备、航空、船舶等领域得到了广泛应用。美国研制并应用了以计算机为基础的飞行器数据综合系统,采集、记录、分析处理大量飞行中的信息来判断飞机各部位的故障并能发出排除故障的指令。这些技术在 B747 和 DC9 等巨型客机上的成功应用,大大提高了飞行的安全性。1982年,英国曼彻斯特大学成立了沃夫森工业维修公司,主要从事设备状态监测与故障诊断的研究工作和教育培训工作。随着 CBM 不断发展,已经形成了一些技术标准,如 IEEE Std 1451、IEEE Std 1232 和 ISO 13373 等。其中:IEEE Std 1451 主要针对传感器的安装、使用和升级等问题;IEEE Std 1232 目的是提供一个规范的诊断信息模型,以保证对信息支持系统测试和诊断的清晰的理解;ISO 13373 提供了设备状态监控中状态测量与数据收集的一般指导方针,并着重于机器的振动检测。

我国 CBM 工作起步较晚,但是发展迅速,在 CBM 理论研究方面和应用方法取得了较大进展。空军工程大学结合 OSA-CBM 技术框架,设计了综合 CBM 系统框架,如图 1-8 所示。该系统以 RCM 分析为基础,以 CBM 信息为支撑,合理地选择维修方式,目的是以最小的代价保持和恢复装备的可靠性。提出了在现有维修模式的基础上,逐步加大实施 CBM 比例的 CBM 应用模式。一些科研院所在状态监测、状态评估与预测以及维修决策模型的建立与求解方面进行了深入系统的研究,取得了系列成果。

在航空、机械、化工、冶金、汽车、电力、钢铁及船舶等行业进行了 CBM 探索与应用,有些单位取得了较好进展。中国航空公司开始实践基于状态的维修,其成果主要集中在以下三个方面:

(1) 应用中央维护系统(CFDS)信息。中央维护系统是一个集中式维护辅助系统,该系统采集飞机大部分系统的维护信息。国内以中央维护系统为基础而开发的产品比较多,也比较成熟,中国国际航空股份有限公司开发的优化检修信息系统(OMIS)可以实现维护信息的实时跟踪和在线监控,为机务维修提供了大量的数据并缩短了故障诊断时间,中国南方航空公司开发的飞机远程诊断实时跟踪系统(ACRDRTS)也具备了类似的功能。

(2) 应用状态监控报文。国内已开始应用状态监控报文产品的开发,民航数据中心的 SKYLINK 系统,可将飞机起飞、巡航阶段产生的报文以良好的可视化界面展示,对于开展飞机状态监控,尤其是发动机的状态监控有重要的意义。

(3) 自主状态报文。自主状态报文是状态维修的更进一步发展,2010 年,中国国际航空股份有限公司立项开展了自主状态报文的研究与实践,开发了飞机状态监控系统(APMS)。该系统通过自主报文的应用,实现飞机状态自动获取、分析及健康管理的功能。

20 世纪 90 年代末期,中国国际航空股份有限公司开始利用发动机性能监控系统进行初期的发动机健康管理,是国内最早利用 ACARS 进行飞机状态监控的航空公司。2007 年,中国国际航空股份在限公司重新启动了飞机实时故障监控项目,经过新技术开发和引进、组织机构调整、工作流程再造,初步建立了基于状态的维修体系,在应用方面大大减小了与业内先进水平的差距。

在系统开发方面,国内也开发了一些软件系统,国防科技大学开发了基于滑油光谱数据的发动机 CBM 决策系统,西安交通大学开发了大型旋转机械计算机状态监测与故障诊断系统,哈尔滨工业大学开发了机组振动微机监测和故障诊断系统等。

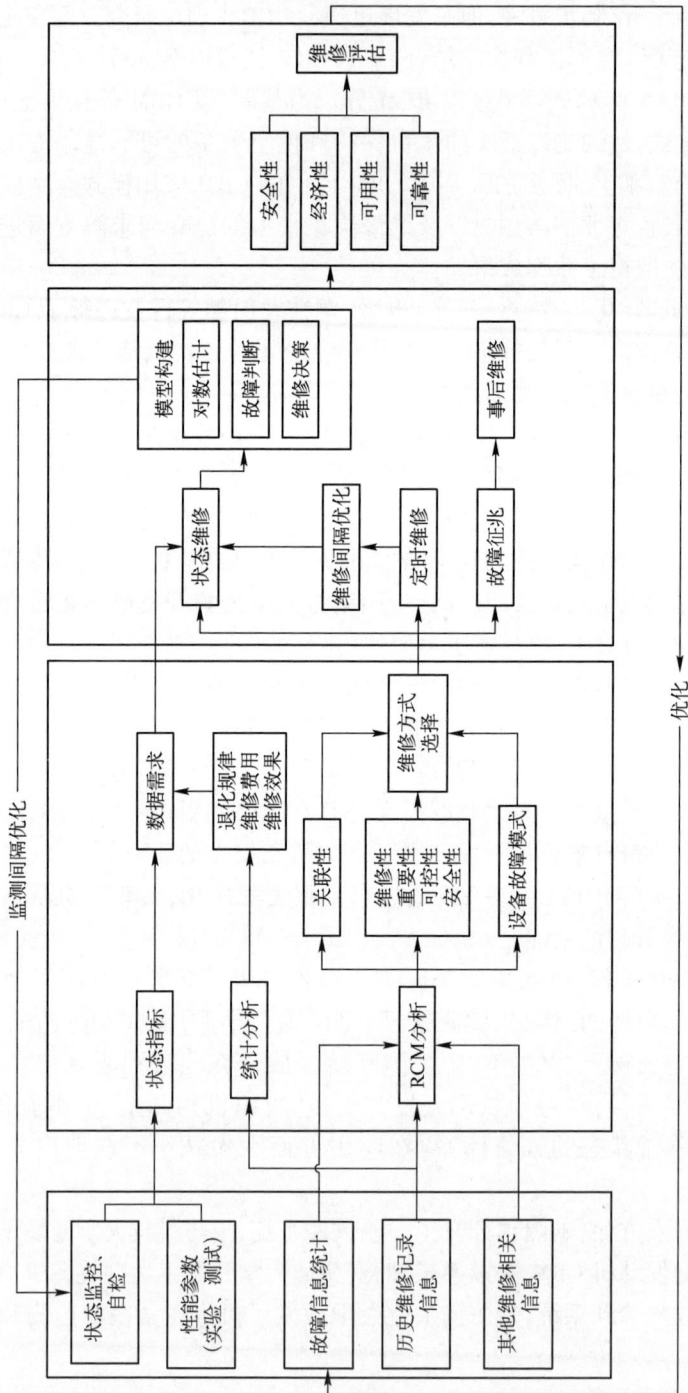

图1-8　综合CBM系统框架

1.3.2 现存不足与发展趋势

经过几十年的发展,CBM 研究日益深入,但仍存在许多不足,主要体现在以下四个方面:

(1) CBM 研究缺乏系统工程的思想。CBM 研究对象通常是整装或系统,既需要对整个系统整体进行把握,又需要对关键个体重点研究。目前,对 CBM 的研究存在整体与个体脱节的问题:一部分研究过多地强调系统的完整性,忽略不同个体不同的特点,导致研究与实际严重脱节,研究成果的适用范围小,应用性不强;另一部分研究专注个体需要的方法和技术,忽略了整体并不等于个体之和的重要工程思想,导致研究成果彼此孤立,同样影响其应用性和适用范围。

(2) CBM 关键技术研究缺乏整体性。状态检测技术、状态参数预测技术、状态评估技术和维修决策技术是目前 CBM 研究的重点。但是,目前关于关键技术的研究相互孤立,大多数研究只针对某一技术进行重点突破,忽略了关键技术之间的相互衔接,导致研究成果无法衔接,无法发挥 CBM 技术的系统优势。

(3) CBM 关键技术研究倾斜严重。根据 OSA-CBM,CBM 的关键技术包括状态检测技术、状态参数预测技术、状态评估技术和维修决策技术。目前,研究者对 CBM 关键技术的研究存在明显的不平衡,对数据采集、状态监测等技术做了大量的研究,而对状态参数预测技术、状态评估技术和维修决策技术的研究相对不足,关键技术研究的不平衡性严重制约了 CBM 的发展。

(4) CBM 应用的研究明显不足。目前,CBM 的研究重理论、轻实践,尤其是缺少具体应用的研究。对装备的 CBM 研究,缺乏操作性强的 CBM 实施流程,特别是与现行维修体制制度相结合的实施策略研究,导致 CBM 相关理论难以付诸实践。

目前,状态维修的理论、方法与技术正处在发展之中,主要的研究与发展趋势表现如下:

(1) 运用系统工程思想开展 CBM 研究成为发展趋势。要明确一个系统不是所有的个体都可以开展 CBM,因此 CBM 对象的确定应成为 CBM 研究的首要问题。要合理把握整体与个体的关系,以系统的运行效果最优为目的实施 CBM。

(2) 维修决策技术等关键技术的突破成为研究重点。以前端较为成熟的状态检测技术为基础,重点研究状态参数预测技术、状态评估技和维修决策技术,突破技术瓶颈,对 CBM 应用给予充分的支持。

（3）关键技术的衔接和关键技术研究同步进行。在进行关键技术突破的同时，要对关键技术之间的衔接高度重视。要完善顶层设计、协调关键技术的研究方向、制定相关标准或规范，力求实现各关键技术的无缝衔接，使得这些成果可以形成合力，促进 CBM 技术的实际应用。

（4）CBM 实施管理层面的研究要同步开展。维修是技术与管理两大方面工作的综合体，只有同时做好维修技术和维修管理方面的研究，CBM 才能真正地得以实施。所以对于 CBM 管理方面的研究也应同步进行，以促进 CBM 的应用。

1.4 装备维修系统框架和本书主要内容

1.4.1 状态维修系统框架

根据 CBM 相关理论，参考美国机械信息管理开放系统联盟所提出的状态维修开放体系结构，建立装备 CBM 实施系统框架。装备 CBM 系统框架由信号获取层、状态预测与评估层、决策层和实施层组成如图 1-9 所示，各层相互依托、功能相互支持。

数据获取是 CBM 实施的首要环节。通过在线和离线监测获取装备的状态数据，将这些数据进行干扰信息剔除、冗余信息合并等处理，提取出有效的状态参数，为 CBM 实施提供数据支持。

状态预测与评估是 CBM 决策的基本依据。利用当前技术状态参数和历史状态评估当前的技术状态，利用技术状态参数的预测结果评估未来的技术状态。

决策层是连接纽带，前两个层研究的最终目的是得出最优维修决策结果，而维修决策是开展 CBM 活动的基础。

实施层是 CBM 方案的实践层面，在该层次上实施 CBM 的具体措施。

1.4.2 本书主要内容

依据状态维修理论和装备状态维修系统框架，本书主要包括以下内容：

（1）状态维修对象确定。依据 CBM 的适用性和实施有效性，介绍了装备 CBM 对象确定流程和方法。

（2）状态信号获取。介绍了温度、压力、转速、振动、声波、油液等常见状态信号的获取方法。

（3）状态信号处理与特征提取。介绍了测量信号的幅值域、时域、频域不同角度的表征，以及状态数据处理与特征提取的常用方法。

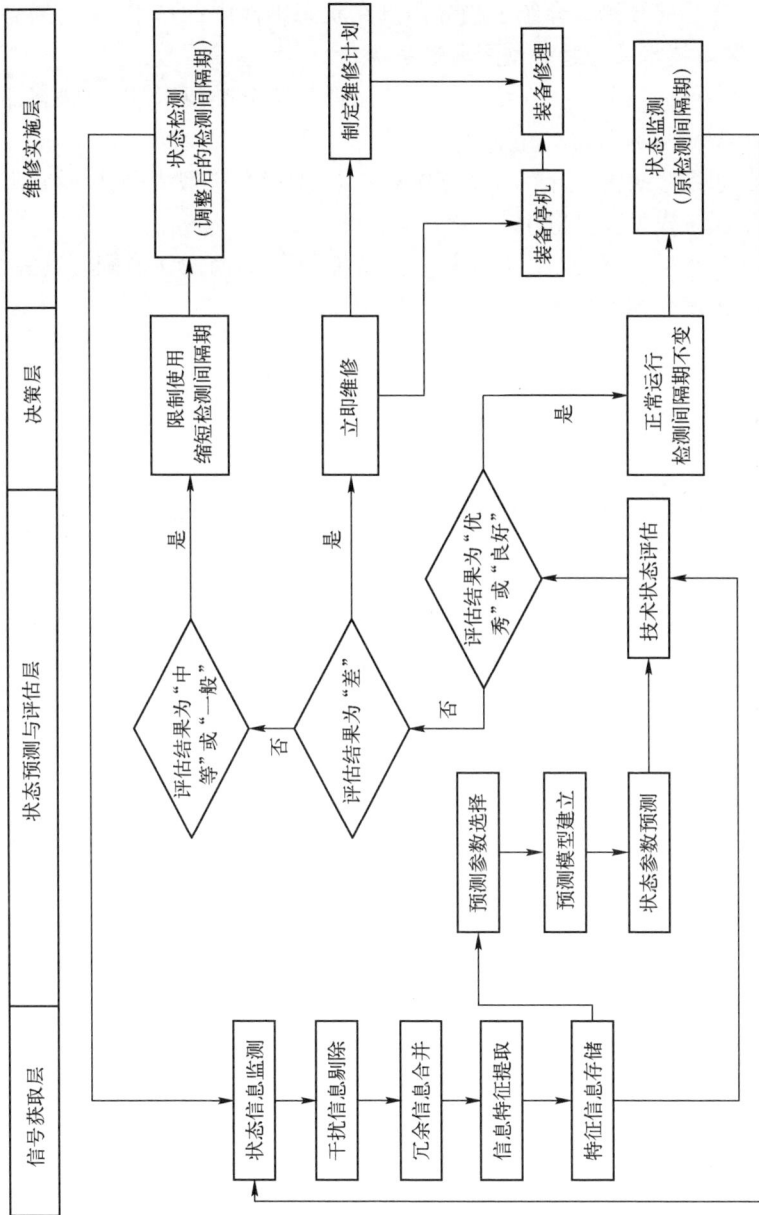

图1-9　装备CBM系统框架

（4）状态趋势预测。介绍了趋势预测在状态维修中的作用、常用趋势预测技术，以及装备技术状态趋势预测典型案例。

（5）状态评估与分类。介绍了常用状态评估与分类技术，以及状态评估与分类方法典型应用示例。

（6）状态维修决策。介绍了状态维修决策的内容、一般程序，以及状态维修监测间隔期决策模型及其应用。

（7）装备状态维修的组织与实施。从实施程序、任务分工及配套资源建设、人员训练等角度介绍了装备状态维修的实施。

第 2 章　状态维修对象确定

装备通常由众多子系统组成,对哪些功能单元实施 CBM 是维修决策要解决的首要问题,明确 CBM 对象是开展 CBM 工作的基础。本章依据"重要功能产品分析—适用性分析—实施有效性分析"的 CBM 对象确定流程,将定量方法和定性方法有机结合,确定 CBM 实施对象。

2.1　状态维修对象确定流程

根据以可靠性为中心的维修理论,只有重要功能产品(Functionally Significant Item, FSI)的故障风险不可接受时,才会考虑实施 CBM。确定功能单元是否采用某种维修方式时,必须判断该维修方式的适用性和实施有效性条件是否满足。

状态维修对象确定流程如图 2-1 所示。

2.2　重要功能产品分析

不是所有的功能单元都值得进行 CBM,在确定 CBM 对象前需要进行重要功能产品分析。装备是由大量零部件组成的,许多功能单元的故障不会对装备产生严重的影响,没有开展 CBM 的必要性。

2.2.1　重要功能产品的定性分析

1. 重要功能产品的定义

装备中满足下列条件之一的产品应确定为重要功能产品:

(1) 该产品的故障可能影响安全(包括影响环境,下同);

(2) 该产品的故障可能影响任务的完成;

(3) 该产品的故障可能导致重大的经济损失;

(4) 该产品的隐蔽功能故障与另一有关的或备用产品的故障的综合可能导致上述一项或多项后果;

(5) 该产品的故障可能引起的从属故障将导致上述一项或多项影响。

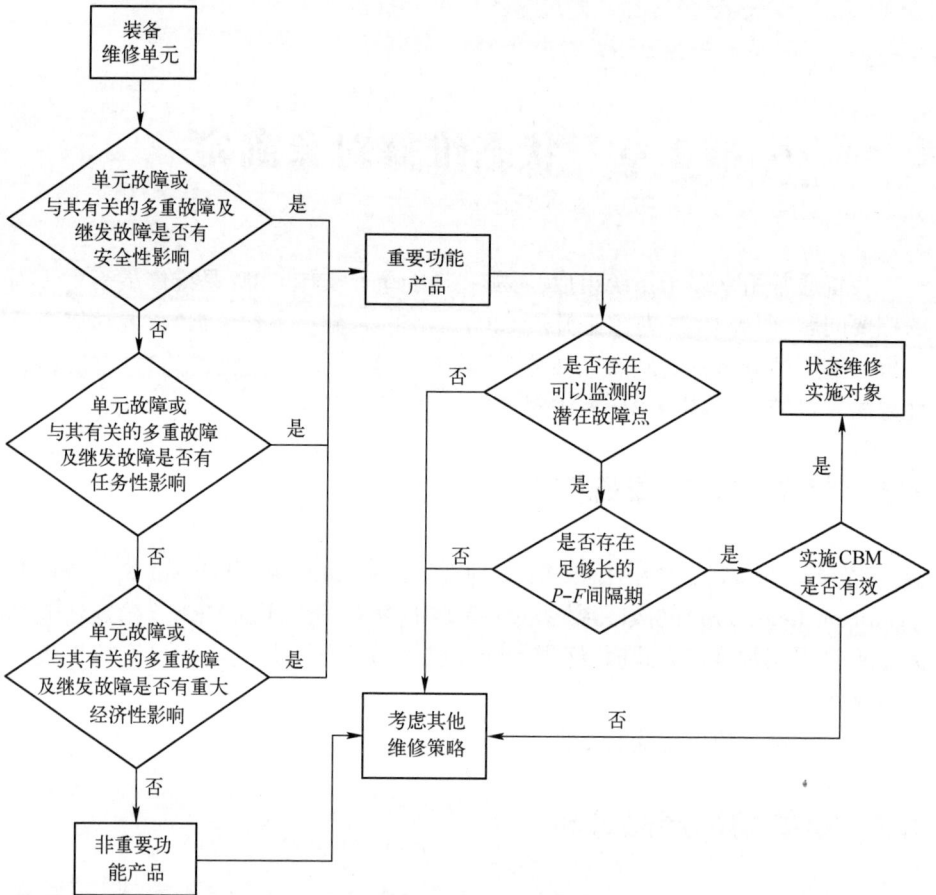

图 2-1　状态维修对象确定流程

2. 重要功能产品的确定过程与方法

确定重要功能产品是一个自上而下的、粗略的过程,如果没有准确的信息表明某一产品是否为重要功能产品,那么应将该产品暂时划为重要功能产品。确定过程中,对产品故障后果一般进行工程判断。重要功能产品的确定一般应按以下步骤进行:

(1) 从系统开始,至可在装备上直接更换或修复的最低层次上的单元为止,逐层列出各个产品,形成装备的结构框图,如图 2-2 所示。

(2) 从系统开始,自上而下地对各个层次上的产品进行重要功能产品判定(样式可参考表 2-1,这里的故障影响主要是指该故障对装备安全性、任务成功性和经济性的影响),如果某一产品被列为重要功能产品,则应继续判定其下一

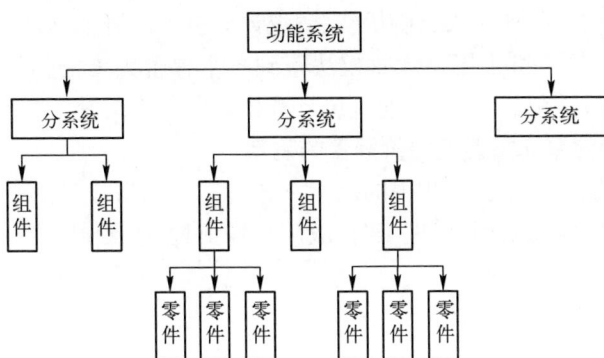

图 2-2　系统分解

层次的产品是否为重要功能产品,此故障反复进行直至非重要功能产品或可在装备上直接更换或修复的最低层次上的单元为止。

重要功能产品与非重要功能产品有以下关系:

① 包含有重要功能产品的任何产品,其本身也是重要功能产品;

② 任何非重要功能产品都包含在其以上的重要功能产品中;

③ 包含在非重要功能产品内的任何产品,也是非重要功能产品。

表 2-1　确定重要功能产品的提问表

问　　题	回　　答	重　　要	非　重　要
故障影响安全吗	是 否	√	
故障影响任务吗	是 否	√	?
故障导致很高的修理费用吗	是 否	√	?

注:"√"表示可以确定,"?"表示可以考虑。在表中任一问题如能将产品确定为 FSI,则不必再问其他的问题。

2.2.2　基于蒙特卡洛仿真的装备功能单元重要度分析

传统的重要功能产品分析方法通常是一个定性分析的过程,往往依赖经验,不同的分析人员可能得出不同分析结果。为了保证 CBM 实施,重要功能产品分析需要一种可量化的分析方法,弥补定性分析的不足,减少主观因素对重要功能产品分析的影响。通过实例验证表明,利用蒙特卡洛仿真(Monte Carlo Simulation, MCS)进行装备功能单元重要度评价的方法,能够提高重要功能产品分析的客观性。

蒙特卡洛仿真是通过大量随机实验,统计分析事件概率,得出最终结论的一种模拟-统计方法。可采用主观赋权法得到各个评价因素的初始权重,利用蒙特卡洛仿真对权重值进行修正,通过统计分析得出最终结论。

1. 装备功能单元重要度评价因素的确定

与装备功能单元重要度相关的因素主要有故障对安全性影响、对任务性影响、平均故障率、维修费用、修理工时、故障可监测性、故障损失和维修的难易程度等。

1) 故障对安全性影响(A_1)

该因素主要考虑故障对人员、装备安全的影响,为了简化此处主要从故障后果对人员人身安全的影响程度进行评级,分为 4 个等级,如表 2-2 所列。

表 2-2　故障对安全性影响的评分标准

序　号	严重程度	评　分
1	引起人员死亡	10
2	引起人员的严重伤害	9~6
3	引起人员的轻度伤害	5~2
4	不足以导致人员伤害	1

2) 故障对任务性影响(A_2)

该因素主要考虑故障对装备执行任务的影响,从故障后果对装备完成所担负任务的影响程度进行评级,分为 4 个等级,如表 2-3 所列。

表 2-3　故障对任务性影响的评分标准

序　号	严重程度	评　分
1	导致任务失败	10
2	导致任务延误或降级	9~6
3	影响任务顺利完成	5~2
4	不足以影响任务	1

3) 平均故障率(A_3)

平均故障率是根据故障数据统计出的功能单元发生故障的频率,是该功能单元在统计时间段内发生故障的次数与统计时间的比值,评分标准如表 2-4 所列。

表 2-4　平均故障率的评分标准

序　号	平均故障率	评　分
1	高	10
2	较高	9~7
3	一般	6~4
4	较低	3~2
5	低	1

4）维修费用（A_4）

维修费用包括备件消耗费用、人员工时费以及其他费用（不含故障损失）。若该功能单元的维修方式为换件修理，维修费用就是该功能单元的生产成本或采购成本，与更换该单元所需的人员工时费之和，评分标准如表 2-5 所列。

表 2-5　维修费用的评分标准

序　号	维修费用	评　分
1	高	10
2	较高	9~7
3	一般	6~4
4	较低	3~2
5	低	1

5）平均修理工时（A_5）

修理工时为修理用时与修理人力的乘积，反映了因为功能单元的故障耗费的总时间。可用总的修理工时数与总工作小时数的比值来表征平均修理工时的高低，评分标准如表 2-6 所列。

表 2-6　平均修理工时的评分标准

序　号	修理工时/工作小时	评　分
1	>15	10
2	5~14	9~6
3	1~4	5~2
4	<1	1

6）故障可监测性（A_6）

故障的可监测性从对监测技术要求的高低和监测费用两个方面共同评判，

评分标准如表2-7所列。

表2-7　故障可监测性的评分标准

技 术 要 求	评 分	
	监测费用高	监测费用低
非常高	10	9~8
很高	7	6
高	5	4
低	3~2	1

7）故障损失（A_7）

故障损失是评估该故障的最终影响所造成的损失,包括对正常使用造成的损失、迫使计划改变造成的损失以及引起的一些经济损失（不包括维修费用）,评分标准如表2-8所列。

表2-8　故障损失的评分标准

序　号	故 障 损 失	评　分
1	非常大	10~9
2	大	8~5
3	一般	4~3
4	小	2~1

8）维修的难易程度（A_8）

维修的难易程度主要表现为该功能单元是否有良好的维修可达性、拆卸部分是否有易辨认的防差错措施等方面的要求,评分标准如表2-9所列。

表2-9　维修难易程度的评分标准

序　号	难 易 程 度	评　分
1	大	10
2	较大	9~5
3	一般	4~2
4	小	1

2. 装备功能单元重要度评价模型

1）评价指标的确定

采用线性加权模型,计算装备功能单元重要度评价指数:

$$\text{Index} = \sum_{i=1}^{n} m_i \alpha_i \qquad (2-1)$$

式中: m_i 为第 i 个评价因素得分; α_i 为第 i 个评价因素的权重。

2) 评价指标的优先级排序

采用层次分析(Analytic Hierarchy Process, AHP)法对评价指标进行优先级排序。令 e_{ij} 表示 i 相对于 j 的重要程度,构造判断矩阵 $\boldsymbol{E}$:

$$\boldsymbol{E} = \begin{bmatrix} e_{11} & e_{12} & \cdots & e_{1n} \\ e_{21} & e_{21} & \cdots & e_{2n} \\ \vdots & \vdots & & \vdots \\ e_{n1} & e_{n1} & \cdots & e_{nn} \end{bmatrix} \qquad (2-2)$$

$\boldsymbol{E}$ 中的相对重要度 e_{ij} 可以根据 AHP 法判断分值表得到,如表 2-10 所列。

表 2-10 判断分值表

判 断 尺 度	定　　义
1	相对于 H_s,S_i 和 S_j 同样重要
3	相对于 H_s,S_i 比 S_j 略微重要
5	相对于 H_s,S_i 比 S_j 重要
7	相对于 H_s,S_i 比 S_j 重要得多
9	相对于 H_s,S_i 比 S_j 绝对重要
2,4,6,8	介于上述两相邻判断尺度的中间

注: H_s 为评价准则, S_i 为评价因素。

采用方根法得到层次元素的优先级定量属性值:

$$w_i' = \frac{\sqrt[n]{\prod_{j=1}^{n} e_{ij}}}{\sum \sqrt[n]{\prod_{j=1}^{n} e_{ij}}}, i = 1, 2, \cdots, n \qquad (2-3)$$

3) 进行一致性检验

为避免出现违反常理的判断,需要对判断矩阵进行一致性检验。当随机一致性比率(CR)<0.1 时,可认为判断矩阵的一致性满意。

3. 蒙特卡洛仿真

利用蒙特卡洛仿真法对装备功能单元重要度进行评估,具体步骤如下:

（1）取$(0,1)$内服从均匀分布的随机向量$(b_1,b_2,b_3,b_4,b_5,b_6,b_7,b_8)^T$；

（2）根据 AHP 法对评价指标的排序结果，将随机数中最大的数分配给优先级最高的因素，最小值分配给优先级最低的因素，其余依次类推；

（3）根据所得的权重值，计算装备重要度评价指数 Index；

（4）重复步骤（1）、（2）、（3）N次；

（5）将N组 Index 结果进行统计分析，得出最终结果。

装备功能单元重要度评价逻辑流程如图 2-3 所示。根据仿真结果，对产品的重要度进行排序。

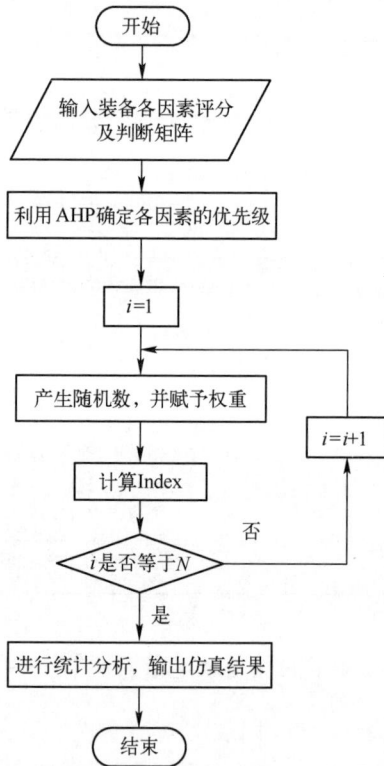

图 2-3　装备功能单元重要度评价逻辑流程

2.3　适用性分析

CBM 的适用性分析，主要指在现有的技术条件下，分析是否在技术上可行，是否满足实施 CBM 的必要条件。

2.3.1　状态维修的适用性条件

对维修单元(装备、分系统或部件等)实施 CBM 应该满足下列适用性(技术可行性)条件或判别准则:

(1) 能够确定维修单元明显的潜在故障状态(图 1-3);

(2) 以小于 P-F 间隔的时间间隔监测维修单元状态切实可行;

(3) P-F 间隔足够长,便于能够采取相应的维修措施或活动。

另外,在分析装备各维修单元 CBM 适应性时,是以现有条件下可以监测到的数据为准,而且这些数据具有普遍性(同种类的装备均可以采集到的数据),采集数据时既不能影响装备的正常使用,也不能影响装备的技战术性能。

2.3.2　基于回归分析的状态维修适用性分析方法

根据状态维修的适用性条件,可采用回归分析的方法进行状态维修适用性分析。回归分析是为了寻找两个或多个变量之间的数学关系,通过数据拟合来建立数学模型的一种方法。一般来说,回归分析是通过规定因变量和自变量来确定变量之间的因果关系,建立回归模型,并根据实测数据来求解模型的各个参数,然后评价回归模型是否能够很好地拟合实测数据;如果能够很好地拟合,则可以根据自变量做进一步预测。回归分析方法处理数据的步骤如下:

(1) 分析数据,画出散点图;

(2) 建立数学模型,拟合回归曲线。

根据对散点图变化趋势的分析,确定最优数学模型之后,对函数进行参数估计。在具体运用时,需要通过变量变换将非线性问题转化为线性,再利用线性回归的求解步骤进行运算。常见曲线回归模型线性化方法如表 2-11 所列。

表 2-11　常见曲线回归模型线性化方法

曲 线 名 称		曲 线 形 式	线 性 化 方 法
幂函数		$y=ax^b$	令 $y'=\ln y, x'=\ln x, a'=\ln a$,则 $y'=a'+bx'$
指数函数		$y=ae^{bx}$	令 $y'=\ln\dfrac{1}{y}, x'=\ln x, a'=\ln a$,则 $y'=a'+bx'$
幂指复合函数		$y=axe^{bx}$	令 $y'=\ln\dfrac{x}{y}, a'=\ln a$,则 $y'=a'+bx$
对数函数	形式 1	$y=a+b\lg x$	令 $x'=\ln x$,则 $y=a+bx'$
	形式 2	$y=a+b\ln x$	令 $x'=\ln x$,则 $y=a+bx'$

曲线名称		曲线形式	线性化方法
双曲线函数	形式1	$y=\dfrac{x}{a+bx}$	令 $y'=\dfrac{x}{y}$，则 $y'=a+bx$
	形式2	$y=\dfrac{a+bx}{x}$	令 $y'=\dfrac{x}{y}$，则 $y'=a+bx$
	形式3	$y=\dfrac{1}{a+bx}$	令 $y'=\dfrac{x}{y}$，则 $y'=a+bx$
S形函数		$y=\dfrac{1}{a+be^{-x}}$	令 $y'=\dfrac{1}{y}$，则 $y'=a+bx$
S形函数 Logistic 生产曲线		$y=\dfrac{K}{a+be^{-x}}$	令 $y'=\ln\left(\dfrac{K-y}{y}\right)$，$a'=\ln a,b'=-b$，则 $y'=a'+b'x$
抛物线函数		$y=ax+bx^2$	令 $y'=\dfrac{y}{x}$，则 $y'=a+bx$

设随机变量 Y 和可测变量 x 服从线性关系

$$Y=a+bx+\varepsilon \tag{2-4}$$

$(Y_i,x_i)(i=1,2,\cdots,n)$ 为 (Y,x) 的 n 个观测值，则它们满足

$$Y=a+bx_i+\varepsilon_i(1,2,\cdots,n) \tag{2-5}$$

假设 ε_i 相互独立且

$$\varepsilon_i \sim N(0,\sigma^2)(1,2,\cdots,n) \tag{2-6}$$

则称 Y 与 x 服从一元线性回归模型。

采用最小二乘法估计参数 (a,b)，得到估计量 $(\hat{a},\hat{b})$，令

$$\sum_{i=1}^{n}(y_i-\hat{a}-\hat{b}x_i)^2=\min_{\alpha,\beta}\sum_{i=1}^{n}(y_i-\hat{a}-\hat{b}x_i)^2 \tag{2-7}$$

采用微分法求解，记

$$Q(a,b)=\sum_{i=1}^{n}(y_i-\hat{a}-\hat{b}x_i)^2$$

令

$$\left.\frac{\partial Q}{\partial a}\right|_{(a,b)=(\hat{a},\hat{b})}=0,\left.\frac{\partial Q}{\partial b}\right|_{(a,b)=(\hat{a},\hat{b})}=0 \tag{2-8}$$

则式(2-7)可写为

$$\begin{cases} n\hat{a}+n\bar{x}\,\hat{b}=n\bar{y} \\ n\bar{x}\,\hat{a}+\sum\limits_{i=1}^{n}x_i^2\,\hat{b}=\sum\limits_{i=1}^{n}x_iy_i \end{cases} \tag{2-9}$$

式中

$$\overline{x} = \frac{1}{n} \sum_{i=1}^{n} x_i, \overline{y} = \frac{1}{n} \sum_{i=1}^{n} y_i$$

假设 x_i 互不相同,则式(2-8)的系数行列式

$$\begin{vmatrix} n & n\overline{x} \\ n\overline{x} & \sum_{i=1}^{n} x_i^2 \end{vmatrix} = n \left[\sum_{i=1}^{n} x_i^2 - n\overline{x}^2 \right] = \sum_{i=1}^{n} (x_i - \overline{x})^2$$

不为零,所以方程组(2-9)有唯一解,即

$$\begin{cases} \hat{a} = \overline{y} - \hat{b}\,\overline{x} \\ \hat{b} = \dfrac{\displaystyle\sum_{i=1}^{n} x_i y_i - n\overline{xy}}{\displaystyle\sum_{i=1}^{n} x_i^2 - n\overline{x}^2} = \dfrac{\displaystyle\sum_{i=1}^{n} (x_i - \overline{x})(y_i - \overline{y})}{\displaystyle\sum_{i=1}^{n} (x_i - \overline{x})^2} \end{cases} \tag{2-10}$$

上述公式是针对一组观测值 (y_i, x_i) $(1, 2, \cdots, n)$ 的,当换为 (Y_i, x_i) 时,可得 (a, b) 的估计量为

$$\begin{cases} \hat{a} = \overline{Y} - \hat{b}\,\overline{x} \\ \hat{b} = \dfrac{\displaystyle\sum_{i=1}^{n} (x_i - \overline{x})(Y_i - \overline{Y})}{\displaystyle\sum_{i=1}^{n} (x_i - \overline{x})^2} \end{cases} \tag{2-11}$$

将 $\hat{a}$、$\hat{b}$ 代入式(2-4),可得

$$Y = \hat{a} + \hat{b}x \tag{2-12}$$

即为 Y 关于 x 的线性回归方程。

根据表 2-11 所示的线性化方法,求得原函数。

在完成回归分析后,为了检查得出的函数关系是否具有显著性,需要对回归模型进行检验。检验时通常使用以下三个指标:

(1) 可决系数 R^2

$$R^2 = \frac{U_k}{SS_y} \tag{2-13}$$

式中: U_k 为回归偏差,SS_y 为总离差平方和,计算公式为

$$U_k = \sum_{i=2}^{k+1} b_{ii} b_{iK}^2 \tag{2-14}$$

而式中

$$SS_y = \sum (y - \bar{y})^2 \tag{2-15}$$

可决系数越大,关系越显著。

(2) 相关系数 r

$$r = \sqrt{R^2} = \sqrt{\frac{U_k}{SS_y}} \tag{2-16}$$

对统计量 r 和临界值 r_α(查表自由度取 $n-m-1 = n-2$)进行比较,判断显著性水平。

(3) 显著性(F):对显著性 F 和临界值 F_α(查表自由度取 $n-2$)进行比较,判断显著性水平。

通过显著性检验,若得出拟合的函数曲线结果可以接受,则可对该函数进行下一步分析。若判断可能符合变化规律的函数有多个,可分别进行拟合后进行比较,选取拟合结果最优的函数。

对所得的回归模型设定阈值,当变化突破阈值时,可认为达到潜在故障点 P,并结合数据变化等情况,判断其是否满足 CBM 适用条件,得出适用性分析的结论。

2.4　实施有效性分析

任何一种维修方式都有其优缺点,虽然 CBM 与其他的维修方式相比有很多优点,但是维修方式没有好坏之分,只是使用范围有所不同,因此 CBM 是否有效也是确定 CBM 对象的重要依据。

2.4.1　状态维修实施有效性准则

有效性是对维修工作实施效果的衡量。CBM 的有效性准则如下:

(1) 对于具有安全性或任务性影响的故障,如果 CBM 工作可以将故障的风险降低到可以接受的水平,CBM 工作就是有效的;

(2) 对于仅具有经济性影响的故障,CBM 的费用必须小于定时维修费用或者故障损失,CBM 工作才是有效的。

只要满足上述一项条件,就可认为该功能单元实施状态维修是有效的。

2.4.2　状态维修实施有效性定性分析方法

依据 CBM 的有效性准则,可以按照以下方法进行分析:

(1) 列举功能单元可能发生的故障,并分析每一种故障影响;

(2) 对于有安全性或任务性影响的故障,判断 CBM 工作是否可以将故障风险降低到可以接受的水平；

（3）对于与安全性和任务性均无关的故障，比较 CBM 工作的费用是否小于其他维修费用；

（4）符合实施有效性任何一条准则，就认为 CBM 实施有效。

状态维修实施有效性判断流程如图 2-4 所示，判断表见表 2-12。

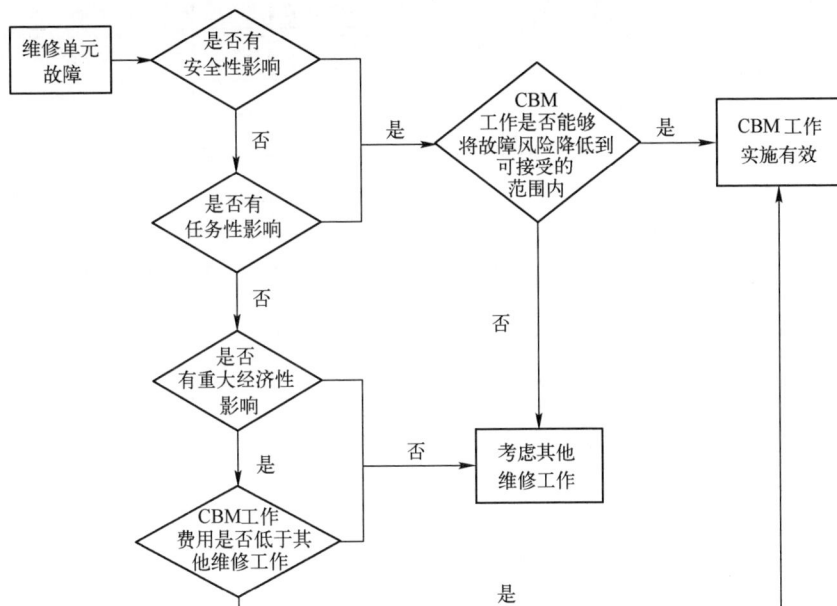

图 2-4　状态维修实施有效性判断流程

表 2-12　状态维修实施有效性判断表

功能单元名称	故障模式	安全性判断		任务性判断		经济性判断	
		安全性影响	CBM 工作效果	任务性影响	CBM 工作效果	经济性影响	CBM 工作费用

2.5　案例分析

根据上述方法确定某轮式装甲装备的 CBM 对象，该装甲装备结构如图 2-5 所示。

该轮式装甲装备的动力装置、动力辅助系统，以及传动装置中的离合器、变速箱共同构成一体化动力装置，以该一体化动力装置为例进行分析。

```
                                                      ┌─ 发动机
                                   ┌─ 动力装置 ──────────┤
                                   │                    └─ 发动机附件
                                   │                              ┌─ 风扇
                                   │                              ├─ 水散热器
                                   │                              ├─ 空－空中冷器
                                   │                              ├─ 热交换器
                                   │              ┌─ 冷却系统 ──────┴─ 水散热器
                                   │              ├─ 空气供给系统 ─── 空气滤清器
                                   │              ├─ 燃油供给系统 ─── 柴油粗滤
                                   ├─ 动力辅助系统 ┼─ 排气系统 ────── 排气消声器
                                   │              ├─ 附属用气系统 ─── 空气干燥器
                                   │              └─ 加温系统 ────── 加温器
                                   │                              ┌─ 离合器
                                   │                              ├─ 变速箱
                          ┌─ 底盘   ├─ 传动装置 ──────────────────────┼─ 分动箱
                          │  系统   │                              ├─ 侧传动箱
                          │        │                              └─ 轮边减速器
                          │        │                                        ┌─ 轮胎
                          │        │                              ┌─ 中央充放气系统 ┬─ 控制箱
                          │        ├─ 行动装置 ──────────────────────┤              └─ 轮胎阀
  某轮式装甲装备 ────────────┤        │                              └─ 悬架装置
                          │        └─ 操纵装置
                          │        ┌─ 转向系统
                          │        ├─ 水上液压传动系统
                          │        └─ 风扇液压传动系统
                          │                                       ┌─ 自动炮
                          ├─ 武器   ┬──────────────────────────────┤
                          │  系统   │                              └─ 车装机枪
                          │        └─ 供弹系统
                          │        ┌─ 主控箱
                          ├─ 火控   ┼──────────────────────────────┤
                          │  系统   └─ 稳定器
                          │                  ┌─ 底盘电气装置 ─────── 车内电气部件
                          │                  │                    └─ 车外电气部件
                          └─ 电气   ──────────┤                    ┌─ 炮长控制盒
                             系统            └─ 炮长电气装置 ─────── 开关盒
                                                                  └─ 配电箱
```

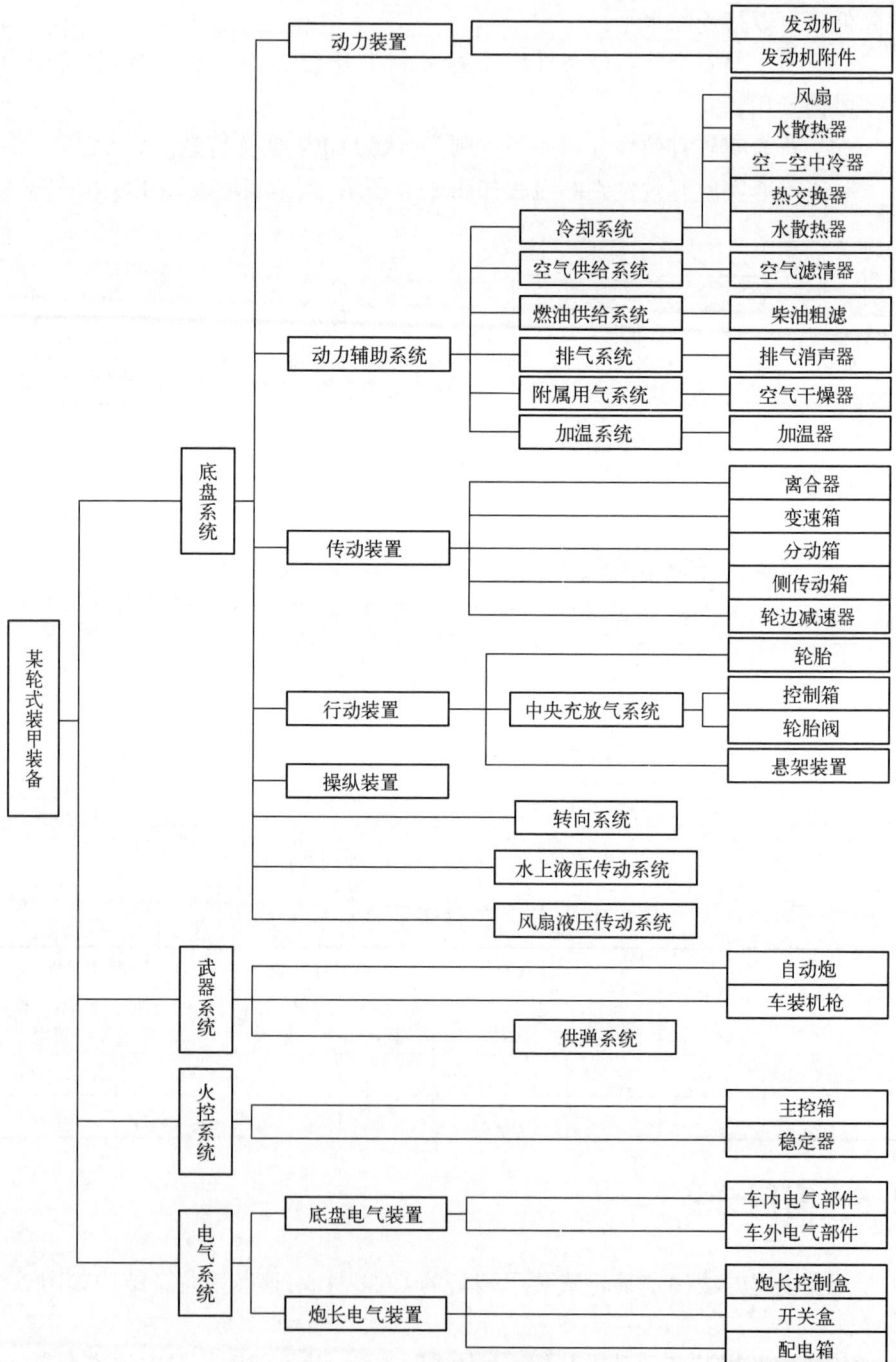

图 2-5　某轮式装甲装备结构

2.5.1　确定重要功能产品

1. 功能单元评分

根据相关要求,全面分析动力装置中每一功能单元的功用,故障对安全性影响 A_1、故障对任务性影响 A_2、故障频率 A_3、维修费用 A_4、修理工时 A_5 等信息,并通过了解动力装置结构和维修工艺等信息,对各功能单元的故障可监测性 A_6、故障损失 A_7、维修的难易程度 A_8 进行评估,最终对每一个功能单元的各评价因素进行打分,结果如表 2-13 所列。

表 2-13　一体化动力装置功能单元评分

序 号	评价因素 功能单元	A_1	A_2	A_3	A_4	A_5	A_6	A_7	A_8
1	发动机	10	10	4	10	10	7	10	8
2	离合器	6	8	3	7	10	8	6	7
3	变速箱	9	9	8	6	10	5	6	10
4	水散热器	3	5	6	3	3	2	4	3
5	中冷器	1	2	6	3	3	4	2	3
6	膨胀水箱	2	2	5	1	2	3	3	1
7	热交换器	2	3	4	3	4	4	3	4
8	空气滤清器	4	4	5	4	2	3	4	2
9	发动机附件	1	1	7	1	6	2	2	2

2. 初始权重确定

通过 RCM 分析的原则及方法及相关资料,通过与专家讨论,按照表 2-10 进行判断,得到权重的判断矩阵为

$$
A = \begin{bmatrix}
1 & 2 & 4 & 3 & 4 & 5 & 3 & 5 \\
\dfrac{1}{2} & 1 & 3 & 2 & 3 & 4 & 2 & 4 \\
\dfrac{1}{4} & \dfrac{1}{3} & 1 & 2 & 2 & 3 & \dfrac{1}{2} & 3 \\
\dfrac{1}{3} & \dfrac{1}{2} & 2 & 1 & 1 & 2 & \dfrac{1}{3} & 2 \\
\dfrac{1}{4} & \dfrac{1}{3} & \dfrac{1}{2} & 1 & 1 & 2 & \dfrac{1}{4} & 2 \\
\dfrac{1}{5} & \dfrac{1}{4} & \dfrac{1}{3} & \dfrac{1}{2} & \dfrac{1}{2} & 1 & \dfrac{1}{5} & 1 \\
\dfrac{1}{3} & \dfrac{1}{2} & 2 & 3 & 4 & 5 & 1 & 2 \\
\dfrac{1}{5} & \dfrac{1}{4} & \dfrac{1}{3} & \dfrac{1}{2} & \dfrac{1}{2} & \dfrac{1}{2} & 1 & 1
\end{bmatrix}
\tag{2-17}
$$

根据式(2-2)得到初始权重向量为

$$w = [0.303 \quad 0.202 \quad 0.105 \quad 0.090 \quad 0.055 \quad 0.041 \quad 0.158 \quad 0.046]$$

$$(2-18)$$

经检验 CR = 0.0597 < 0.1，该判断矩阵一致性满意。

由此可得各因素的优先级，如表 2-14 所列。

表 2-14　评价因素优先级排序

序　号	评价因素	权　重	优先级序号
1	A_1	0.303	1
2	A_2	0.202	2
3	A_3	0.105	4
4	A_4	0.090	5
5	A_5	0.055	6
6	A_6	0.041	8
7	A_7	0.158	3
8	A_8	0.046	7

3. 蒙特卡洛仿真

取模拟次数 $N = 5000$，通过计算得到每个功能单元的每一组重要度指数，然后进行统计分析，得到各功能单元重要度排序累积频率图，如图 2-6 所示。

4. 评价结果分析

由图 2-6 可知，功能单元 4 和单元 5 相比较，单元 4 的重要度较高。单元 4 与单元 5 均为发动机冷却系的重要部件，故障频率、维修费用、修理工时也相差无几，但是单元 4 为水散热器，主要功用为协助发动机及其他部件散热，单元 5 为中冷器，主要功用为帮助提高废气涡轮增压的气体压力。一旦单元 4 发生故障会影响整个动力系统的散热，对装备产生的影响较大，而单元 5 故障影响的是发动机的动力，其故障影响不如单元 4 严重。因此上述重要度分析结果是合理的，通过该方法进行重要功能产品分析，可以降低人为差错的概率，得到较为真实的重要度水平。

由图 2-6 可知，功能单元 1、单元 2、单元 3 拥有明显高于其他功能单元的重要度，可判断它们为重要功能产品。因此，发动机、离合器、变速箱为该轮式装备的重要功能产品。

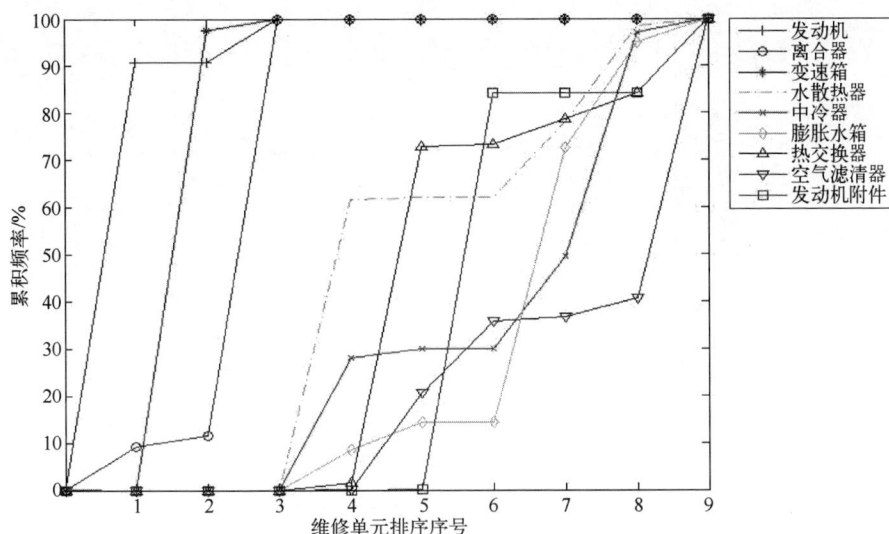

图 2-6 一体化动力装置功能单元重要度排序累积频率

2.5.2 适用性分析

以变速箱为例进行适用性分析。根据相关规定,对装备各功能单元的油液进行长期而系统的监测,因此有大量的监测数据可供分析。通过分析确定油液的监测数据随时间变化的规律,分析 $P-F$ 曲线是否符合这一变化规律,就可以判断该功能单元是否满足 CBM 适用性。

油液所含磨粒中各元素的含量可以反映功能单元的磨损情况和其他相关信息,因此可以将油液中相关元素的含量直接作为功能单元的状态值进行分析。

铜性材料是变速箱的重要支撑元件,如轴承保持架、衬套、挂挡拨叉上的铜块等,在变速箱运行过程中,磨损是这些机件常见的失效形式。如果工作中发现润滑油中铜的含量迅速上升,且超过正常标准时,意味着这些机件磨损严重。这里选取变速箱齿轮油铜元素浓度数据进行研究,如表 2-15 所列。

表 2-15 铜元素含量变化

检测时间/摩托小时	46	105	160	231	280	310	340
铜元素含量/(mg/kg)	31.5	78.6	114	162.2	213	248.3	305.6
检测时间/摩托小时	370	381	400	430	453	473	495
铜元素含量/(mg/kg)	366.4	397	430.6	491.5	561.7	610.2	674.3

(1)整理数据,绘制散点图,如图 2-7 所示。

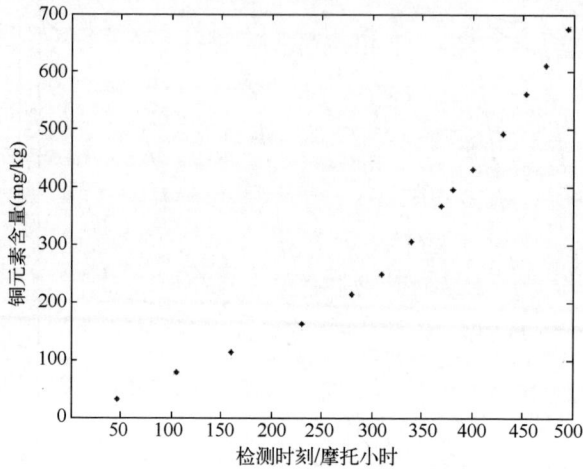

图 2-7　铜元素含量变化散点图

（2）根据散点图，判断该浓度变化规律可能符合的函数模型有指数函数分布和幂函数分布。

指数函数的数学模型为

$$y = a e^{bx} \tag{2-19}$$

进行指数函数回归分析，得到的指数函数拟合曲线如图 2-8 所示，拟合结果如表 2-16 所列。

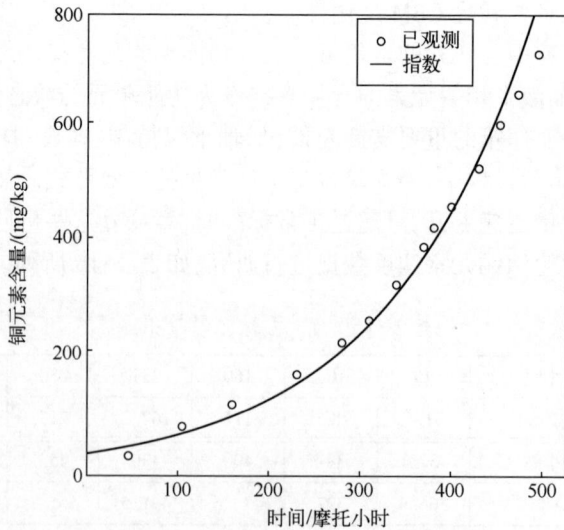

图 2-8　指数函数拟合曲线

表 2-16   指数函数回归分析结果

检 验 指 标			参数估计值 ($\alpha=0.05$)	
R^2	F	r	a	b
0.974	452.183	0.987	35.186	0.006

由以上分析可得

$$\begin{cases} \hat{a}=35.186 \\ \hat{b}=0.006 \end{cases} \tag{2-20}$$

拟合的指数函数曲线为

$$\hat{y}=35.186e^{0.006x} \tag{2-21}$$

由于可决系数 $R^2=0.974$，相关系数 $|r|=0.987>0.532$，检验值为 $F=452.183>242.69$，因此可认为指数函数关系是显著的。

幂函数的数学模型为

$$y=ax^b \tag{2-22}$$

进行幂函数回归分析，得到的幂函数拟合曲线如图 2-9 所示，拟合结果如表 2-17 所列。

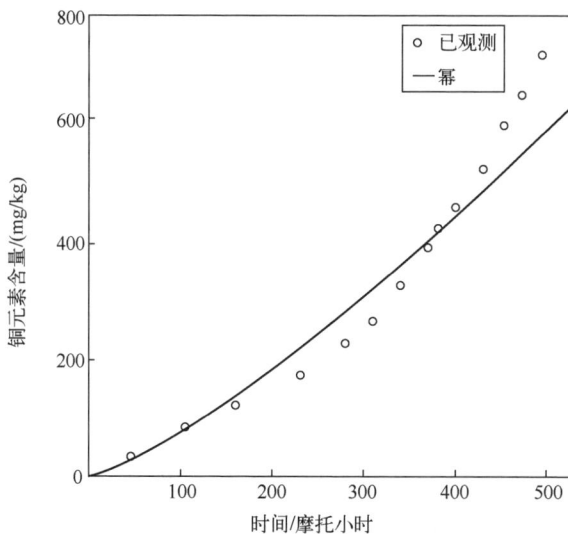

图 2-9   幂函数拟合曲线图

表 2-17　幂函数回归分析结果汇总

检 验 指 标			参数估计值（$\alpha = 0.05$）	
R^2	F	r	a	b
0.970	388.505	0.987	1.281	0.193

由以上分析可得

$$\begin{cases} \hat{a} = 1.281 \\ \hat{b} = 0.193 \end{cases} \qquad (2-23)$$

拟合的幂函数函数曲线为

$$\hat{y} = 1.281 x^{0.193} \qquad (2-24)$$

由于可决系数 $R^2 = 0.970$，相关系数 $|r| = 0.987 > 0.532$，检验值为 $F = 388.505 > 242.69$，因此可认为幂函数关系是显著的。

通过两次回归分析的比较，可得指数函数更符合变化规律，因此采用指数函数拟合结果进行分析。

根据所得的回归分析的结果，判断该变速箱状态的变化率逐渐上升，可以设定一个斜率的阈值 k，当斜率大于该阈值时，就可认为达到潜在故障 P 点。因此可以判断该变速箱符合 CBM 适用条件，具有良好的适用性。

同理，对该装备发动机的油液数据进行分析，判断结果认为发动机具有良好的 CBM 适用性。

由于离合器结构等限制，在实际运行过程中目前尚无合适的表征其状态的参数以及相应的检测手段，所以它不具备可以检测的潜在故障点，CBM 是不适用的。

2.5.3　实施有效性分析

以该装备的发动机为例，按照图 2-1 所示的逻辑顺序进行实施有效性分析，得到的分析结果如表 2-18 所列。

表中给出了该装备发动机的 CBM 实施有效性分析结果。以"发动机无法启动或启动困难"故障模式为例进行说明：

（1）该故障不会造成安全性影响，但发动机不能正常工作会影响装备遂行各种任务，因此存在任务性影响；

（2）分析故障原因，通过检测气门间隙、液压油管的压力以及润滑油的品质等手段，可以及时发现潜在故障；

（3）发现故障隐患后，通过调整气门间隙、更换润滑油或者更换发动机等措施消除或降低故障风险。

表 2-18 状态维修实施有效性判断

功能单元名称	故障模式	安全性判断		任务性判断		经济性判断	
		安全性影响	CBM 工作效果	任务性影响	CBM 工作效果	经济性影响	CBM 工作费用
发动机	发动机无法启动或启动困难	无	—	有	能发现并及时消除故障隐患	—	—
	发动机过热(冷却液温度报警)	有	能发现并及时消除故障隐患	—	—	—	—
	发动机动力不足	无	—	有	能发现并及时消除故障隐患	—	—
	…	…	…	…	…	…	…
	发动机润滑油压力低或无油压	有	能发现并及时消除故障隐患	—	—	—	—

对于该故障模式,CBM 工作是值得做的,其余的故障也按照该过程进行分析。

通过分析可以得出结论:对该装备发动机实施 CBM 工作是有效的。同理,可以判断该装备变速箱也符合 CBM 实施有效性的相关条件。

2.5.4 结果确定

通过 CBM 适用性和实施有效性分析,确定在该轮式装备的一体化动力装置中,发动机和变速箱为 CBM 对象。

按照上述方法对该轮式装备各功能单元进行分析,CBM 对象分析结果如表 2-19 所列。

表 2-19 某轮式装备底盘系统 CBM 对象分析

功能单元名称	是否为 CBM 对象
发动机	是
发动机附件	否
离合器	否
变速箱	是
分动箱	是

续表

功能单元名称	是否为 CBM 对象
侧传动箱	是
轮边减速器	否
中央充放气系统	否
轮胎	是
悬架装置	否
转向系统	否
水上液压传动系统	是
风扇液压传动系统	是

第 3 章　状态信号获取

状态信号获取是 CBM 实施的首要环节,通过在线或离线监测获取装备状态信号的质量直接影响状态维修的开展。通常采用传感器获取反映研究对象的状态信号。本章重点介绍典型信号的获取方法。

3.1　概述

3.1.1　信息、信号和数据

1. 信息

1) 信息的定义

信息是指音讯、消息,泛指人类社会传播的一切内容。人们通过获得、识别自然界和社会的不同信息来区别不同事物,得以认识和改造世界。1948 年,数学家香农(Shannon)在题为“通信的数学理论”的论文中指出“信息是用来消除随机不确定性的东西”。这一定义被看作经典性定义并加以引用。此后有许多研究者从各自的研究领域出发,给出了不同定义。

控制论创始人诺伯特·维纳(Norbert Wiener)认为:“信息是人们在适应外部世界,并使这种适应反作用于外部世界的过程中,同外部世界互相交换的内容和名称。”其被作为经典性定义加以引用。

经济管理学家认为:“信息是提供决策的有效数据。”

电气电子学家、计算机科学家认为:“信息是电子线路中传输的信号。”

我国著名的信息学专家钟义信教授认为:“信息是事物存在方式或运动状态,以这种方式或状态直接或间接地表述。”

以上均从不同角度对信息进行了定义,综合起来,可将信息概念概括如下:

信息是对客观世界中各种事物的运动状态和变化的反映,是客观事物之间相互联系和相互作用的表征,表现的是客观事物运动状态和变化的实质内容。

信息的功能是反映事物内部属性、状态、结构、相互联系以及与外部环境的互动关系,减少事物的不确定性。

2) 信息的层次

信息的概念存在以下两个基本的层次：

(1) 本体论层次的信息：在一般意义上，即没有任何约束条件，可将信息定义为事物存在的方式和运动状态的表现形式。这里的"事物"泛指存在于人类社会、思维活动和自然界一切可能的对象。"存在的方式"是指事物的内部结构和外部联系。"运动状态"则是指事物在时间和空间上变化所展现的特征、态势和规律。

(2) 认识论层次的信息：主体所感知或表述的事物存在的方式和运动状态。主体所感知的是外部世界向主体输入的信息，主体所表述的是主体向外部世界输出的信息。

在本体论层次上，信息的存在不以主体的存在为前提，即使不存在主体，信息也仍然存在。在认识论层次上则不同，没有主体，就不能认识信息，也就没有认识论层次上的信息。前者是纯客观的层次，只与客体本身的因素有关，与主体的因素无关；后者则是从主体立场来考察的信息层次，既与客体因素有关，也与主体因素有关。本体论层次的信息概念因为它的纯客观性而成为最基本的概念，所以信息是一种客观事物，它与材料、能源一样都是社会的基础资源。

3) 信息的特性

(1) 可量度：信息可采用某种度量单位进行度量，并进行信息编码，如现代计算机使用的二进制。

(2) 可识别：信息可采取直观识别、比较识别和间接识别等多种方式来把握。

(3) 可转换：信息可以从一种形态转换为另一种形态，如自然信息可转换为语言、文字和图像等形态，也可转换为电磁波信号或计算机代码。

(4) 可存储：信息可以存储，大脑就是一个天然信息存储器。人类发明的文字、摄影、录音、录像以及计算机存储器等都可以进行信息存储。

(5) 可处理：人脑就是最佳的信息处理器，人脑的思维功能可以进行决策、设计、研究、写作、改进、发明、创造等多种信息处理活动。计算机也具有信息处理功能。

(6) 可传递：信息的传递是与物质和能量的传递同时进行的。语言、表情、动作、报刊、书籍、广播、电视、电话等是人类常用的信息传递方式。

(7) 可再生：信息经过处理后，可以其他形式再生，如自然信息经过人工处理后，可用语言或图形等方式再生成信息。输入计算机的各种数据文字等信息，可用显示、打印、绘图等方式再生成信息。

(8) 可压缩：信息可以压缩，用不同的信息量来描述同一事物。人们常用尽可能少的信息描述一件事物的主要特征。

2. 信号

信号是传递信息的一种物理现象和过程。信号是信息的载体,是信息的表现形式,信息的产生、传输和处理都是通过信号实现的。许多信号是电信号,如随信息做相应变化的电压或电流等。

在物理学上,系统的输入和它对这些输入的响应(输出)都称为信号。在数学上,信号一般用函数来表示,也就是说,信号是可用数学函数表达的一种信息流。例如,可以用 $f(t)$ 表示随时间变化的信号,用 $f(x,y,z,t)$ 表示以位置和时间为自变量的信号。对于无法用函数关系表示的复杂信号,可以用波形(或图形)来表示。

信号是信息的载体,人们感兴趣的是信息,信息要利用一定的方法去提取。例如,一台机床在工作中,某一部位上有声音、热、振动等一系列的内部特征及外部表现。人们研究该机床某一方面的本质变化,就用观测仪器观测该方面的数据和图形,温度变化、振动情况就是该机床在此方面的信号。

3. 数据

接收者对信息识别后表示的符号称为数据。数据的作用是反映信息内容并为接收者识别。声音、符号、图像、数字就成为人类传播信息的主要数据形式。因此,信息是数据的含义,数据是信息的载体。

数据是事实,也称观测值,是实验、测量、观察、调查等的结果,常以数量的形式给出。

数据和信息之间是相互联系的。数据是反映客观事物属性的记录,是信息的具体表现形式,包括文字、声音、图像、视频等。数据经过加工处理之后,就成为信息;而信息需要经过数字化转变成数据才能存储和传输。数据和信息是有区别的。从信息论的观点来看,描述信源的数据是信息和数据冗余之和,即数据=信息+数据冗余。数据是数据采集时提供的,信息是从采集的数据中获取的有用信息。

3.1.2　信息参量

信息参量是携带研究对象状态信息的可检测物理或化学量,按其所携带信息特点分为三类。

1. 实体参量

实体参量是装备实体特性的定性和定量描述,如组成、形状、尺寸、重量与重心、表面状况、结构、行程、配合及相应的公差。装备维修过程中所进行的"技术状态鉴定条件",其鉴定内容均为装备的实体参量。

实体参量由于只携带研究对象状态信息,不含或很少含有类似杂质的信息,因此产生的干扰少,信息质量高,是一种较为理想的检测参量。但在不解体的情况下,实体参量通常需要检测系统内部信息,不容易用外部手段检测到,因此一般选择容易检测的性能参量或伴随参量作为检测参量。例如,发动机缸壁的磨损量在不解体的情况下是无法直接测量,通常用输出功率、振动情况间接估计。

2. 性能参量

表征装备某系统性能的参量或输出参量,性能参量携带系统包含的各个关键环节的状态信息。例如,发动机喷油压力综合体现了高压柴油泵和喷油量的状态信息;输出功率是表示整个发动机系统的性能参量,它携带发动机各子系统关键环节的状态信息。

3. 伴随参量

伴随参量是当研究对象状态变化时,随之改变的二次效应量。伴随参量通常携带有研究对象状态信息以及干扰信息。以变速箱为例,变速箱内齿轮、轴承在工作时,会同时伴随产生振动和声响,即二次效应。振动和声响对齿轮完成其设计功能不起作用,只是工作时的副产品,但在齿轮和轴承发生损坏时,产生的振动和声响将随之发生变化,所以振动和声响信息能够反映齿轮或轴承的状态。装备运行的生成物或排除物的量也是重要的伴随参量,如发动机润滑液中磨屑的成分、粒度等。

3.1.3 常用信息采集方法

1. 直接观察法

直接观察法是指根据经验对装备(机器)的状态做出直接判断的方法。这种方法可以获得可靠的第一手资料,但观察的对象主要是相对静止的、表面的,不能直接观察到内部零部件。为了扩大人眼的观察能力,可以应用一些现代化仪器,如带照明的光纤探头、光学内孔检查仪及探查表面微细裂纹的着色渗透剂等。

2. 仪器检测法

仪器检测法是指借助专门的仪器、设备,设计合理的试验方法以及进行必要的处理,获得与被测对象有关的信息。从状态维修角度,通常检测研究对象的实体参量、性能参量和伴随参量。检测方法以及选用或研制的仪器设备决定检测信息质量。用仪器设备检测的步骤如下:

(1)选定检测对象。装备通常由众多子系统组成,只有"必要的、适用的、有效的"子系统作为具体的检测对象(以第2章确定的 CBM 对象作为具体的检测对象)。

（2）确定检测参量和方法。通常以检测目的、检测对象的特点和运行(或故障)规律为基础,结合现有技术条件,确定检测参量和方法。其中,包括测点部位的选择。测点部位是检测量检出的位置,直接影响信息的质量,必须精心论证与设置。

（3）选择检测仪器设备。依据检测参量和方法合理选择或研制检测仪器设备。其中,传感器、测试接口是其重要内容。传感器是把检测量检出,并将其转换为电量,以便进一步加工处理。

（4）确定检测工况。检测工况是在进行信息采集时,装备必须具备的状态等检测条件、环境。检测工况是规范,每次检测都必须严格地按照这一规定的检测条件进行,由于状态信息往往随工况而变化,因而只有在相同条件下获得的结果才具有可比性。

（5）必要的处理。将得到的检测数据进行干扰信息剔除、冗余信息合并等处理,提取出有效的状态信息。

3.1.4　传感器的选用原则

选用传感器及其配套检测仪器进行装备状态检测是获取状态信息重要手段,根据测试目的和对象合理地选用传感器是状态信息获取中的首先要解决的问题。

1. 根据检测目的确定传感器的类型

为完成一个具体的检测任务,首先考虑用什么原理的传感器,这需要分析多种因素后才能决定。即使是测量同一物理量,也有多种原理的传感器供选择,哪种原理的传感器更合适,需要根据被测量的特点和传感器的使用条件综合考虑。通常考虑量程的大小,被测位置对传感器体积的要求,测量是接触式还是非接触式,传感器的来源(是国产还是进口,价格如何,购买还是自制)等。

考虑上述问题后,通常能够确定选择什么类型的传感器,再考虑以下问题。

2. 灵敏度的选择

一般来讲,在传感器的线性范围内,传感器灵敏度应该选择较高的。但是,灵敏度高时,与测量信号无关的外界噪声也容易混入,也会被放大,影响测量精度。因此,还要求传感器本身应有较高的信噪比,尽量减少从外界引入的干扰信号。

传感器的量程范围(线性范围)与灵敏度密切相关,灵敏度在此范围内有小的变化,其变化量应控制在测量精度允许的范围内。使用时,传感器不允许进入非线性区(除非测量装置中有非线性校正措施),更不能进入饱和区。一个传感器的线性范围是有限的,过高的灵敏度会影响传感器的适用范围。

传感器的灵敏度有方向性。当被测量是单向量,而且对其方向性要求较高时,选择横向灵敏度小的传感器;当被测量是二维或三维向量时,要求传感器的交叉灵敏度越小越好。

3. 频率响应特性

传感器的频率响应特性应尽量满足无失真测试条件,即在被测信号的频率范围内幅频响应是平直的、相频响应是线性的。一般情况,如果对相频响应无特殊要求,只要传感器的幅频响应能覆盖被测信号的带宽即可。当对相频有要求时,相频响应是线性关系时,测试信号有一定的延迟。

对周期性振动信号,由于带宽有限,传感器的高频响应应能满足被测信号的带宽要求,且满足一定的动态误差要求;对于瞬态信号,除高频响应外,还应注意传感器与测试系统的低频截止频率,因为瞬态(冲击)信号的主要能量均集中在低频端,低频截止频率应尽可能低。

4. 线性范围

传感器的线性范围是指输出与输入成正比的范围,在此范围内,灵敏度保持定值。线性范围越宽,传感器的工作量程越大。在线性范围内,传感器的测试误差被限制在一定范围内,也就是说,能保证一定的测试精度。选择传感器时,当决定传感器的种类之后,首先确定传感器的量程能否满足要求。

实际上,任何传感器不能保证绝对的线性,其线性度也是相对的。当要求的精度比较低时,在许可的范围内,非线性误差较小的传感器可以近似地看作线性的,这就给测量带来很大方便。

5. 稳定性

传感器在使用一段时间后性能不发生变化的性质称为稳定性。影响稳定性的因素是时间和环境。也就是说,传感器的使用环境应满足一定要求,传感器才能正常工作。

为了保证传感器在使用中维持其性能不变,在选用之前,应对其使用环境进行调查,以选择合适的传感器。例如,测量发动机汽缸内部压力,就应选择耐高温的压力传感器。在温度变化较大场合使用应变式传感器,就应考虑其温度补偿的问题。

传感器的稳定性有定量指标,超过使用期应及时进行校准。例如,压力式传感器最好每年校准一次,应变式压力传感器应在使用前校准。

6. 精度

传感器的精度是保证整个系统测量精度的第一个重要环节,它处于测量系统的输入端,对整个测试系统的精度有较大影响。传感器的精度越高,越昂贵。

应该在满足同一测量目的的许多传感器中选择比较便宜和简单的。

如果测试是作为定性分析用,属于相对比较的类型,选用重复精度高的传感器即可,不宜选用绝对量值精度高的传感器。如果为了定量分析,必须获得准确的测量值,就需选用精度等级满足要求的传感器。

在某些特殊使用场合,无法选到合适的传感器,就得自行设计、研制传感器,然后进行有关传感器性能的各种试验,对其性能进行综合测试,直到满足使用要求为止。

3.2　温度信号获取

温度是表征物体或系统冷热程度的物理量,很多装备将温度作为其运行状态的重要参数,如冷却液温度、润滑油等。

3.2.1　温度信号采集方法

温度可以通过敏感元件或感温元件来进行测量。敏感元件或感温元件称为温度传感器。根据敏感元件与被测介质是否接触,温度传感器可分为接触式和非接触式两大类。接触式测温是敏感元件与被测物质接触,被测物质与敏感元件进行充分的热交换后两者具有相同温度,达到测温的目的。非接触式测温是敏感元件不与被测物质接触,根据物体的热辐射原理,通过辐射和对流实现热交换,从而实现温度检测。常用的测温方法及其主要特点见表 3-1。

表 3-1　常用的测温方法及其主要特点

测温方法	温度计与传感器	测温范围/℃	主 要 特 点
接触式测温	膨胀式温度计	−100~600	结构简单、价格低廉,一般用于直接读数
	压力式温度计	−100~500	耐震、低廉、准确度不高、滞后性大,可转换成电信号
	热电偶	−200~1800	种类多,结构简单,感温部分小,广泛用于高温测量
	热电阻式温度计	−250~800,−50~300	种类多、精度高、感温部分较大,体积小、响应快、灵敏度高
	集成温度传感器	−55~150	体积小、反应快、线性好、价格低
非接触式测温	辐射式温度计 光学高温计 光电高温计 全辐射高温计 比色高温计 光纤传感器	−100~3500	不干扰被测温度场,可对运动体测温,响应较快。测温计一般结构复杂,价格高

　　接触式测温主要有膨胀式温度计、压力表式温度计、热电偶、热电阻式温度计等。接触式测温必须使测温元件与被测体的表面良好接触,方可得出正确的测量温度。

　　例如,测量固体表面温度时,感温器应与固体表面有良好的接触。这样,通过热的传导,感温器的温度就能很快地接近固体表面的温度。若感温器为薄壁形,则单位时间内固体通过传导传给感温器的热量 Q,与固体表面的温度 $T_固$ 和感温器温度 $T_感$ 之差成正比,与感温器同固体的接触面积 F 也成正比,与感温器的厚度 δ 成反比,即

$$Q = K\frac{F}{\delta}(T_固 - T_感)　　　　　　　(3-1)$$

式中:K 为传热系数,其数值取决于感温器的导热性。

　　对于固体表面的散热来说,感温器相当于一块介质。为了使固体表面(主要是与感温器接触的表面)的温度不因有了感温器而发生变化,影响感受温度的准确性,感温器的尺寸应当尽可能小。此外,感温器的传热系数最好与被测固体的传热系数相同,以便使与感温器接触的固体表面,单位时间内散失的热量与没有感温器时相同。

　　用接触式测温测出的温度值实际上是测温计的感温元件本身的温度,其测量温度的前提条件是认为感温元件与被测体"同温",实际上感温元件与被测体温度可能会有一定的差值,造成一定的误差。接触式测温由于测温计与被测体接触,因而会破坏被测体原来的温度场而造成误差,且这类误差是不可避免的。接触式测温必须置于测量温度场中,对于一些特殊场合,如温度特别高、温度特别低、腐蚀介质、导电介质、导热性差的被测体等,甚至无法测温。

　　非接触式测温不存在热接触、热平衡带来的缺点和应用范围上的限制,许多接触式测温无法测量的场合都能采用非接触式测温,红外测温是最常见方式。非接触式测温可用于测量温度很高的目标、距离很远的目标、有腐蚀性的介质、导热性差的物体、目标微小的物体、小热容量的物体、运动中的物体和温度动态过程及带电物体等的测温。与接触式测温法相比,非接触式测温具有以下特点:

　　(1) 传感器和被测对象不接触,不会破坏被测对象的温度场,故可测量运动物体的温度并可进行遥测。

　　(2) 由于传感器或热辐射探测器不必达到与被测对象同样的温度,故仪表的测温上限不受传感器材料熔点的限制,从理论上说仪表无测温上限。

　　(3) 在检测过程中传感器不必和被测对象达到热平衡,故检测速度快,响应时间短,适于快速测温。

3.2.2　热电式温度测量元件

热电偶是工业上常用的温度测量仪器,其基本工作原理是利用两种不同金属的热电现象,将被测介质的温度变化转换成相关电量的变化。如图 3-1 所示,将 A 和 B 两种不同材料的金属丝的两端焊接在一起构成一个闭合回路,使接点 2 与被测的高温介质相接触,接点 1 置于低温处。这里,接点 2 和接点 1 分别称为热端(或工作端)和冷端(或自由端)。

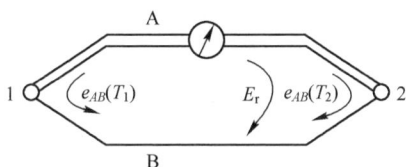

图 3-1　热电偶的工作原理

由于两个接点的温度不同,闭合回路中产生了与两端温度和制作材料有关的热电势 $E_r(T_2, T_1)$,它是两个接点的热电势之差,即

$$E_r(T_2, T_1) = e(T_2) - e(T_1) \tag{3-2}$$

由此可见,对于给定的热电偶来说,其热电势仅与温度 T_2 和 T_1 有关。为了便于实际应用,通常令 $T_1 = 0℃$,测出多种热电偶在不同 T_2 温度下的热电势,制成相关的表格,供人们查用。这种表格称为热电偶的分度表。在实际应用中,热电偶的冷端温度通常是变化的,所以还要考虑补偿的问题。

热电偶的优点如下:

(1)测量精度高。因热电偶直接与被测对象接触,不受中间介质的影响。

(2)测量范围广。常用的热电偶测量范围−50~+1600℃,某些特殊热电偶最低可测到−269℃,最高可测到+2800℃。

(3)构造简单,使用方便。热电偶通常是由两种不同的金属丝组成,外有保护套管,使用非常方便。

它既可用于流体温度测量也可用于固体温度测量,既可用于静态测量也可用于动态测量。能直接输出直流电压信号,便于温度信号的测量、传输、自动记录和控制,同时还有制作方便、热惯性小等优点,在温度测试中广泛使用。

3.2.3　充填式温度测量元件

充填式温度测量元件是利用某种物质在温度变化时,其体积也相应变化的原理工作的。它的输出量为力或位移,充填式温度测量元件结构如图 3-2 所示。

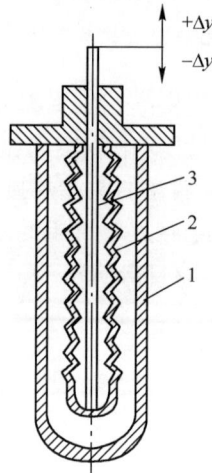

1—密封外套;2—波纹管;3—推杆。

图 3-2　充填式温度测量元件结构

测量元件的密封外套内安装了一个波纹管,波纹管的一端焊接在外套上,另一端与推杆焊在一起。波纹管与外套之间充填液体或气体。当被测介质的温度改变时,充填介质的体积随温度的变化而变化,使推杆产生位移。

充填式温度测量元件的测量范围主要与充填介质有关。充液式温度测量元件的测量范围一般为-50～250℃,且热惯性大,常用的充填介质有水银、甲醇、煤油等。充气式温度测量元件的测量范围一般为-50～540℃,热惯性小于充液式的,常用的充填介质是惰性气体,如氮气。

3.2.4　电阻式温度测量元件

热电阻又称为电阻温度计,是利用导体、半导体的电阻值随温度的增加而增加这一特性来进行温度测量的。根据使用的材料不同,电阻温度计分为金属丝电阻温度计和半导体热敏电阻温度计两种。

电阻式温度测量元件的工作是基于金属导体或某些半导体在温度变化时会改变自身电阻的原理。该测量元件主要由热电阻和测量线路组成,如图 3-3 所示。

热电阻一般是将很细的金属丝缠绕在绝缘材料制成的骨架上,外套保护套,热电阻引出端接入测量线路。图 3-3(b)中的测量线路为桥式电路,其平衡电桥由三个常值电阻 R_1、R_2、R_3 和一个热电阻 R_T 构成桥式电路的四个桥臂。热电阻放在被测介质中。在电桥的一根对角线上接着电源,另一根对角线上可接电流计或转换装置。当介质温度变化时,热电阻的电阻值也变化,桥式电路就会灵

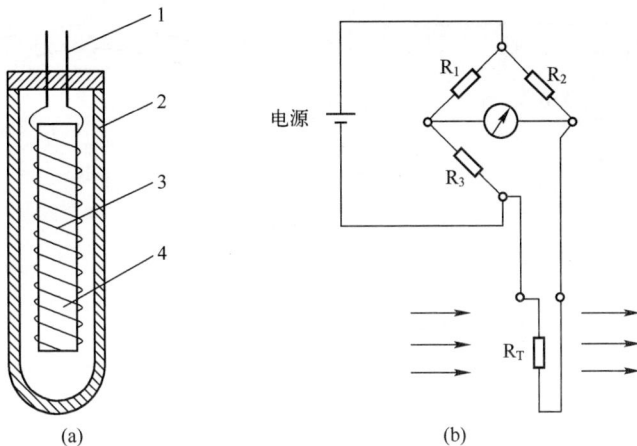

1—引出端;2—保护套管;3—电阻丝;4—骨架。

图 3-3   电阻式温度测量元件

敏地感受温度的变化,并输出到转换装置上。

热电阻是中低温区常用的一种温度检测器,与热电偶相比,灵敏度高、热惯性较小、测量精度较高,特别是在测量较低温度时。与半导体式温度测量元件相比,铂、铜的线性度好,尤其是铂,化学稳定性很好,测量范围较大(-200 ~ +600℃),可作为标准的温度测量元件,但价格昂贵。

3.2.5   双金属式温度测量元件

双金属式温度测量元件是利用两种金属受热时线膨胀程度不同的特性进行工作的。这种温度测量元件一般由线胀系数差异较大的两种金属构成。根据金属的结构形状,可以分为双金属片式温度测量元件和双金属膨胀式温度测量元件。

1. 双金属片式温度测量元件

双金属片式温度测量元件的双金属是由两种线胀系数不同的金属片沿其金属接触表面熔焊或钎焊而成的,如图 3-4 所示。

双金属片式温度测量元件组成双金属片的金属称为"层"。其中,线胀系数大的一层称为主动层,而线胀系数小的一层称为被动层。如果双金属片未焊接在一起,双金属片都是平直的,当温度升高时,主动层和被动层将分别伸长 ΔL_1 和 ΔL_2,没有弯曲,如图 3-4(a)所示。当两层金属片刚性地焊在一起时,主动层力图拉长被动层,而被动层又力图阻碍主动层的伸长,从而使金属片向主动层一边凸起,这样便输出位移,如图 3-4(b)所示。应用时,通常将几组双金属片叠加起来。

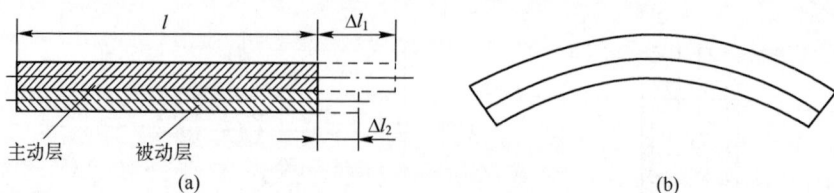

图 3-4　双金属片式温度测量元件

（a）弯曲前；（b）弯曲后。

2. 双金属膨胀式温度测量元件

双金属膨胀式温度测量元件也是由两种具有不同线胀系数的金属制成，如图 3-5 所示。图中金属 1 的线胀系数比较小，金属 2 的线胀系数比较大。当介质温度发生变化时，两种金属的伸长量不同，从而输出位移 y。

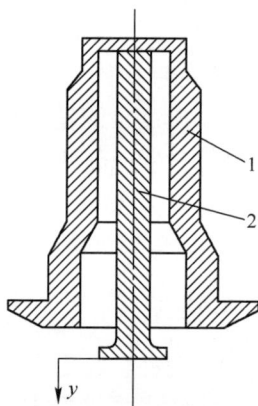

1—金属 1；2—金属 2。

图 3-5　双金属膨胀式温度测量元件

双金属式温度测量元件在发动机控制中主要用于补偿温度变化对控制精度的影响，也称为温度补偿元件。它在温度控制中得到了较广泛的应用，如发动机的转速控制系统均采用此类温度补偿元件。这是因为控制器内的燃油温度在工作时会发生较大的变化，一方面会使调准弹簧的刚度改变，另一方面会使控制器内有关零件因温度变化而热胀冷缩，从而改变调准弹簧力（相当于改变控制作用量），进而使转速产生偏差，即降低了转速控制系统的控制精度。现代的航空发动机转速控制系统一般采用温度补偿措施，图 3-6 示出了两种应用实例。

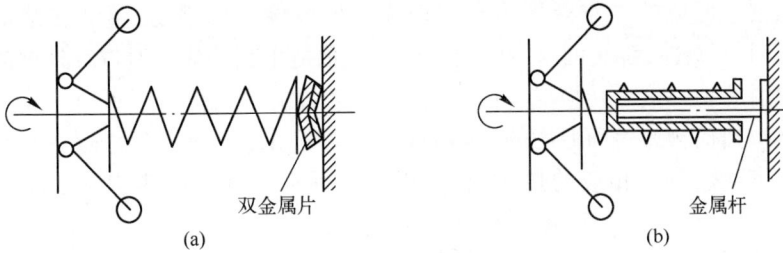

图 3-6　转速控制器中的温度补偿元件

(a) 双金属片补偿；(b) 双金属膨胀式补偿。

3.2.6　红外测温

红外线在电磁波连续频谱中的位置是处于无线电波与可见光之间的区域，波长为 0.76~1000μm，它可进一步分为近红外(0.76~3μm)、中红外(3~6μm)、远红外(6~15μm)和超红外(或称极红外)(15~1000μm)。红外线以光速传播，可被吸收、散射、反射、折射等，遵循相同的光波定律。

根据斯忒藩-玻耳兹曼定理：任何物体，只要其温度高于绝对零度(0K，-273.16℃)都要向外辐射能量。辐射的能量与温度有关，物体温度越高，向外辐射的能量就越多，最大的热效应在红外光区域。红外成像就是将人眼不可见的红外辐射信号变成人眼可见的红外热图像显示出来。红外成像系统的主要部分是红外探测器和监视器。光机扫描型红外成像系统组成框图如图 3-7 所示。

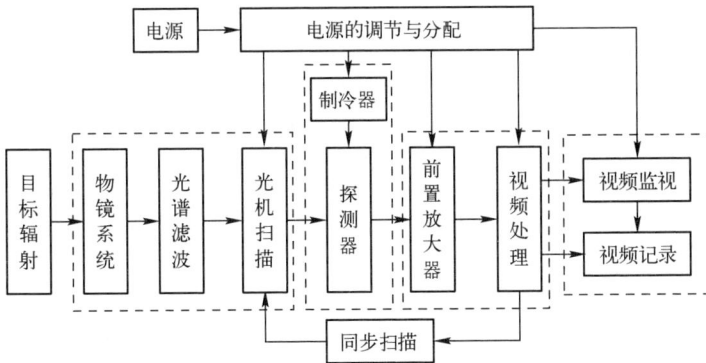

图 3-7　光机扫描型红外成像系统组成框图

红外成像分为主动式红外成像和被动式红外成像。主动式红外成像是用一红外辐射源照射被测物体，被测物体将反射红外辐射，用传感器接收摄取被测物体反射的红外辐射信号，从而得到被测物体反射的红外信号，经放大和处理后在显示器上形成的二维热图像。被动式红外成像的原理是：温度在绝对零度(0K)以上的物体,都会因自身的分子运动而辐射出红外线。通过红外探测器将物体辐射的功率信号转换成电信号后,成像装置的输出信号就可以完全——对应地模拟扫描物体表面温度的空间分布,经电子系统处理,传至显示屏上,得到与物体表面热分布相应的热像图,实现对目标进行远距离热状态图像成像和测温。

红外测温在非接触式测温中的使用最广,如红外测温仪、红外热电视、红外热像仪等。红外测温具有以下优点:

(1) 反应速度快,响应时间在 $10^{-3} \sim 10^{-9}$ s 量级。

(2) 非接触式测温,不影响被测目标物的温度场。

(3) 可用于许多无法接近的目标、远距离目标、带电和腐蚀性等介质温度测量,如高速运转中的设备,放射性环境下的设备,高温、高电压设备等的温度测量。

(4) 灵敏度高,能区别微小温差,可分辨 0.01℃ 或更小的温差。

(5) 测温范围宽,$-170 \sim 3200$℃。

(6) 可对小目标进行测量,最小可测出直径为 7.5μm 的目标。

(7) 可进行动态测温。

红外测温技术在产品质量控制和监测、设备在线故障诊断和安全保护等方面发挥了重要作用。近 20 年来,非接触红外测温仪在技术上得到迅速发展,性能不断完善,功能不断增强,品种不断增多,适用范围也不断扩大。

3.3　压力信号获取

力是构件或机器零件最基本和最常见的工作载荷,也是其他载荷形式和有关物理量(弯矩、扭矩、应力、功、功率及刚度等)的基本因素。通过对机械零件和机械结构的力、扭矩和压力的测量,可以分析其受力状况和工作状态。本节重点介绍压力的测量。

3.3.1　压力及其测量方法分类

压力是单位面积上所受的力,压强是指垂直作用于物体单位面积上的压力,工程上习惯于把压强称为压力,单位为 Pa,因单位太小,通常用 kPa 和 MPa 表示。使用压力测量设备所测得的压力有绝对压力和表压力之分。绝对压力表示垂直作用在单位面积上的全部压力,包括流体本身的压力和大气压力。表压力等于绝对压力与大气压力之差,即

$$p_\text{表} = p_\text{绝对} - p_\text{大气(当地)}$$

根据测压原理的不同,压力测量方法分为以下三类:

(1) 重力与被测压力的平衡法:通过直接测量单位面积上所承受的垂直方向上力的大小来测量压力。常见的有液柱式压力计和活塞式压力计等。

(2) 弹性力与被测压力的平衡法:弹性元件受压后会产生弹性变形,产生弹性力,当弹性力与被测压力平衡时,弹性元件变形的大小即反映了被测压力的大小。常见的有弹簧管压力计、波纹管压力计和波纹管压差计等。

(3) 利用物质某些与压力有关的物理性质进行测压:一些物质受压后,它的某些物理性质会发生变化,测量这些变化就能测量出压力。例如,压阻式传感器在受压时电阻值发生变化,压电式传感器在受压时产生电荷输出。这一类传感器大多具有精度高、体积小、动态特性好等优点,是当前测压技术的主要发展方向。

测压传感器是压力测试的核心环节,它是将压力信号转换成电信号的器件。根据转换的形式不同,有应变式、压电式、压阻式、电容式、电感式等测压传感器,在产品性能压力测试方面,较多涉及的是动态压力测试,在确定测试的具体实施方案时,其中传感器的选择尤为重要。下面对常用的动压测试传感器加以介绍。

3.3.2　电阻应变式压力传感器

电阻应变式压力传感器由弹性元件、电阻应变片及各种辅助器件等组成。通常分为金属电阻应变式与半导体应变片式两类。以金属材料为转换元件的应变片,其原理是基于金属电阻丝的应变效应,即金属导体(电阻丝)的电阻值随变形(伸长或缩短)而发生改变的现象。以半导体材料为转换元件的应变片,其原理是基于半导体材料的压阻效应,即半导体材料在沿某一轴向受外力作用时,其电阻率发生变化的现象。

应变式传感器是将应变片粘贴在弹性体表面或者直接将应变片粘贴在被测试件上。弹性体或试件的变形通过基底和黏结剂传递给敏感栅,使其电阻值发生相应的变化,并通过转换电路转换为电压或电流的变化,即可测量应变。若通过弹性体或试件把位移、力、力矩、加速度、压力等物理量转换成应变,则可做成各种应变式传感器。

1. 应变管式压力传感器

最简单的应变式压力传感器是圆管形压力传感器,如图 3-8 所示。应变管是一个半封装的薄壁圆管,应变片按图所示位置粘贴。当没有压力作用时,四片应变片组成的电桥是平衡的,当压力作用其内腔时,应变管膨胀,工作应变片电阻发生变化,使得电桥失去平衡,产生与压力变化相应的电压输出。管式压力传感器的最大优点是结构简单、制造方便。

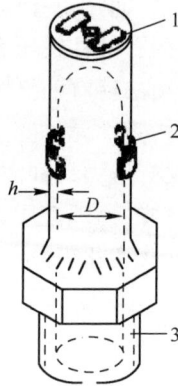

1—补偿应变片;2—工作应变片;3—应变管。

图 3-8　圆管形压力传感器结构

2. 平膜片式压力传感器

平膜片式压力传感器结构如图 3-9 所示。该传感器的弹性元件是周边固定的平圆膜片。当膜片在被测压力作用下发生弹性变形时,根据粘贴在上面的应变片所处位置和方向不同而发生相应的应变,从而使应变片阻值发生变化,由四个应变片组成的电桥电路就有相应的电压输出信号。

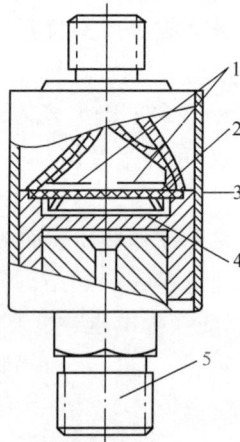

1—强度补偿电阻;2—接线板;3—组合应变片;4—膜片;5—接管嘴。

图 3-9　平膜片式压力传感器结构

3. 垂链膜片-应变筒式压力传感器

垂链膜片-应变筒式压力传感器的典型代表是 BPR-3 型水冷式压力传感器,其结构如图 3-10 所示。传感器主要由垂链形膜片、应变筒、壳体、接线柱和冷却水管等组成。垂链膜片承受压力并将压力传递给应变筒,在应变筒表面沿轴向粘贴工作应变片,沿筒圆周方向粘贴的应变片为温度补偿片,两应变片按相邻半桥方式接入电桥线路中,并通过电缆与放大器相连。

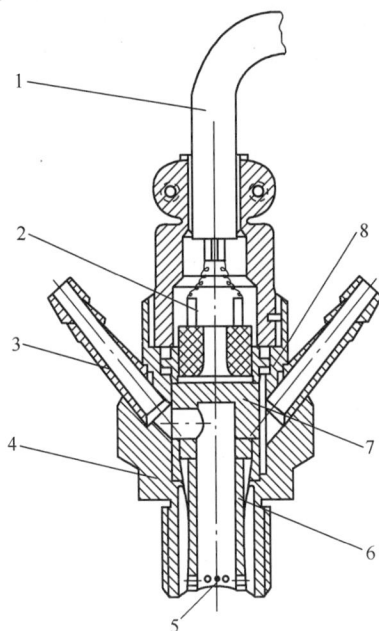

1—电缆;2—接线柱;3—水管;4—壳体;5—垂链形膜片;6—橡皮管理;7—应变筒;8—调整垫片。

图 3-10　BPR-3 型水冷式压力传感器

垂链膜片薄而柔软,弯曲应力小,主要承受拉伸应力,因此比平膜片质量更轻。膜片与壳体焊接成整体,然后加工螺纹,如图 3-11 所示。膜片的直径为 D,应变筒的直径为 d,为使膜片应力分布较均匀,一般选取 $d/D = 1/\sqrt{3}$,因此受压

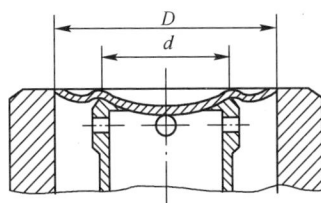

图 3-11　垂链膜片形状

膜片的有效面积约为总面积的 2/3。因为膜片受压后将压力传递给应变筒，使筒受轴向载荷作用，该载荷大小取决于膜片的压力和膜片的有效面积。

3.3.3 压电式压力传感器

由于应变式压力传感器一般固有频率较低，不宜测量高频压力信号，因此在需要测量高频压力信号的情况下常采用压电式压力传感器。

压电式传感器是由某些物质的压电效应制作而成的。石英晶体、人工压电陶瓷等一些物质，当沿着一定方向对其加力而使其变形时，在一定表面上将产生电荷，而外力去掉后又重新回到不带电状态，这种现象称为压电效应。如果在这些物质的极化方向施加电场，这些物质就在一定方向上产生机械变形或机械应力，当外电场撤去时这些变形或应力也随之消失，这种现象称为逆压电效应。

将压电晶体作为传感器的敏感元件，沿某特定方向切成薄片，在薄片两个面上镀上电极，当在薄片的特定方向（如沿厚度垂直或剪切方向）加力时，在电极面上将产生电荷。当力的方向相反时，电荷符号也相反，压电晶体的输出电荷与外力成正比，即

$$q = dF \tag{3-3}$$

式中：q 为电极面上的电荷；F 为外力；d 为与晶体切割方向和变形状态有关的常数，称为压电常数（C/N）。

压电晶体也可以看成一种电容器，设电容为 C_0，晶体厚度（电极面之间的间隔）为 δ，介电常数为 ε，电极面面积为 S，则

$$C_0 = \frac{\varepsilon S}{\delta} F \tag{3-4}$$

在此电容器上储存有电荷 q，因此电极面之间开路端电压为

$$e_0 = \frac{q}{C_0} = \frac{d}{\varepsilon S} \delta F \tag{3-5}$$

式中：d/ε 表示对应单位外力、单位厚度电容器的开路端电压，是评价压电晶体电压灵敏度的一个重要参数，称为电压灵敏度。

压电式压力传感器按结构可分为活塞式和膜片式两种。膜片式压电压力传感器是通过膜片的变形传力给晶体，其主要用于低压测量。活塞式压电压力传感器是通过活塞传力给晶体，其一般用于中高压测量。

活塞式压电压力传感器主要由传感器壳体、活塞、压电晶片等组成，如图3-12所示。两片压电晶片 11 装在活塞 9 内，晶片之间有导电片 15，用导线 16 将电信号引出。压电晶片利用砧盘 10 和顶紧螺丝 7 预压紧。为了防止漏电，活塞和晶

片之间有绝缘导向器14。测量时,传感器利用本体8上的螺纹旋在测孔上,流体的压力通过活塞和砧盘作用在压电晶片上,晶片产生与压力成正比的电荷。这种传感器由于受到活塞质量、刚度和测压油黏度等影响,固有频度不高,一般为30kHz左右。

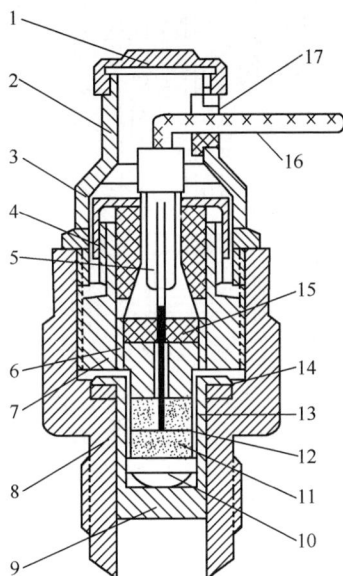

1—盖;2—外壳;3—压紧螺丝;4—绝缘套;5—夹头;6—定位销;7—预紧螺丝;8—本体;9—活塞;
10—砧盘;11—压电晶片;12—支撑环;13—橡皮垫;14—绝缘导向器;15—导电片;16—导线;17—绝缘体。

图 3-12　活塞式压电压力传感器结构

膜片式压电压力传感器主要由圆形膜片、弹性罩体、芯体、晶体片组(8片)、电极、温度补偿片、壳体和冷却水管等组成,如图3-13所示。其弹性膜片薄而柔软,它受压发生变形时,不改变弹性罩体的实际承压面积,它与本体和罩体采用压边连接,保证密封和承受一定压力。传感器内装8片晶体以提高输出灵敏度,晶体片之间电荷的引出不是用传统的加一薄金属片引出电极的办法,而是采取在晶片上蒸镀一层很薄的金属,并有绝缘区和接点,只要将晶体片按顺序重叠起来,就能将全部正、负电荷分别集中引出,在组装晶片时要给予数百牛的预紧力,然后将芯体和弹性罩体焊封。通冷却水一方面可使晶体片压电系数保持稳定,另一方面是避免由于温度改变造成变形,使晶体片预压应力改变,同时可保护薄膜片。

为提高压电压力传感器的性能,采取了温度补偿和加速度补偿措施。由于晶体的线胀系数小于金属零件的线胀系数,当温度变化时,引起预紧力变化 ,导

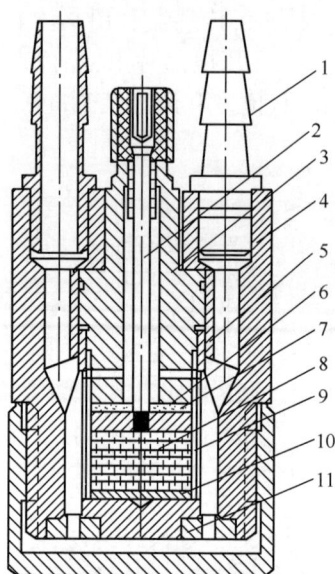

1—冷却水管;2—引线;3—芯体;4—本体;5—罩体;6、8—晶片;7—电极;9—绝缘套;
10—温度补偿片;11—膜片。

图 3-13　膜片式压电压力传感器结构

致传感器零点漂移,严重的还会影响线性和灵敏度。目前,采取的温度补偿办法是在晶体前面加装一块线胀系数大的金属片,自动抵消弹性套和晶体的线胀差值,保证预紧力稳定。

在振动条件下测量压力时,由于弹性套和晶体等的质量,在加速度作用下产生惯性力,该力产生的附加电荷对小量程传感器的影响不能忽视。采取的补偿办法是在传感器内部选择一个适当的附加质量和一组极性补偿压电片,在加速度作用时,使附加质量对补偿压电片产生的电荷与测量压电片加速度作用产生的电荷相抵消,只要附加质量选择适当,就可达到补偿目的。

3.3.4　压阻式压力传感器

压阻式压力传感器是利用半导体的压阻效应而制成,结构如图 3-14 所示。压阻效应是指单晶半导体材料在沿某一轴向受外力作用时,其电阻率发生变化的现象。传感器的端部是高弹性钢质薄膜,头部充满低黏度硅油,用以传递压力和隔热。敏感元件硅杯浸在硅油中,被测压力通过钢膜片和硅油传递给硅杯,硅杯的集成电阻通过金引线与绝缘端子相连,补偿电阻连接在印制电路板上。硅杯的结构形状有两种:一种是周边固支的圆形膜片,另一种是周边固支的方形或矩形膜片。

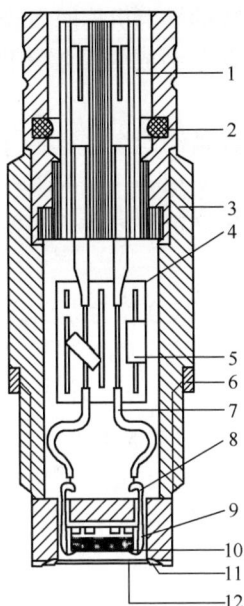

1—插座;2—橡皮圈;3—壳体;4—印制电路板;5—补偿电阻;6—密封圈;7—连接导线;
8—玻璃绝缘馈线;9—硅杯组件;10—金引线;11—硅油;12—钢膜片。

图 3-14　压阻式压力传感器结构

压阻式压力传感器应用范围非常广泛,通常用于中低压力测试,以及微压和压差的测试。目前已有可测高压的压阻式压力传感器,最大压力可达 300MPa,固有频率为 500kHz,非线性为 0.5%。

3.4　转速信号获取

转速、转矩和功率是描述动力机械运转状况的重要技术参数,大部分动力机械的工作能力与工作状况都可以用它们来描述。在这三个参数中,确定了其中的两个后,第三个参数可以由固定的关系式求出,转速是其中最基本参数,这里重点介绍。

转速是指在单位时间内转轴的旋转次数,通常以每分钟的转数(r/min) 作为计量单位。按照测速元件与被测速转轴是否接触可以分为接触式和非接触式两大类。下面介绍常用的测速方法。

3.4.1　霍尔元件测速法

霍尔传感器是根据霍尔效应制作的一种磁敏传感器。这一现象是德国物理学家霍尔在 1879 年在研究金属的导电机构时发现的。后来发现半导体、导电流体等也有这种效应,利用这种现象制成的霍尔元件,广泛地应用于检测技术、工业自动化技术等方面。

霍尔元件是磁敏元件,当在被测对象上装一个磁体,被测对象旋转时,每当磁体经过霍尔元件,霍尔元件就发出一个信号,经放大整形得到脉冲信号,两个脉冲的间隔时间就是周期,由周期可以换算出转速,也可计数单位时间内的脉冲数,再换算出转速。

假设薄片为 N 型半导体,磁感应强度为 B 的磁场方向垂直于薄片,如图 3–15 所示,在薄片左右两端通以控制电流 I,那么半导体中的载流子(电子)将沿着与电流 I 相反的方向运动。由于外磁场 B 的作用,使电子受到磁场力 F_L(洛伦兹力)而发生偏转,结果在半导体的后端面上电子积累带负电,而前端面缺少电子带正电子,在前后端面间形成电场。该电场产生的电场力 F_E 阻止电子继续偏转。当 F_E 和 F_L 相等时,电子积累达到动态平衡。这时在半导体前后两端面之间(垂直于电流和磁场方向)的电场,称为霍尔电场 B_H,相应的电动势称为霍尔电动势 U_H。

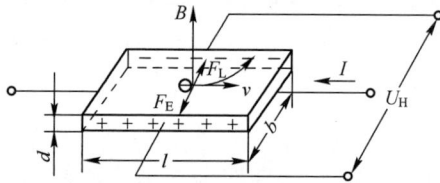

图 3–15　霍尔效应

霍尔电动势为

$$U_H = \frac{R_H I B}{d} = S_H I B \tag{3-6}$$

式中:R_H 为霍尔系数,由载流材料的物理性质决定;S_H 为灵敏度系数,与载流材料的物理性质和几何尺寸有关,表示在单位磁感应强度和单位控制电流时的霍尔电动势的大小;d 为薄片厚度。

霍尔电压随磁场强度的变化而变化,磁场越强,电压越高,磁场越弱,电压越低,霍尔电压值很小,通常只有几毫伏,但经集成电路中的放大器放大,就能使该电压放大到足以输出较强的信号。

霍尔元件一般有四根引出端子,其中两根是霍尔元件的偏置电流 I 的输入端,另外两根是霍尔电压的输出端。如果两输出端构成外回路,就会产生霍尔电流。偏置电流的设定通常由外部的基准电压源给出;若精度要求高,则基准电压源均用恒流源取代。

霍尔传感器分为线型霍尔传感器和开关型霍尔传感器两种。线性型霍尔传感器由霍尔元件、线性放大器和射极跟随器组成。它输出模拟量,具有精度高、线性度好的特点。开关型霍尔传感器由稳压器、霍尔元件、差分放大器、斯密特触发器和输出级组成。它输出数字量,具有无触点、无磨损、输出波形清晰、无抖动、无回跳、位置重复精度高(可达 μm 级)的特点。

霍尔传感器体积小,重量轻,寿命长,安装方便,功耗小,频率高(可达1MHZ),耐震动,不怕灰尘、油污、水汽及盐雾等的污染或腐蚀。采用了各种补偿和保护措施的霍尔器件的工作温度范围宽,可达−55~150℃。

3.4.2 离心式测速法

离心式转速表是利用物体旋转时产生的离心力来测量转速的。当离心式转速表的转轴随被测物体转动时,离心器上的重物在惯性离心力作用下离开轴心,并通过传动系统带动指针回转。当指针上的弹簧反作用力矩和惯性离心力矩相平衡时,指针停止在偏转后所指示的刻度值处,即为被测转速值。

图 3-16 为某型机械离心式转速测量元件,用来测量发动机的转速,主要由飞重块、飞重座、传动杆、调准弹簧和弹簧座等组成。在实际应用中,一般采用一对飞重块,传动杆往往制成分油活门,且弹簧座(齿套)的位置由油门操纵机构来操纵。

飞重块借助摆动支点安装在飞重座上,发动机工作时,在相关的附件传动机构的传动下,飞重座及飞重块随发动机一起旋转,飞重块同时又绕摆动支点摆动。飞重块因旋转而产生的离心力 F_c 可转换为一个轴向力(称为轴向换算离心力 F_{cor}),转速的变化就反映在轴向换算离心力的变化上。调准弹簧用来调整平

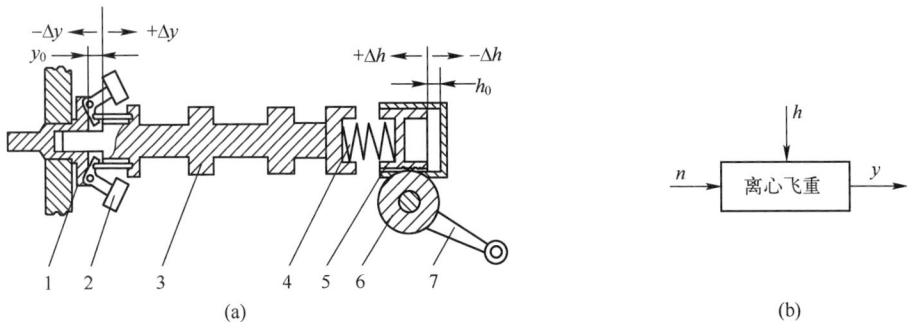

1—飞重座;2—飞重块;3—传动杆;4—调准弹簧;5—弹簧座(齿套);6—传动齿轮;7—传动臂。

图 3-16 机械离心式转速测量元件

(a)工作原理图;(b)框图。

衡工作时的转速 n_0。当给定了调准作用量时,也就是给定了平衡工作的转速值。当转速一定时($n = n_0$),轴向换算离心力 F_{cor} 与调准弹簧力 F_s 相等,传动杆有一个确定的位置 y_0。转速增大而偏离给定值 Δn 时,$F_{cor} > F_s$,调准弹簧被压缩,因而传动杆就会右移,产生一个 Δy 的位移输出,直至传动杆建立新的平衡;当调准作用量增加 Δh 时,$F_s > F_{cor}$,传动杆就会左移,产生一个 $-\Delta y$ 的位移输出,直至传动杆建立新的平衡。

由此可见,离心飞重的输入量是转速 n 和调准作用量 h(控制作用量),输出量是传动杆的位移 y,如图 3-16(b)所示。

3.4.3　测速发电机测速法

利用测速发电机输出的信号(电压值或频率)与转速成正比的关系测量转速。在被测机构与测速发电机同轴连接时,只要检测出输出电动势,就能获得被测机构的转速。测速发电机分为直流和交流两种。

1. 直流测速发电机

采用直流电机结构的测速发电机,在恒定磁场下,旋转的电枢导体切割磁通,就会在电刷间产生感应电动势。空载时,电机的输出电压与转速成正比,极性与转向有关。直流测速发电机按励磁方式可分为电磁式和永磁式。永磁式直流测速发电机的定子用高性能永久磁钢构成,输出电压变化小,受温度变化的影响小,线性误差小,输出斜率(在规定条件下,单位转速产生的输出电压)高。永磁式直流测速发电机在 20 世纪 80 年代因新型永磁材料的出现而发展较快。电磁式采用他激式,不仅复杂而且输出电压变化较大,应用受限制。

直流测速发电机的主要优点:输出为零时,无剩余电压;输出斜率大,负载电阻较小;温度补偿较容易。

主要缺点:由于有电刷和换向器,构造和维护比较复杂,摩擦转矩较大;输出电压有纹波;正、反转输出电压不对称;对无线电有干扰。

2. 交流测速发电机

交流测速电机分异步测速发电机与同步测速发电机两种。

异步测速发电机输出交流电压频率与励磁频率相同,其幅值与转子转速成正比,结构和普通两相笼型感应电动机相同,定子上互差 90° 的两相绕组中,一相为励磁绕组,接在交流电源上,另一相输出转速信号。当转子转动后,笼型绕组中除产生变压器电动势外,还将产生切割电动势。信号电压对电源电压的相位差随旋转方向改变。笼型转子异步测速发电机的结构简单,可靠性高,输出斜率大;但线性度差,相位误差大,剩余电压高。为了提高异步测速发电机的精度,应用较广的是杯形转子异步测速发电机。这种电机的转子是一个薄壳非磁性圆环,由电阻率较高的硅锰青铜或锡锌青铜制成,杯的内外由内定子和外定子构成磁路,杯壁不是铁磁材料,为了减小气隙,杯壁较薄,为 0.2~0.3mm。

同步测速发电机采用同步电机结构,输出交流电压的幅值和频率均与转速成正比。同步测速发电机又分为永磁式、感应子式和脉冲式。永磁式测速发电机不需要励磁电源,转子为永磁励磁,结构简单,易于维修;但极数比较少,用二极管整流后纹波比较大,滤波比较困难。感应子式测速发电机按定、转子之间可变磁阻效应产生感应电动势原理工作,极数比较多,整流后纹波比较小且便于滤波;但结构复杂,维修困难。以上两种测速发电机既可用输出电压的幅值去反映转速,也可用输出电压的频率去代表转速。前者是模拟量,需要整流和滤波;后者是数字量,可以直接输入微处理机。如果将幅值和频率合起来使用,就有可能实现高灵敏度的转速检测,但不能判别旋转方向,这一点不如直流测速发电机。脉冲式以脉冲频率作为输出信号,可以直接输入微处理机,是测速码盘中每转发出脉冲数较少的一种。由于其结构简单,坚固耐用,可以判别旋转方向,20 世纪 90 年代后期随着数字技术的发展被广泛应用。

3.4.4　闪光测速法

闪光测速仪是一种非接触式转速测量仪器,可测量旋转物的转速,周期性振动频率,也可观察运转机件的磨损变形,且采用不接触的测量方法,不消耗被测物体的动能,广泛应用于机电设备的测量。

以测量电扇转速为例说明测速原理,利用可调脉冲频率的专用电源施加于闪光灯上,将闪光灯的灯光照到电扇转动部分,若仪器的闪光频率(n 次/分钟)正好与电扇的旋转速度(n 次/分钟)相等,当仪器闪光时,电扇叶片必将位于上次闪光时所在的位置,由于视觉暂留,电扇的叶片看上去好像没动。这就是说,当仪器的闪光频率与被测物体的转动速度相等时,转动物体看上去好像静止一般,呈现为一个静止的图像,此时脉冲的频率是与电机转动的转速是同步的。电机的转速(r/min)等于脉冲频率 f。此种方法适合于转子、齿轮啮合、振动设备诊断、高速运动物体表面缺损及运行轨迹等。

3.5　振动信号获取

振动是工程中极为普遍的现象,特别在旋转机械中,由于不平衡质量的存在,在运转中会出现不平衡惯性力和力矩,这些交变的力和力矩将会使机件产生振动,引起许多不良后果,如产生噪声、影响机器正常运行,甚至导致零部件的损坏等。振动可以用位移、速度或加速度随时间的变化(时间历程)来描述,振动测量就是通过传感器将振动运动量转变为与之成正比的电量或其他便于观察、显示或处理的物理信号。振动测量最基本的目的是测量振动的频率、振幅和相位三个主要参量。

3.5.1　振动测量的基本原理

尽管测振仪种类繁多,但基本原理类似,图3-17为测振仪模型。它由惯性元件质量 m 和弹性元件弹簧 k 组成,并悬挂在刚性的框架上,框架安置在被测振动体上,并随振动体振动。这意味着弹簧顶部的悬挂点的振动,即为被测振动体的振动。

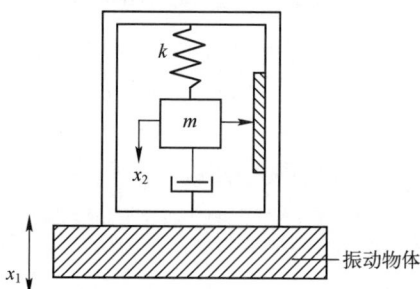

图3-17　测振仪模型

设振动体的振幅为 x_1,质量 m 的振幅为 x_2,则质量 m 相对于框架的振幅为 x_2-x_1。如忽略阻尼,则描述质量 m 振动的微分方程为

$$m\ddot{x}_2+k(x_2-x_1)=0 \tag{3-7}$$

设被测物体的振动 $x_1=X_1\sin\omega t$,其中 X_1、ω 分别为被测振动体的振幅和频率,则式(3-7)可改写成

$$\ddot{x}_2+\omega_0^2 x_2=\omega_0^2 X_1\sin\omega t \tag{3-8}$$

式中: $\omega_0=\sqrt{\dfrac{k}{m}}$ 为测振仪的固有频率。

由此可见,弹性系统的质量 m 越大,弹簧刚度 k 越小,则固有频率越低;反之,则固有频率越高。固有频率是测振仪十分重要的一个参数,它直接影响测振仪的使用范围和测量精度。式(3-8)的解为

$$x_2=\frac{X_1}{1-\left(\dfrac{\omega}{\omega_0}\right)^2}\sin\omega t \tag{3-9}$$

质量和框架间的相对运动为

$$x = x_2 - x_1 = \left[\frac{X_1}{1 - \left(\dfrac{\omega}{\omega_0} \right)^2} - X_1 \right] \sin \omega t = X_1 \left[\frac{\left(\dfrac{\omega}{\omega_0} \right)^2}{1 - \left(\dfrac{\omega}{\omega_0} \right)^2} \right] \sin \omega t \qquad (3-10)$$

令

$$X = X_1 \left[\frac{\left(\dfrac{\omega}{\omega_0} \right)^2}{1 - \left(\dfrac{\omega}{\omega_0} \right)^2} \right] \qquad (3-11)$$

式中:X 为质量和框架间相对运动的幅值。

下面讨论三种重要情况:

(1) $\omega/\omega_0 \gg 1$ 的情况:这时振动体的频率远大于测振仪的固有频率 ω_0,则 $X \approx X_1$,即这时质量和框架间的相对运动幅值(测振仪的读数)近似为框架的振幅。这样就可以利用这种测振仪测量振动体的振幅。这类测振仪一般称为位移计。若振动体的频率为一定值时,为了使 $\omega/\omega_0 \gg 1$,只能选择固有频率 ω_0 较小的测振仪。因此,通常位移计具有较大的质量和较软的弹簧,这时测振仪的固有频率 ω_0 较小。惯性测振仪、电感式位移计、盖格尔(Geiger)扭振仪等,均属此类位移计。虽然 ω/ω_0 越大,测量越精确,但过分降低 ω_0 会使仪器制造困难。因此,一般 $\omega/\omega_n > 2$ 即可满足测量精度的要求。

(2) ω/ω_0 极小的情况:由式(3-11)可看出,其分母近似为 1,则

$$X \approx X_1 \left(\frac{\omega}{\omega_0} \right)^2 = \frac{1}{\omega_0^2} X_1 \omega^2 \qquad (3-12)$$

式中:$X_1 \omega^2$ 为被测振动体的加速度幅值。

由式(3-12)可知,测振仪所测得的读数 X 和被测振动体的加速度成正比,比例常数为 $1/\omega^2$,此常数是由测振仪本身的参数 m 和 k 所决定的。由上述分析可知,在 ω/ω_0 极小时,可利用这种测振仪作振动加速度的测量,此类测振仪称为加速度仪。为实现上述要求,只有使仪器的固有频率 ω_n 远大于振动体的频率 ω,才能使 ω/ω_0 的比值变得极小,因而加速度仪必须采用很小的质量 m 和很硬的弹簧(k 很大),才能满足要求。通常使用的压电晶体加速度传感器就属这类测振仪。当 $\omega/\omega_0 \leqslant 1/2$ 时(加速度仪的固有频率比被测物的频率至少高出 2 倍,通常选 10 倍以上),即可基本满足测量精度的要求。

(3) $\omega/\omega_0 = 1$ 的情况:被测振动体的频率和测振仪固有频率相等时,将出现共振。振幅 X 无限增大,将会导致仪器的损坏。因此,测量时应对被测对象的频率和其他振动参数有初步了解,才能进行测试,以避免共振现象的出现。但所

有测振仪均有阻尼存在,即使在 $\omega = \omega_0$ 时,振幅也不致无限扩大,因而阻尼将有助于防止共振引起的损坏。

测振系统通常由能够感知振动参量并将其转换成适当物理量的传感器,信号变换、处理和放大、测量装置,记录分析和显示以及数据处理等设备组成,如图 3-18 所示。

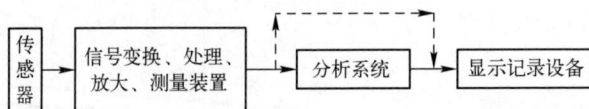

图 3-18　测振系统框图

振动测试方法一般有机械法、光学法和电测法。机械法常用于振动频率低、振幅大、精度不高的场合。光学法主要用于精密测量和振动传感器的标定。电测法应用范围最广。各种测试方法要采用相应的测振传感器。

由于传感器的分类原则不同,测振传感器的分类方法很多:按测振参数分为位移传感器、速度传感器、加速度传感器;按参考坐标分为相对式传感器、绝对式传感器;按变换原理分为磁电式传感器、压电式传感器、电阻应变式传感器、电感式传感器、电容式传感器、光学式传感器;按传感器与被测物关系分为接触式传感器、非接触式传感器。

相对式传感器是以空间某一固定点作为参考点,测量物体上的某点对参考点的相对位移或速度。绝对式传感器是以大地为参考基准,即以惯性空间为基准测量振动物体相对于大地的绝对振动,又称为惯性式传感器。

接触式传感器有磁电式、压电式及电阻应变式等,非接触式传感器有电涡流式和光学式等。测试中所用的传感器多数是磁电式、电涡流式、电阻应变式和压电式。

拾取振动的装置通常称为拾振器,传感器是其核心组成部分。表达振动信号特性的基本参数是位移、速度、加速度、频率和相位。拾振器的作用是检测被测对象的振动参数,在要求的频率范围内正确地接收下来,并将此机械量转换成电信号输出。下面重点介绍典型测振传感器。

3.5.2　振动传感器

1. 压电加速度传感器

压电式传感器的工作原理是以某些物质的压电效应为基础的,它具有自发电和可逆两种重要特性,同时还具有体积小、重量轻、结构简单、工作可靠、固有频率高、灵敏度和信噪比高等优点,因此压电式传感器得到了快速的发展和广泛的应用。在测试技术中,压电转换元件是一种典型的力敏元件,能测量最终能变换成力的物理量,如力、压力、加速度、机械冲击和振动等,因此在机械、声学、力学、医学和航空航天等领域都可见到压电式传感器的应用。

压电式传感器可分为压缩式和剪切式两类,如图 3-19 所示。压电式传感器由质量块 m 和环形压电晶体片(作为弹性元件,刚度为 k_0)构成基础振动系统,通过压电晶体中央的螺杆(相当于预压弹簧),对晶体片施加预压力。

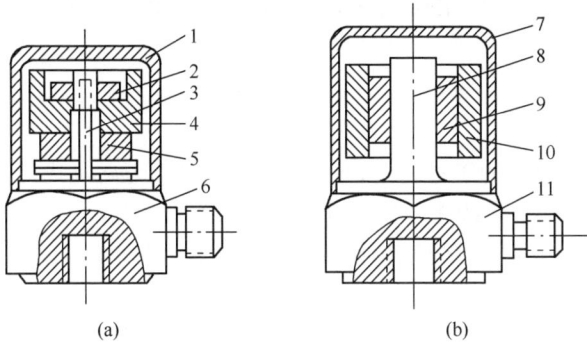

1、7—外壳;2—螺母;3—中心柱;4、10—质量块;5、9—压电元件;6、11—基座;8—轴。

图 3-19　压缩式和剪切式加速度传感器

(a) 压缩式;(b) 剪切式。

压缩式加速度计是用一个弹簧将质量块紧压在压电晶体片上(两片或多片),组成质量弹簧系统,弹簧的预压力可以通过中心支柱来调整。基座的弯曲或热膨胀等动态变化都会引起压电晶片的输出,即造成干扰。

剪切式加速度计将自带有质量块的压电晶体片贴在中心柱子上,外面用一个高张力预压环固定。预压环对压电晶片作用有预压力,它具有很高的线性度。当加速度计承受轴向振动时,质量块的惯性力使压电晶片受剪切变形而产生电荷。这种结构形式,使基座与压电元件有效地隔离,消除了因基座弯曲以及温度变化的影响。其主轴灵敏度高而横向灵敏度小,是比较理想的加速度计。

压电式传感器的一个特有问题是基座应变。原理上,压电式传感器的晶体片只在受到与基座面垂直方向(敏感轴方向)的拉压变形时,才产生输出信号。实际上,当基座产生变形(如将基座固定在弹性变形较大的柔性结构)时,晶体也会产生变形而有输出。减小基座应变的一项有效措施是采用剪切式构造。

由于压电晶体片刚度很大,固有频率可以设计得很高。因此,压电式加速度传感器的使用频率范围可以很宽。由于有足够高的固有频率,一般不需增加人工阻尼。压电式传感器的主要优点如下:

（1）使用频率范围宽,0.1Hz~200kHz;

（2）动态范围大,$10^{-3}g$~10^4g;

（3）附加质量小,最小可到1g或更低。

因此,压电式加速度传感器是目前振动测量中使用最为广泛的传感器。压电式传感器主要缺点是对适调器要求较高,一般需采用较为复杂的电荷放大器。

2. 磁电式速度传感器

磁电式传感器也称为电动式或感应式传感器。磁电式速度传感器的电学原理:当导体在磁场中做相对运动时,在导体中将产生与运动速度成正比的电动势信号:

$$e = BLV \times 10^{-4}(\text{V}) \tag{3-13}$$

式中:B 为磁路气隙中的磁通密度(G,$1\text{G} = 10^{-4}\text{T}$);$L$ 为磁场内导线的有效长度(m);V 为导线切割磁力线相对运动速度(m/s)。

磁电式速度传感器的敏感元件为处于由永久磁铁产生的同心圆状空隙磁路中的环形测量线圈(图3-20)。

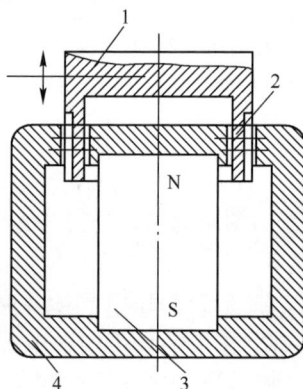

1—线圈架;2—线圈;3—永久磁铁;4—软铁。

图3-20 磁电式速度传感器结构

测量线圈或磁铁通过弹性元件固定在基座上,构成一个惯性测量系统。当线圈与磁体产生相对运动时,测量线圈即产生运动速度成正比的电压信号。在使用频率范围内,线圈与磁铁的相对速度即反映振动物体的电压信号。在使用频率范围内,线圈与磁铁的相对运动即反映振动物体在传感器固定点的振动速度。由于传感器固有频率不可能很低,为了扩展低频测量范围,需增加传感器阻尼。在磁电式传感器中,可利用测量线圈产生的电磁阻尼力。

线圈在磁场中运动将产生电流:

$$i = \frac{BLV}{R_0 + R_L} \times 10^{-4} \tag{3-14}$$

式中：R_0、R_L 分别为线圈电阻和负载电阻。

载流导体在磁场中将受到磁场的电磁力

$$F = BL_i \times 10^{-4} \tag{3-15}$$

可得磁阻尼力为

$$F = \frac{(BL)^2 V}{R_0 + R_L} \times 10^{-8} (N) \tag{3-16}$$

当线圈短路（$R_L = 0$）时，电磁阻尼力最大，因此常用钢或铝制圆环来代替线圈作为阻尼元件。

磁电式速度传感器的优点是电压灵敏度高、输出阻抗（测量线圈电阻）很低，输出信号可以不经调理放大即可远距离传送，可在较高温度环境中工作，这在实际长期监测中是十分方便的。然而，由于磁电式振动速度传感器中存在机械运动部件，它与被测系统同频率振动，不仅难以准确测量低频（如 $f \leq 10\text{Hz}$）振动，也限制了传感器的测量上限，而且其疲劳极限造成传感器的寿命比较短。在长期连续测量中必须考虑传感器的寿命，要求传感器的寿命大于被测对象的检修周期。

3. 电涡流式位移传感器

电涡流传感器能准确测量被测体（必须是金属导体）与探头端面之间静态和动态的相对位移变化，经常用作非接触式振动测量。

电涡流传感器的变换原理是利用金属导体在交变磁场中的电涡流效应。如图 3-21 所示，一块金属板放在一只线圈附近，当线圈中有一高频电流通过时，便产生磁通 H_1。此交变磁通通过附近的金属板，金属板上便产生感应电流。这种电流在金属板内是闭合的，称为涡电流或涡流。这种涡电流也将产生交变磁通。根据楞次定律，H_2 总是抵抗 H_1 的变化。使原线圈的等效阻抗 Z 发生变化，变化程度除了线圈与金属板之间的距离 δ 以外，还有金属板的电阻率 ρ、磁导率 μ 等。改变其中某一参数时，即可达到不同的变换目的。当被测位移发生变化时，使线圈与金属板的距离发生变化，从而导致线圈阻抗发生变化，将阻抗通过测量电路转化为电压输出，即可获得被测量的变化量。

电涡流式位移传感器线性范围大、灵敏度高、频率范围宽、响应速度快、抗干扰能力强、非接触测量、

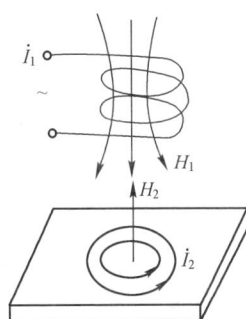

图 3-21　电涡流效应

可靠性好、不受油水等介质的影响,常用于对大型旋转机械的轴位移、轴振动、轴转速等参数进行长期实时监测。

4. 位移、速度和加速度之间的转换

振动位移的表达式为

$$x = A\sin(\omega t + \varphi) \tag{3-17}$$

式中:$\omega = 2\pi f$ 为角速度;A 为振幅;φ 为初相角。

振动速度是位移对时间的一阶导数,即

$$v = \frac{\mathrm{d}x}{\mathrm{d}t} = \omega A\sin\left(\omega t + \varphi + \frac{\pi}{2}\right) \tag{3-18}$$

振动加速度是位移对时间的二阶导数,即

$$a = \frac{\mathrm{d}^2 x}{\mathrm{d}t^2} = \omega^2 A\sin(\omega t + \varphi + \pi) \tag{3-19}$$

以时间为横坐标,分别以位移、速度和加速度为纵坐标,绘制成时间历程曲线,位移、速度和加速度三个振动参数的频率和振动形式都是一样的,仅是速度超前位移 90°,加速度超前位移 180°。其幅值之间的关系为

$$a_{max} = \omega v_{max} = \omega^2 A$$

或

$$v_{max} = a_{max}/\omega = \omega A$$

简谐振动的位移、速度和加速度还可以用旋转向量表示。由于它们都有相同的频率,它们均以相同的角速度旋转,故它们的相对位置不变。它们的振幅分别为 A、ωA、$\omega_2 A$,其相位是依次相差 90°,根据旋转向量,不难得出它们的时间历程及运动图。

因此,位移、速度、加速度三个量,只要选定一种传感器测得其中任何一个振动参数,就可以利用测量电路的微分或积分特性,获得另外两个振动参数。例如,用速度传感器获得振动速度,配用微分放大器,可以获得振动加速度;配用积分放大器,可获得振动位移。上述位移、速度和加速度的关系仅限于简谐振动。

3.6　声波信号获取

声波是机械振动通过弹性介质传播的过程,是物体运动过程中不可避免的产物,即使是状态良好的装备,特别是机械系统,运转过程中也会产生声波,声波的改变有时表征装备状态的变化。下面主要介绍噪声测量、超声波测量和声发射技术等基本方法、实际应用及适用场合。

3.6.1 噪声测量

机械运行过程中的噪声能够反映机械的内部状态,可判断其是否存在故障。噪声的增大和频率成分的改变意味着力学性能的降低、故障的出现,因此,分析噪声大小及频率成分可进行机械的故障诊断。

1. 噪声的来源

噪声主要来源于机械的振动,如气体振动、液体振动、固体振动及电磁振动。因此,噪声有气体噪声、液体噪声、固体噪声以及电磁噪声等。气体噪声是气体振动的结果,如发动机进气和排气声等;液体噪声是液体振动的结果,如液体流动中的冲击声;固体噪声又称结构噪声,它是结构之间相互撞击、摩擦等产生的噪声,如发动机气门撞击声、轴承摩擦声等;电磁噪声是电磁与电流相互作用的结果,如电动机定子与转子之间的吸力引起的噪声等。

2. 衡量噪声的基本参数

衡量噪声的基本物理参数有很多,如声压(级)、声强(级)、声功率(级)、响度(级)等。

1) 声压和声压级

有声音传播时空气中压强与无声音传播时静压强之差称为声压强,简称声压,用符号 p 表示,声压的单位是微帕(μPa)。正常人刚刚能听觉出来的声音的声压是 $2 \times 10^{-4} \mu Pa$,这个值称为人耳的听阈值;人耳对声音感觉疼痛的声压是 $10^3 \mu Pa$,这是人耳的痛阈值。可见,人耳的听觉范围在 $10^{-4} \sim 10^3 \mu Pa$ 数量级。用声压评定声音强弱相当不便,从而引出了声压级的概念。

声压级定义为声音的声压与基准声压之比的常用对数乘以 20:

$$L_p = 20 \lg \frac{p}{p_0} \ (dB) \tag{3-20}$$

式中: p_0 为基准声压($2 \times 10^{-4} \mu Pa$),它是频率为 1000Hz 时的听阈值。声压级是一个相对量,用分贝(dB)表示其单位。

在噪声测量中通常测量的是噪声的声压级,测量噪声声压级的仪器称为声级计。

2) 声强和声强级

声音具有一定的能量,可用来表征它的强弱。声场中某点在指定方向的声强 I 表示单位时间内通过该点上一个指定方向垂直的单位面积上的声能。

声强定义为

$$I = \frac{W}{S} (W/m^2)$$

式中:W 为声功率;S 为垂直指定方向的面积。

声强级定义为

$$L_I = 10\lg \frac{I}{I_0} \text{(dB)} \tag{3-21}$$

式中:I_0 为基准声强,$I_0 = 10^{-12} \text{W/m}^2$。

3) 声功率及声功率级

声功率是声波在单位时间内沿某一波阵面所传递的平均能量,即

$$W = \frac{E}{t}$$

声功率的单位为瓦(W)。

声功率级定义为

$$L_W = 10\lg \frac{W}{W_0} \text{(dB)} \tag{3-22}$$

式中:W_0 为基准声功率,$W_0 = 10^{-12} \text{W}$。

4) 响度及响度级

声音大小通过听觉感知出来,人耳对声音的感觉除了与声压有关外,还与频率有关。因此,提出了响度的概念。响度是反映人耳听觉判断声音强弱的量,响度单位是宋(sone)。

对应于响度有响度级,响度级的单位是方(phon)。响度级的含义是:选取1000Hz 纯音作为基准声,当某噪声听起来与该纯音一样响时,则这一噪声的响度级就等于该纯音的声压级(dB)。例如,某一柱塞泵噪声听起来与声压级为85dB、频率为1000Hz 的基准声压同样响,则该噪声的响度级就是 85phon。因此,响度和响度级是表示声音强弱的主观量。

3. 噪声测量用传声器

传声器是将声波信号转换为相应的电信号的传感器,其原理是声造成的空气压力推动传声器的振动膜振动,进而经变换器将此机械振动变成电参数据的变化。传声器有电容式、压电式、电动式和驻极式等。目前常用的主要是电容式传声器。

电容式传声器主要由振膜、后极板、壳体、绝缘环、阻尼孔、锁紧环、罩壳、均压孔等组成,如图 3-22 所示。其中:均压孔用来平衡振膜两侧静压力,防止振膜破裂;阻尼孔用来抑制振膜的共振。振膜与后极板组成电容,构成图示的电路。

电容式传声器实际上是一个 CR 电路,当没有声音传播时,电容式传声器中电阻 R 上无电流通过,因此无电压输出;当有声音传播时,声压 p 作用到振膜,

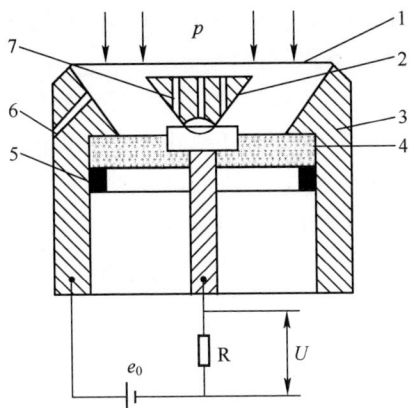

1—振膜；2—后极板；3—壳体；4—绝缘环；5—锁紧环；6—均压孔；7—阻尼孔。

图 3-22　电容式传声器结构

使振膜变位,从而引起电路中振膜与后极板之间形成电容变化,这时就有电流流过电阻 R,电阻上就有输出电压 U,测量电压 U,就可知道声压的大小。

传声器是将声信号转变为电信号的传感器,因此,输出的电信号能否真实地反映输入的声信号是衡量传声器性能优劣的标准。传声器的主要技术指标有灵敏度、噪声级、指向特性及频率特性等。

4. 声级计

声级计是噪声测量中最基本的仪器。声级计一般由电容式传声器、前置放大器、衰减器、放大器、频率计权网络以及有效值指示表头等组成。声级计的工作原理:由传声器将声音转换成电信号,再由前置放大器变换阻抗,使传声器与衰减器匹配。放大器将输出信号加到计权网络,对信号进行频率计权(或外接滤波器),然后经衰减器及放大器将信号放大到一定的幅值,送到有效值检波器(或外按电平记录仪),在指示表头上给出噪声声级的数值。

计权网络可根据需要来选择,以完成声压级 L_p 和 A、B、C 三种声级的测定,声级计还可以与适当的滤波器、记录器连用,以供对声波做进一步分析。某些声级计有倍频程或者 1/3 倍频程滤波器,可以直接对噪声进行频谱分析。

声级计按精度可分为精密声级计和普通声级计。精密声级计的测量误差为 ±1dB,普通声级计为 ±3dB。声级计按用途可分为两类:一类用于测量稳态噪声;另一类用于测量不稳态噪声和脉冲噪声。

应当指出,为了保证噪声的测量精度和测量数据的可靠性,使用声级计测量声级时,必须经常校准,否则将带来不同程度的误差。

5. 噪声测量应注意的问题

噪声的产生原因是各种各样的,噪声测量的环境和要求也不相同。精确的

噪声性能数据,不但与测量方法、仪器有关,而且与测量过程中的时间、环境、部位等也有关。噪声测量应注意以下问题:

(1) 测量部位的选取。传声器与被测机械噪声源的相对位置对测量结果有显著影响,在进行数据比较时,必须标明传声器离开声源的距离。根据我国噪声测量规范,测点一般选在距机械表面1.5m,并离地面1.5m的位置。若机械本身尺寸很小,如小于0.25m,测点应距所测机械表面较近,如0.5m,测点与测点周围反射面相距2~3m;机械噪声大,测点宜取在相距5~10m处,对于行驶的机动车辆,测点应距车体7.5m,距地面1.2m;相距很近的两个噪声源,测点宜距噪声源很近,如0.2m或0.1m。如果研究噪声对操作人员的影响,可把测点选在工作人员经常所在的位置,以人耳的高度为准选择若干个测点。作为一般噪声源,测点应在所测机械规定表面的四周均匀分布且不少于4点。如相邻测点测出声级相差5dB以上,则应在其中间增加测点,机械的噪声级应取各点的算术平均值。如果机械噪声不是均匀地向各个方向辐射,则除了找出A声级最大的一点作为评价该机器噪声的主要依据外,还应测量若干点(一般多于5点)作为评价的参考。

(2) 测量时间的选取。测量各种动态设备的噪声:当测量最大值时,应取启动开始时或工作条件变动时的噪声;当测量平均正常噪声时,应取平稳工作时的噪声;当周围环境的噪声很大时,应选择环境噪声最小时(如深夜)测量。

(3) 本底噪声的修正。本底噪声是指被测定的噪声源停止发声时周围环境的噪声。测量时应当避免本底噪声对测量的影响。对被测对象进行噪声测量,所测得的总噪声级是被测对象噪声和本底噪声的合成。在存在本底噪声的环境里,被测对象的噪声无法直接测出,可由测到的合成噪声内减去本底噪声得到。本底噪声应低于所测机器噪声10dB以上,否则应在所测机器噪声中扣除环境噪声修正值 ΔL。

(4) 干扰的排除。测量噪声用的电子仪器灵敏度与供电电压有直接关系。电源电压如达不到规定范围,或者工作不稳定,将直接影响测量的准确性,这时应当使用稳压器或者更换电源。进行噪声测量时,要避免气流的影响。若在室外测量,最好选择无风天气,风速超过4级时,可在传声器上戴上防风罩或包上一层绸布。在管道中测量时,在气流大的部位(如管壁口)也应采取以上措施。在空气动力设备排气口测量时,应避开风口和气流。测量时,还应注重反射所造成的影响,应尽可能减少或排除噪声源周围的障碍物,不能排除时,要注意选择测点的位置。用声级计进行测量时,其话筒取向不同,测量结果也有一定的误差,因而各测点都要保持同样的入射方向。

3.6.2　超声波测量

1. 超声波的分类

频率高于 20kHz 的声波称为超声波,常用的超声波测量频率为 2.5 ~ 10MHz,根据超声场中质点的振动方向和声波传播方向的关系可将超声波分为纵波、横波、表面波等。

纵波是介质中质点振动方向和声波传播方向一致的波形。纵波在传播时,介质受到拉伸和压缩应力而做相应的形变,故又称压缩波。纵波的产生和接收都比较容易,在超声波探伤中广泛应用。

横波是介质中质点振动方向和声波传播方向互相垂直的波形。横波传播时介质受到交变的剪切力而做相应的变形,故又称剪切波。

表面波是一种沿着固体表面传播的具有纵波和横波双重性质的波。表面波对表面缺陷非常敏感,分辨率也优于横波和纵波。

2. 超声探头

超声波是以超声频率在弹性介质中传播的一种机械振动,以超声波作为检测手段,必须产生超声波和接收超声波。完成这种功能的装置就是超声波传感器,也称为超声换能器,或者超声探头。

超声探头是利用超声波的特性研制而成的,它由换能晶片在电压的激励下发生振动而产生,具有频率高、波长短、绕射现象小,特别是方向性好、能够成为射线而定向传播等特点。超声波对液体、固体的穿透本领很大,尤其是在阳光不透明的固体中,它可穿透几十米。超声波遇到杂质或分界面会产生显著反射形成反射回波,遇到活动物体能产生多普勒效应。因此,超声波检测广泛应用于工业、国防、生物医学等方面。

超声探头主要由压电晶片组成,既可发射超声波也可接收超声波。小功率超声探头多作探测用,它有许多不同的结构,可分直探头(纵波)、斜探头(横波)、表面波探头(表面波)、双探头(一个探头反射,另一个探头接收)等。

超声探头的主要性能指标包括:

(1) 工作频率:压电晶片的共振频率。当加到它两端的交流电压的频率和晶片的共振频率相等时,输出的能量最大,灵敏度也最高。

(2) 工作温度:诊断用超声波探头使用功率较小,所以工作温度比较低,可以长时间地工作而不失效。医疗用的超声探头的温度比较高,需要单独的制冷设备。

(3) 灵敏度:主要取决于制造晶片本身。机电耦合系数大,灵敏度高。

3. 超声波诊断仪

超声波诊断仪也称为超声波探伤仪,是一种用于探测固体材料内部各种缺陷的仪器。其基本原理:利用超声波探头产生超声波脉冲,超声波射入被检工件后在工件中传播,如果工件内部有缺陷,则一部分入射的超声波在缺陷处被反射,由探头接收并在示波器上表现出来,根据反射波的特点来判断缺陷的部位及其大小。它主要由同步器、时基器、发射器、接收器、显示器、电源和探头组成,如图 3-23 所示。

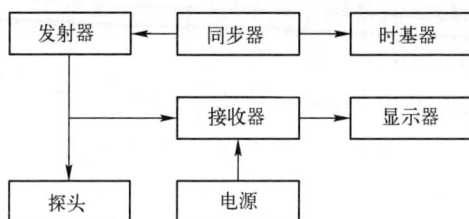

图 3-23　超声波诊断仪组成

超声波诊断技术在工业中的应用日益广泛,由于诊断对象、目的要求、工况、诊断方法等方面的不同,目前市场上供应的超声波诊断仪器品种繁多,按照发射波的连续性、缺陷显示方式、通道数分类如表 3-2 所列。

表 3-2　超声波诊断仪分类

分 类 方 式	超声波诊断仪类型
按发射波连续性分类	一般连续探伤仪
	共振探伤仪
	调频式探伤仪
	脉冲式探伤仪
按缺陷显示方式分类	A 型显示探伤仪
	B 型显示探伤仪
	C 型显示探伤仪
	直接成像
按声通道分类	单通道探伤仪
	双通道探伤仪

4. 超声波探伤的优缺点

优点:可检测各种各样的材料和很大的厚度范围,对很厚的构件也能有较大的灵敏度;可仅在构件的一个侧面实行检测;可提供缺陷的深度、位置和尺寸等方面的信息;非常适用于自动化和计算机数据处理和显示;仪器便于携带;检测成本低。

缺点:对探测人员的知识水平和熟练程度要求很高;显示结果有时难以解释;若无外围设备,则显示结果不可重现;因适用范围广,对具体对象的检验措施需单独设计;先进仪器很昂贵。

3.6.3 声发射技术

1. 声发射的分类

声发射是指固体受力时,由于微观结构的不均匀或内部存在缺陷,导致局部应力集中,塑性变形加大或裂纹的形成与扩展过程中释放出弹性波的现象。

声发射的频率范围很宽,发出的频率从次声波、声波直至 50MHz 左右的超声波;它的幅度差异也很大,从几微伏直至几百伏。

按振荡形式,声发射可分为连续型和突发型两种。突发型声发射由高幅度不连续的、持续时间较短的信号构成(图 3-24(a)),它主要与微裂纹的形成、扩展直到断裂有关。连续型声发射由一列低幅度的连续信号构成(图 3-24(b)),它主要与塑性变形有关。

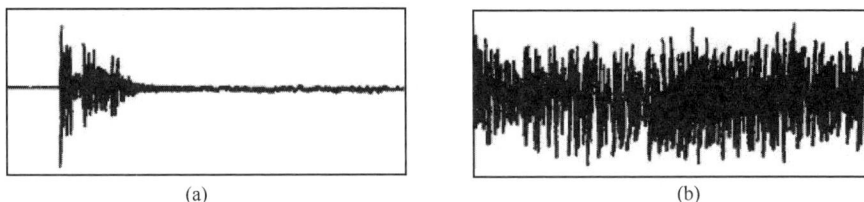

图 3-24 声发射波形
(a) 突发型;(b) 连续型。

很多机构都能产生声发射,如机件的位错运动,由相变、晶界、显微夹杂等在基体中的断裂,裂纹的形成、扩展直到断裂,以及摩擦、磨损和泄漏等。声发射技术就是利用仪器检测、分析材料中的声发射信号,测量材料的声发射,找出声发射源,对声发射源做出评价并判断其危害性的检测技术。

塑性变形主要是通过滑移和孪生两种方式进行的,其中滑移是最主要的方式,它的元过程则是位错的运动。它们均会产生声发射,弯曲金属锡片时出现的"锡鸣",就是孪生变形过程产生声发射现象的一个实例。

裂纹的形成和扩展则是一种更为重要的声发射源。裂纹的形成和扩展与材料的塑性变形有关,一旦裂纹形成,材料局部地区的应力集中得到卸载,便产生声发射。

材料的断裂过程大致可分为裂纹成核、裂纹扩展和最终断裂,这三个阶段都可成为强烈的声发射源。

理论计算表明,如果在裂纹形成过程中多余的能量全部以弹性应力波的形式释放出来,则裂纹形成所产生的声发射比单个位错移动产生的声发射至少要大两个数量级。

在微观裂纹扩展成为宏观裂纹之前,需要经过裂纹的缓慢扩展阶段。理论计算表明,裂纹扩展所需的能量为裂纹形成所需能量的 100~1000 倍。

裂纹扩展是间断进行的,大多数金属具有一定的塑性,裂纹每向前扩展一步,都将积蓄的能量释放出来,使裂纹尖端区域卸载。这样,裂纹扩展产生的声发射很可能比裂纹形成产生的声发射还大得多。当裂纹扩展到接近临界裂纹长度时,便开始失稳扩展,成为快速断裂,此时的声发射强度则更大。

2. 声发射的传播

首先,从传播形式上来看,声发射波在固体介质中也会以纵波、横波、表面波和板波等各种形式向前传播。

其次,声发射波在传播过程中,由于界面(缺陷、晶粒)的反射还会发生各种波形转换。

此外,声发射波在传播过程中,除由于波前扩展而产生的扩散损失外,还会由于内摩擦及组织界面的散射使其在规定方向传播的声能衰减。声波在固体中尤其是在金属中衰减的原因主要有散射衰减、黏性衰减、位错运动引起的衰减、铁磁性材料的磁畴壁运动以及残余应力和声场紊乱引起的衰减等。此外,还有与电子的相互作用引起的衰减及其他各种内摩擦引起的衰减。理论上的衰减规律同超声波,此处不再赘述。

若在半无限大固体介质中的某一点产生声发射波,当传播到表面上某一点时,纵波、横波和表面波相继到达,因互相干涉而呈现出复杂的模式(图 3-25)。在实际的声发射检测中,能够把检测对象看成半无限大介质的情况很少,经常遇到的情形是像高压容器壁那样的薄钢板。声发射在薄钢板中以导波(图 3-26)的形式向前传播,波传播过程中,在两个界面上会发生多次反射,每次反射都要发生波形转换,即从声源发出单一频率的波以导波的形式传播后而具有复杂的特性。因此,要处理像声发射这样的过渡现象十分困难。导波的视在传播速度大体上与横波的传播速度相当。

导波传播的另一个特点是频率不同的波因传播速度不同而引起频散现象。假定在声发射源处的波形是一个简单的脉冲,则在有限介质中传播一定距离后,其波形变钝,脉冲变宽并分离为几个脉冲,先后到达表面某一点,如图 3-27 所示。

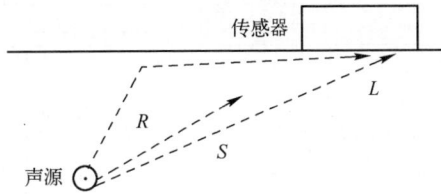

图 3-25　半无限大固体中声发射的传播

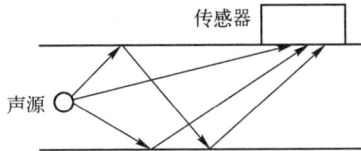

图 3-26　导波的传播

图 3-27　导波传播引起的波形分离现象

（a）原始波形；（b）传播后的分离波形。

3. 声发射检测系统

声发射检测系统由声发射探头和声发射仪器两部分组成。常用的声发射探头有高灵敏度探头、差动探头、高温探头、宽带探头等,它一般由壳体、压电元件、高频插座、耦合面构成,如图 3-28 所示。

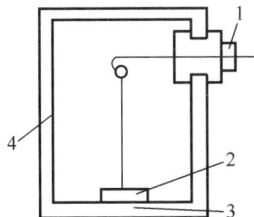

1—高频插座;2—压电元件;3—耦合面;4—壳体。

图 3-28　声发射高灵敏度探头结构

声发射仪器有单通道声发射检测仪及多通道声发射定位和分析仪两个基本类型。图 3-29 是单通道声发射检测仪的基本结构框图。

```
┌───────┐   ┌─────────┐   ┌───────┐   ┌─────────┐   ┌───────────┐
│ 换能器 │──▶│ 前置放大器 │──▶│ 滤波器 │──▶│ 主放大器 │──▶│ 鉴幅整形器 │
└───────┘   └─────────┘   └───────┘   └─────────┘   └───────────┘
                                                           │
                                              ┌────────────┴────────────┐
                                              ▼                         ▼
                                        ┌─────────┐               ┌─────────┐
                                        │ 发射率计 │               │ 总计数计 │
                                        └─────────┘               └─────────┘
                                              │                         │
                                              └────────────┬────────────┘
                                                           ▼
                                                     ┌───────────┐
                                                     │ 函数记录仪 │
                                                     └───────────┘
```

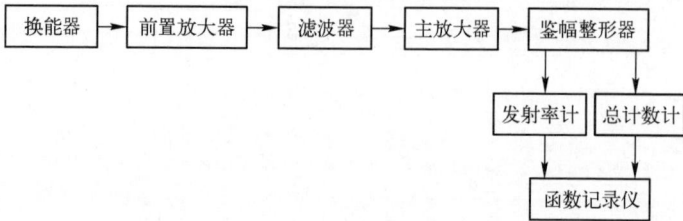

图 3-29　单通道声发射检测仪的基本结构框图

4. 声发射技术的基本特征

声发射技术是一种快速、动态、整体性的无损检测手段,可在设备运行过程中实行状态监测。它的基本特征如下:

(1) 实时动态检测缺陷的增长。声发射检测与其他无损检测的最大区别:当缺陷处于无变化和无扩展的静止状态时,不发射声发射;只有当裂纹等缺陷处于变化和扩展过程时,才能测得材料的声发射。因此,声发射诊断是缺陷的动态实时检测。

(2) 检测灵敏度高。声发射技术能检测到微米数量级的微裂纹变化。与其他方法相比,测量灵敏度高得多。

(3) 可对大型构件实行整体性检测。声发射技术采用多通道声发射检测仪和多探头阵列,在整个大型构件上按一定列阵方式固定,使它覆盖整个构件表面,在一次试验中就可检测到整个大型构件上的缺陷,进行缺陷分析,了解其危害性,这是其他方法所不及的。

3.7　油液信号获取

油液中包含装备或其子系统工作状态直接相关的大量信息参数,这些信息参数可以用各种油液检测仪进行定量检测。通常,主要的信息参数有:

(1) 部件的磨损参数:磨损元素的种类及含量;磨损颗粒的尺寸大小、分布、数量及磨损类型。

(2) 油液系统的污染参数:固体污染颗粒的尺寸大小、分布、数量;气体与液体污染物如空气、水、冷却剂的含量。

(3) 油液的性能参数:油液的理化性能,如黏度、总酸值/总碱值、闪点、水分、不溶物、抗泡性等;油液的化学性能,如氧化、硝化、磺化、添加剂消耗等。

它们综合地表征着装备的各种不同工作状态,正确地使用油液信息参数和油液测定仪器,才能得到装备真实的工作状态信息,才能采取最佳的维修措施,保证装备的正常运行。

3.7.1　磨损参数

在机械系统中,相互接触的金属表面在运动中由于摩擦产生磨损金属颗粒,这些磨损金属颗粒进入润滑油中,因此,润滑油中包含着装备磨损的重要信息。

3.7.1.1　磨损参数检测基本原理

以金属颗粒为例,从金属合金表面磨损下来的金属颗粒的化学成分与金属合金的成分相同,通过一段时间的油液分析,可对每种类型的装备建立其金属元素的含量和梯度的变化规律。因此,当检测到磨损元素的含量变化发生异常时,可根据磨损金属颗粒的成分确定哪些部件将要或已经发生了异常磨损,其中一些金属元素能够确定故障部位,而另一些金属元素只有做进一步分析,才能判断发生异常磨损的部位。例如,仅根据铁含量的变化不能确定故障部位,因为许多零件都含有铁元素。在判断磨损金属来源和诊断装备磨损故障时,相关知识和经验就非常重要,但是,对于一些特殊元素的异常变化,就可以准确地判断异常磨损的部位。

正常使用期内的装备,磨损元素产生的速率不变,同时对同一型号的所有正常使用期内的装备,认为其磨损速率是一致的。若这种正常的磨损关系改变或运动部件正常磨损加剧,磨损元素的含量和梯度都将有异常变化。如果没有发现这些征兆,就有可能导致装备中某些零件的异常磨损,最终导致机械零件的损坏。

对于发动机系统,在发动机工作时,机械摩擦副相互作用将产生许多金属颗粒,这些磨粒在润滑系统的作用下悬浮于润滑油中。发动机在稳定磨损阶段,油液中磨损金属元素含量随着装备运行时间的增长而稳定升高,在油液铁谱分析图像中,可看到金属磨损颗粒的大小分布比较均匀。但是,当发动机处于异常磨损阶段时,通过油样光谱分析,可检测到油液中磨损金属元素的含量急剧增加,而且在铁谱分析的磨粒图像中将会有异常磨损金属颗粒出现。

综合起来,用摩擦学原理对装备进行磨损参数检测的基本原理如下:

(1) 随着机械部件异常磨损的增加,润滑油中金属磨损颗粒含量会逐渐上升,当金属磨损颗粒的含量上升速度很快或含量的绝对值超过某个极限时,预示部件开始发生异常磨损。

(2) 随着机械部件磨损程度的增加,润滑油中金属磨损颗粒的形状、尺寸分布也将发生变化,可从磨粒的尺寸分布规律及磨损金属颗粒的含量和含量变化趋势来判断磨损的严重程度。

(3) 通过分析磨损金属的种类及摩擦副材料的组成以及对磨粒的成分检

测,可判断异常磨损的部位。

(4) 对磨粒的形状、尺寸等的检测分析,可判断该部件发生磨损的类型,从而推断造成磨损的原因。

(5) 通过对润滑油进行常规理化指标检测和有关磨损颗粒分析,能有效地判断装备的润滑状况。

总之,基于摩擦学原理,对润滑油中非溶性颗粒物进行分析识别,可以有效地对装备磨损状况进行监测。表 3-3 为某型航空发动机的磨损元素和主要易磨损部件。

表 3-3　某型航空发动机的磨损元素和主要易磨损部件

磨损元素	易磨损部件
铁	主轴承滚珠、内外钢套、主轴承胀圈、轴承衬套、涡轮轴、润滑油泵齿轮、润滑油泵轴、回油泵传动轴、双速传动离合器
铝	传动机匣壳体、汽油分离器转子、回油泵壳体、附件传动机匣从动齿轮轴承保护架
铜	主轴承保护架、回油泵、润滑油增压泵从动轴、离合器保护架、滤网、双速传动装置摩擦离合器青铜片、中央传动从动锥齿轮轴承
铬	镀铬双速传动装置钢片
锌	镀锌油滤、导管、中央传动轴外衬套
镉	镀镉附件传动装置卡环、轴承衬套、封严衬套
银	镀银主轴承保护架
铅	燃油润滑油散热器银铅焊料、滑润油喷嘴滤焊料
钛	启动发电机转接座、燃油泵转接座
锡	双速传动装置青铜片、中心油滤、离心通风器等处的锡焊料、润滑油泵从动轴
镁	润滑油泵壳体、附件机匣壳体、油气分离器壳体、前支撑壳体、双速传动机匣
硅	空气带进的尘土、添加剂

一般来讲,当发动机处于稳定磨损阶段时,油液中的磨损颗粒光谱分析结果是随装备的运行时间大致呈线性变化的,具有一定的规律性。当发动机零件处于异常磨损阶段时,光谱分析数据可以灵敏地反映出其变化。

大量的检测数据表明,光谱分析数据体现出动态性、离散性、相关性和统计性,所以对具体的装备,经过长时间的润滑油跟踪采样,可以得到各磨损元素随装备运行时间的变化规律。如果某一种元素在以后的测量中发现其不满足该元素的历史规律或发展趋势,则可判断包含该元素的装备零件处于不正常的磨损状态,再经过元素之间的相关性分析,可以进一步判断出异常磨损发生的部位。

因此,在实际应用中,对发动机的磨损可采取以下监测策略:

(1) 通过大量的光谱分析数据,统计出各磨损元素的界限值,其中包括浓度界限值和梯度界限值,并作为监测标准。

(2) 通过油液铁谱分析,建立发动机正常磨损的铁谱图像库,当发动机工作时,对采到的油样进行分析后,经过界限值判别,即根据所制定的界限值,判定被检测油样的主要磨损元素的含量和梯度所处的范围,如果所提供的信息不足以进行判断(如有时含量和梯度会得出相反的结论),可以利用模糊数学知识进行模糊综合评判。

(3) 利用油液铁谱分析判断发动机所处的磨损类型,从而得出诊断结论。

由于光谱分析数据来自同一个系统,它们之间必然满足一定的数学关系,因此可利用数学中的建模方法对光谱数据进行建模,分析整个摩擦学系统的磨损变化趋势,从而对系统的磨损故障进行诊断和预测。

3.7.1.2 光谱分析法

光谱分析技术可以有效地监测机械设备润滑系统中润滑油所含磨损颗粒的成分及其含量的变化,也可准确地检测润滑油中添加剂的状况以及润滑油污染变质的程度。油液的光谱分析技术已成为监测机械设备状态最重要的方法之一。

光谱分析法主要包括以下内容:

(1) 根据不同时期各种磨粒中金属元素含量,判断摩擦副磨损程度,预测可能发生的失效和磨损率;

(2) 根据磨粒的成分及含量的变化,判断出现异常磨损的部位;

(3) 根据添加剂元素浓度的变化,判断油液的衰变程度。

1. 光谱分析原理和组成

光谱分析的原理:每种元素均有自己的特征发射光谱,即 $\lambda = f(z)$,其中 λ 为波长,z 为原子序数。以钠原子激发为例:元素内层轨道上的低能态电子受外部能量激发跃迁到具有高能态的外层轨道(图 3-30(a)、(b));由于高能态为不定态,激发态电子将返回到低能态轨道,在返回过程中以光的形式释放出多余的能量(图 3-30(c))。

光谱仪的分析系统主要由四部分组成:激发源,供应基态原子进入激发态能量的器件;光学系统,将被发射或吸收的辐射线限制在一狭窄波段的器件;检测器,指示存在某种物理现象的器件;信号处理与读数系统,对来自检测器的电信号进行放大的器件。

光谱分析法分为原子发射光谱(AES)分析法、原子吸收光谱(AAS)分析法、X 射线荧光光谱(XRF)分析法。它们使用的仪器:AES 分析法,转盘电极式原子

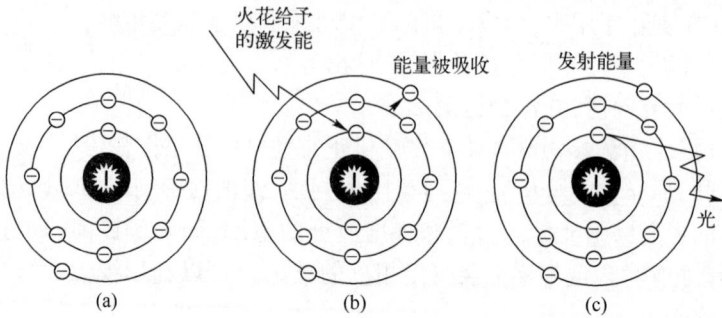

图 3-30 钠原子的吸收与发射

发射光谱仪(RODAES)和电感耦合等离子体原子发射光谱仪(ICPAES);AAS 分析法,火焰原子吸收光谱仪(FLAAS)和石墨炉原子吸收光谱仪(GFAAS);XRF 光谱分析法,波长散射 X 射线荧光光谱仪(WDXRF)和能量散射 X 射线荧光光谱仪(EDXRF)。目前使用较普遍的是原子发射光谱法,这里作重点介绍。

2. 原子发射光谱仪

原子发射光谱是由于物质内部运动的原子和分子受到外界能量激发后发生变化而得到的。物质由分子组成,分子又由原子构成。原子中心为带正电的原子核,带负电的电子沿一定的轨道围绕原子核高速运动。正常状态下,原子核的正电荷与电子的负电荷相等,原子处于稳定状态,具有一定的能量。电子绕原子核运动的轨道有多层,距离原子核较远的轨道上的电子能量较高,为高能级,距离原子核较近的轨道上的电子能量较低,为低能级。当原子受外来能量(如热能、电能、化学能、辐射能等)的作用,由于核外电子吸收能量而从较低能级的轨道跃迁至较高能级的轨道上,此时原子能量高,不稳定,电子会自动地从较高能级轨道跃迁回较低能级轨道,并以发射光子的形式把吸收的能量再辐射出去。对于任一特定元素的原子,在光谱定律允许的跃迁条件下,可产生一系列不同波长的谱线,这些谱线按一定的顺序排列,并保持一定的强度比例,组成光谱。试验证明,每种元素原子的谱线条数有限,并有特征。不同元素的原子,核外电子结构不同,能级各异,因此不同元素发射光谱中的特征谱线各不相同。通过识别各元素特征谱线的波长可进行定性分析,通过测量各元素特征谱线的强度可进行定量分析。

光谱分析是根据自由原子或离子外层电子辐射跃迁得到的发射光谱来研究物质的成分和含量,分析过程一般分为三步:一是利用光源使试样蒸发,解离成原子或电离成离子,然后使原子或离子得到激发,发射辐射;二是利用光学系统将发射的各种波长的辐射按波长顺序展开为光谱;三是利用检测系统对分光后得到的不同波长的辐射进行检测。由于光谱线的强度与激发条件等因素有关,因此发射光谱仪一般是测量被分析元素与一个内标元素谱线之间的相对强度。

图 3-31 为转盘电极式原子发射光谱仪结构。其工作原理:一圆盘式旋转电极将油样带至圆盘电极和一棒状静止电极构成的缝隙之间,利用两电极之间的高压电弧使油样中的原子激发辐射特征光谱线,根据特征光谱线的波长和强度确定油液中磨损元素的成分及含量。

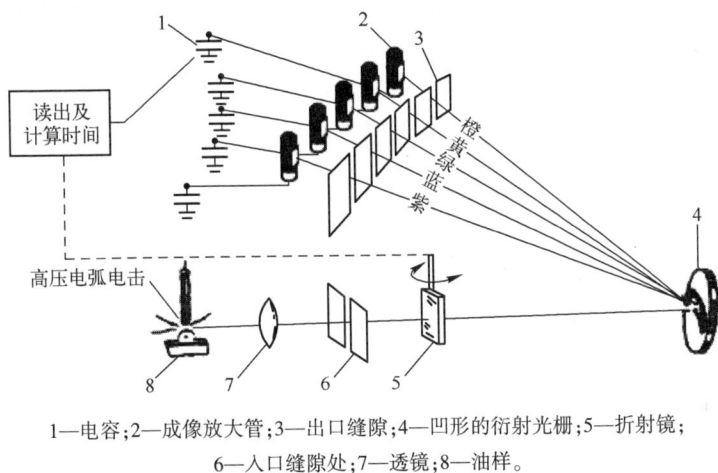

1—电容;2—成像放大管;3—出口缝隙;4—凹形的衍射光栅;5—折射镜;
6—入口缝隙处;7—透镜;8—油样。

图 3-31　转盘电极式原子发射光谱仪结构

转盘电极式原子发射光谱仪的优点如下:

(1) 油液无须预处理,仪器自动化程度高,操作易于掌握,分析速度快。在不到 1min 的时间内即可测定一个油样中几种甚至数十种元素的含量值,可对多种元素进行定量和定性分析。

(2) 读数准确,重复性好,分析容量大。可以检测在用油品的添加剂元素变化、受污染程度及装备摩擦副的磨损情况。

转盘电极式原子发射光谱仪的缺点:由于盘电极不能将大颗粒带上及电弧能量不足而不能使大颗粒全部离子化,因此只能检测油液中直径小于 $10\mu m$ 的颗粒,而且不能提供有关磨粒的存在形式(如形态、大小等)方面的信息,故不能判断磨损类型。

影响分析精确度与重复性的因素如下:

(1) 电弧变化。在光谱仪工作中,油样激发是通过脉冲电弧来完成的,而电弧的稳定是确定分析精确度与重复性的重要因素,有许多因素能引起电弧变化。

（2）电压波动。由于工作单位电压不稳定或经常停电，致使仪器电压波动，这种情况可以配置稳压器加以解决，若是电路系统或电器元件问题，需维修解决。

（3）电极间隙。由于操作中石墨电极之间分析间隙设置不准确、间隙设置装置有故障或因使用时间较长使辅助和安全电极间隙变小，此时用量规测定它们的间隙，查找原因。对于辅助、安全间隙变小的问题可以把电极拆下抛光加以修复。

（4）盘电极内径偏大。盘电极内径偏大使其与盘电极安装轴之间的间隙超标，工作时易放电产生电火花，使轴烧成小麻坑。由于轴材料同时被激发，因此轴材料成分、含量和油液中磨损元素混在一起，影响仪器分析的准确度。

（5）电极形状和材料。由于电极形状和材料不符合标准，使电极间隙不合乎要求，材料中含有杂质，因此石墨电极材料必须符合 MIL-E-8971 要求，其品质必须按 MIL-8987 进行鉴定。棒电极必须按要求在使用端磨成 120°的弧度。

（6）油样输送机构。油样输送机构失灵，使盘电极浸入油样的位置不到位。

（7）标准物质影响。标准物质是校准仪器精确度与重复性的物质，它符合 MILE-6082，1100 级基准油制备，在使用中由于标准油不稳定将影响仪器标准化的正确性。

（8）环境影响。该类仪器和一般工业光谱仪相比对环境的要求比较松，正常工作温度为 $10 \sim 43℃$，湿度为 95%，如果温度与湿度出现明显的变化，其光学系统就会出现故障。在潮湿地，仪器光学系统易受损，最好在实验室配备去湿机。

（9）维护影响。仪器应进行日常维护与定期维护。特别对激发室内的入射透镜即石英窗应及时清洗，否则将影响激发光的入射。

3. 原子吸收光谱仪

原子吸收光谱法是基于测量蒸气中原子对特征电磁辐射的吸收强度进行定量分析的一种仪器分析方法。原子在一定频率的外部辐射光能激发下，核外电子由一个较低能级轨道跃迁到一个较高能级轨道，此过程产生的光谱就是原子吸收光谱。其基本原理：一束特定的入射光 I_0 透射至被测元素的基态原子蒸气，原子蒸气就对它发生吸收。未吸收的光则透射过去，根据被测样品中元素的浓度 N、入射光强 I_0 及透射光强 I 三者之间存在一定关系，并把它与被测元素的已知浓度的标准溶液对光的吸收做比较，就可以得出待测元素的含量。

原子吸收光谱仪由光源、原子化器、分光系统和检测系统四部分组成，如图 3-32 所示。油液经过预处理后，在原子吸收分光光度计上油雾化器将油液喷成雾状，与燃料器及助燃气一起进入燃烧器的火焰中。在高温下，试样失去溶剂化作用而挥发或离解,油液中的待测物质转化成原子蒸气。由待测含量物质相同元素做成的空心阴极灯辐射出一定波长的特征辐射,通过火焰后一部分被基态原子吸收。测量吸收光后,再根据由标准系列试样做出的吸光度-浓度工作曲线,即可查出油液中待测元素的含量。

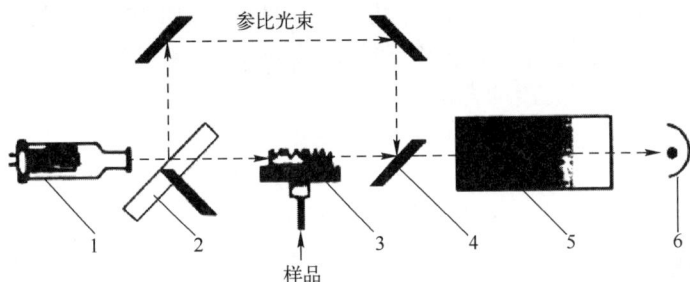

1—空心阴极灯;2—斩光器;3—燃烧器;4—半镀银反射镜;5—单色仪;6—检测仪。

图3-32 原子吸收光谱仪组成

采用原子吸收光谱仪进行油液磨粒分析有以下优点:

(1)灵敏度高。原子吸收测量的是基态原子对特征谱线的吸收,原子蒸气中基态原子所占份额在99%以上,激发态原子只占1%。因此,与发射光谱分析法相比,原子吸收光谱分析法的灵敏度较高。其灵敏度在 $\mu g/g$ 级以上,少数元素可达 ng/g 级,对石墨炉原子吸收(GFASS)法,灵敏度为 $10^{-10} \sim 10^{-14}g$。因此原子吸收光谱仪适用于做超纯物质、稀有微量元素的分析。

(2)选择性好。在大多数情况下,共存元素不对原子吸收分析产生干扰。另外,原子吸收谱线较发射光谱线少得多,谱线重叠干扰很少。

(3)准确度高。在一般分析时,火焰原子吸收光谱分析法的相对误差为 $0.1\% \sim 0.5\%$,低含量测定时准确度比发射光谱分析法高。

(4)适用范围广。在测定含量线性范围方面,可用于常用元素分析,也适用于微量元素分析。可测70余种金属元素和半导体元素。

原子吸收光谱分析的缺点:同时进行多个元素的测定上有困难,需要测一种元素换一个光源,比较麻烦;此外,有相当一些元素的测定灵敏度尚低。因此,该类仪器在我国油液监控中使用较少。

4. X射线荧光光谱分析法

用初级X射线激发原子内层电子所产生的次级X射线称为荧光X射线。基于测量荧光X射线的波长及强度以进行定量和定性分析的方法称为X射线荧光分析法。常规的X射线分析方法包括波长失散和能量失散,它们的分析原理、应用等方面都有共同点;不同之处是能量失散用分析晶体作为分光装置,按照波长顺序进行分离,而波长失散则以脉冲高度分析器作为分光装置,按照光子能量的大小进行分离。

当一个原子受 X 射线的轰击时,其内层某一能级(轨道)的电子被逐出,一个处于更高能级(轨道)上的电子就会填充内层轨道上的空缺,同时放出一个 X 光光子——X 荧光,放出光子的能量为此原子两个轨道的能级差,这是该元素的特征值。由 X 荧光的特征能量确定样品的成分元素,用各个特征能量值处的强度计数值计算出成分元素的含量。

X 射线荧光光谱仪由以下四部分组成(图 3-33):

(1) X 射线激发源:主要分为两类,即用荷电粒子直接轰击样品和用高速电子直接轰击样品。前者是将样品装在一个可拆式 X 射线管的靶面上,即构成一个激发装置。后者是用 X 射线光子激发,采用 X 射线发生器,它由高压发生器和 X 射线管组成。

(2) 分光系统:将分析元素的谱线与其他特征谱线分开,以便对其进行测定。它由准直器和分析晶体组成。准直器的作用在于截取一发散的 X 射线,使之成为平行光束,投射到分析晶体或探测器窗口。分析晶体是利用晶体的衍射现象使不同波长的 X 射线分开,以便从中选择被测元素的特征谱线进行测定。

(3) 探测器:将 X 光子的能量转化为电能,然后通过电子线路测量和记录下来。常用的探测器有闪烁计数器、正比计数器和半导体探测器等。

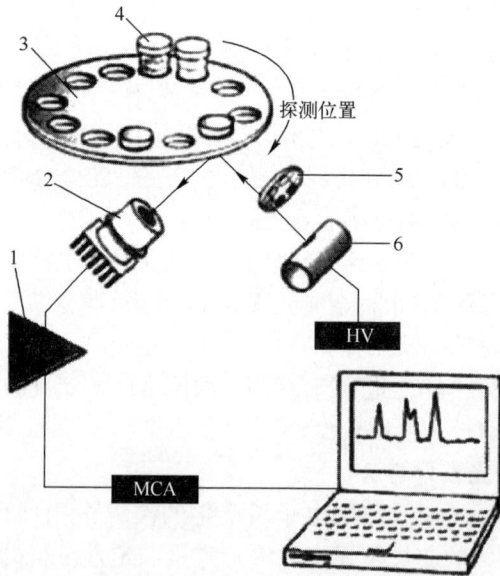

1—放大器;2—PIN 探测器;3—样品转盘;4—样品;5—滤镜;6—X 射线管。

图 3-33　X 射线荧光光谱仪分析系统的基本结构

（4）记录系统：主要由放大器、脉冲高度分析器和读示部分组成。放大器将来自探测器的脉冲电压信号放大到 5~100 V 的脉冲高度，以便驱动脉冲高度分析器进行工作。读示部分记录、显示谱线强度及脉冲，并记录脉冲高度分布曲线。曲线上每个峰所对应的脉冲高度是 X 射线光子能量的量度，是定性分析的依据；每个峰的峰高是 X 射线光量子数目的量度，是定量分析的依据。

X 射线荧光光谱分析已广泛用于多元素分析，具有以下特点：

（1）X 射线荧光光谱分析适用于各种形态的样品，如固体、液体、颗粒、粉末、浆渣，可以进行从钠至铀的多元素同时分析。

（2）无损检测。即样品检测时不受到破坏。

（3）应用范围广。可用于对金属材料、石油、矿石、土壤、食品等中的金属的测定，其浓度测定范围一般可以从 10^{-6} 级至 100%，采用最新的微样品分析技术（MXA）可将检测下限扩展至 10^{-9} 级。

（4）样品制备简单，运行费用低。

（5）仪器操作简单，分析速度快。

3.7.1.3　铁谱分析法

铁谱分析方法是 20 世纪 70 年代出现的一种磨损颗粒分析技术。它利用高梯度强磁场的作用，将机械润滑剂或工作介质中所含产生于磨损或其他机理的微粒按其粒度大小依序分离出来，并通过对微粒形态、大小、成分以及粒度分布等的定性和定量检测，获得有关摩擦副和润滑系统等工作状态的重要信息，从而分析机械装备的磨损机理和判断磨损状态。

铁谱分析主要包括以下内容：

（1）对装备油液的取样及处理；

（2）分离磨粒制备铁谱片等；

（3）进行磨粒的检测、识别和分析；

（4）对被监控装备工况状态的分析结论及报告。

目前，铁谱分析常用的设备和工具主要有铁谱仪、铁谱显微镜及磨粒图谱集等。

1. 铁谱仪

常用铁谱仪有分析式铁谱仪、直读式铁谱仪、旋转式铁谱仪和在线式铁谱仪四大类。

1）分析式铁谱仪

分析式铁谱仪是最先发明、最基本和最具有铁谱技术特点的铁谱仪，它与铁谱显微镜共同组成分析铁谱系统。分析式铁谱仪的原理如图 3-34 所示。微量泵以很小的气流量将空气压入密封的试管，试管内有取自机械润滑系统的分析油样。在压缩空气的作用下,油样被压滴在以一定角度倾斜放置在高梯度强磁铁上方的铁谱基片上。在油样受重力作用沿铁谱基片自然流下的同时,其中所含机械磨损微粒在磁场力作用下,克服油的黏滞阻力,根据其自身粒度由大到小有序地沉积在铁谱基片上。在油样全部通过铁谱基片之后,以同样方法将固定剂喷到铁谱基片上,将磨粒予以固定,制成铁谱片。利用铁谱显微镜观测铁谱片上的磨粒,就可以得到有关其形态、大小、成分及粒度分布的分析结构。利用光密度测量原理,可以得到分别表征大磨粒($>5\mu m$)覆盖面积百分比 A_L 和小磨粒($1\sim2\mu m$)覆盖面积百分比 A_S 。这些结果传递出机械摩擦副磨损状态的重要信息,成为进行摩擦学研究、机械磨损状态监测和故障判断的依据。

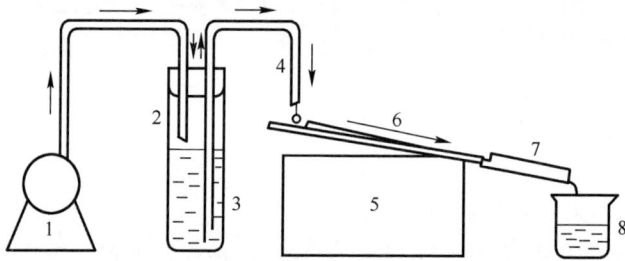

1—微量空气泵;2—试管;3—分析油样;4—导油管;5—高梯度强磁铁;6—铁谱基片;
7—排油管;8—废油杯。

图 3-34　分析式铁谱仪的原理

磨损研究表明,润滑工况下,相对运动的两表面的磨损状态与磨损过程中产生的磨粒数量、尺寸及其分布密切相关。非正常的磨损均会导致磨粒浓度的变化,严重磨损总是伴随着较大磨粒的数量增加。测量、记录油样磨粒的浓度变化、尺寸分布变化及其趋势就可以相对定量地诊断和监测设备的磨损状况。图 3-35 为一般金属表面磨损过程与磨粒尺寸及磨粒数量的关系。

分析式铁谱仪从铁谱片入口处测得表示大磨粒数量的 A_L ,从距谱片出口50mm 处测得表示小磨粒数量的 A_S 。为了铁谱定量分析方便,通常规定大磨粒读数 A_L 和小磨粒读数 A_S 之和表示油样的磨粒数量,代表磨损程度;大磨粒读数 A_L 和小磨粒读数 A_S 之差表示油样磨粒的尺寸分布,又称磨损严重度;大小磨粒数之和 A_L+A_S 与大小磨粒数之差 A_L-A_S 的乘积表示油样磨损严重指数。显然,磨损严重指数既与总磨损量有关,又与磨损的严重程度有关,所以它不但可以反映磨损状态的变化过程,而且可以反映磨损状态的严重程度,是铁谱技术定量参数中的重要指标之一。

借助图像分析仪可以对铁谱片上排列的磨粒进行图像分析。通过光学显微镜采集铁谱片上磨粒的图像,经显微镜顶部的摄像扫描器和视频模拟数字转

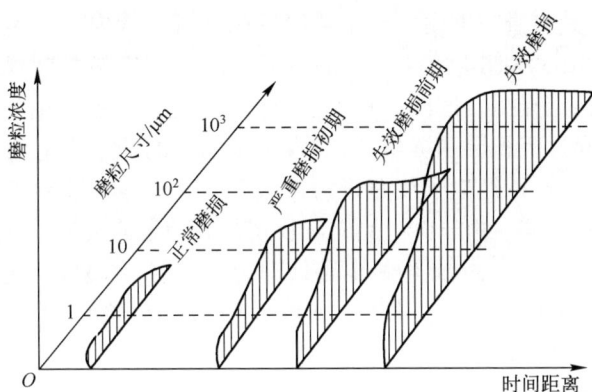

图 3-35　磨损过程与磨粒尺寸及磨粒数量的关系

换单元,将图像数字信号送至计算机,并按给定的灰度反差,由软件程序分析磨粒的面积、周长、弦长、垂直与水平截距,以及基准尺寸宽度内的磨粒数量等参数。

2) 直读式铁谱仪

直读式铁谱仪的原理如图 3-36 所示。其核心部分是一块高梯度强磁铁。磁铁以一定角度与油样流动方向相反地倾斜设置,在其磁场狭缝处平行放置一透明玻璃制成的沉积管。被分析油样在虹吸作用下,由试管进入毛细管,再因自身重力流入沉积管,即进入磁场。油中的磨粒在高梯度强磁场作用下,克服油样

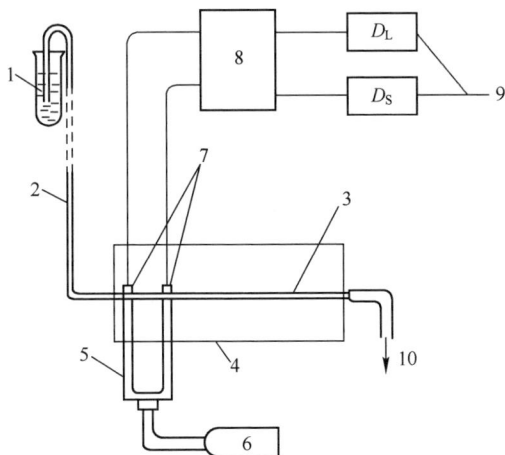

1—油样;2—毛细管;3—沉积管;4—磁铁;5—光导纤维;6—光源;7—光电池;
8—处理器;9—LCD 显示屏;10—废油。

图 3-36　直读式铁谱仪的原理

的黏滞阻力,依其自身粒度由大到小依序沉积在沉积管内壁。为了直接测出油样中大磨粒(>5μm)和小磨粒(1~2μm)的浓度,在相应的两个测点处利用光导纤维引入两束稳定光源。这两点相当于分析式铁谱仪中铁谱片入口区和50mm的位置。光束穿过沉积层和沉积管,射入与其相对的两个光电池。光电池将光信号转换为电信号,再经电子线路进行放大和A/D转换,最终在两个数显屏上以数字形式显示出来。由于穿过磨粒沉积层的光信号的衰减量与磨粒沉积量在一定条件下成正比关系,因此经过电路处理后,可以在数显屏上直接读出与磨粒沉积量呈线性关系的读数 D_L (大磨粒直读数)和 D_S (小磨粒直读数)。

3) 旋转式铁谱仪

旋转式铁谱仪的原理如图 3-37 所示。其核心部分是一块高梯度强磁铁。与分析式和直读式铁谱仪不同的是,它形成的是两个环形的狭缝磁场。利用一个环形的橡胶吸盘,将一方形的铁谱片紧紧吸附在圆柱形的磁铁上平面上。在电机的驱动下,方形铁谱片与圆柱形磁铁一起以较慢的速度旋转。此时,将被分析油样沿轴心滴落在方形铁谱片和圆柱形磁铁的中心位置上。在离心力的作用下,油样以螺旋式的油流形式被"甩"出方形铁谱片。而其中的磨粒在经过两个环形的磁隙和磁铁边界时,被磁场吸附下来而形成三个由磨粒组成的圆环。在全部油样滴完之后,同样用滴落固定剂的方法清洗铁谱片上的残油和固定磨粒。经自然挥发后,制成铁谱片(图 3-38)。出于与分析式铁谱仪相同的沉积机理,油样首先掠过的第一个磁隙内环上沉积的是大于 20μm 的磨粒,第二个磁隙中环上沉积的是 1~50μm 的磨粒,圆柱磁铁的边界外环上沉积的是 1~10μm 的磨粒。

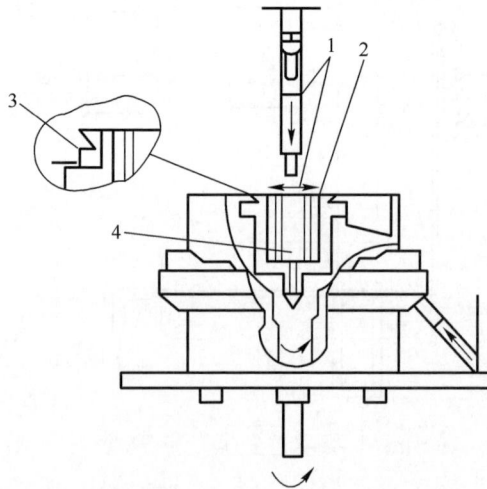

1—油样;2—铁谱片;3—橡胶吸盘;4—磁铁。

图 3-37　旋转式铁谱仪的原理

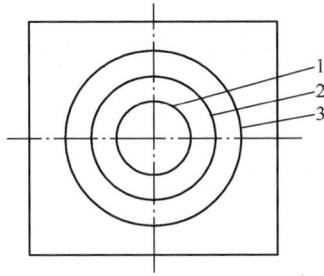

1—内环;2—中环;3—外环。

图 3-38 旋转式铁谱仪的铁谱片

4) 在线式铁谱仪

在线式铁谱仪的原理如图 3-39 所示。传感器内,在油路旁装有高梯度强磁场的电磁铁和表面电容传感器。当开始测量时,电磁铁通电产生磁场,润滑油中的磨粒在磁场作用下,按照分析式铁谱仪的沉积规律由大到小依序沉积在一个密封的平面上。同时在两个相应大磨粒沉积区和小磨粒沉积区的位置上,安装了两个平面电容器。磨粒沉积量改变了平面电容器极间电介质的介电常数,平面电容器的电容值随之发生变化。电容值的变化引起已预置的整个检测电路的电流变化。将这个微小的、其变化与磨粒沉积量相关的电流进行放大和 A/D 转换,最终以数字形式在主机的显示屏上显示出来。因为两个平面电容是分别安装在大、小磨粒两个沉积区,所以在显示屏上可同时读出反映润滑系统中大小磨粒浓度情况的 A_L 值和 A_S 值。

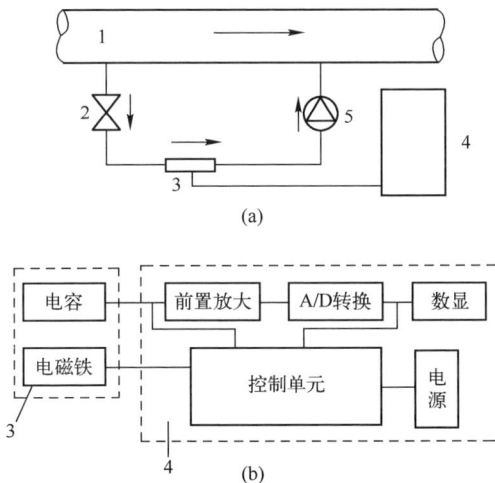

(a)

(b)

1—润滑油管路;2—电磁阀;3—在线式铁谱仪传感器;4—在线式铁谱仪主机;5—取样泵。

图 3-39 在线式铁谱仪安装及原理示意图

(a) 安装;(b) 传感器与主机构成。

2. 铁谱分析的优缺点

采用铁谱技术进行油液磨粒分析具有以下优点：

（1）具有较宽的磨粒尺寸检测范围和较高的检测效率。铁谱分析方法能够有效地检测几微米到几百微米甚至毫米级的磨粒尺寸和数量变化，这一尺寸范围正是绝大多数机械装备摩擦副发生磨损时所产生的磨粒尺寸范围。

（2）能够同时进行磨粒的定性检测和定量分析。与其他磨粒检测方法相比，这是铁谱分析技术的最大优点。

（3）能够准确地监测出机械系统中一些不正常磨损的轻微征兆，如早期的疲劳磨损、黏着与腐蚀磨损等。

（4）铁谱分析可以观察磨粒的表面形貌、颜色、尺寸大小等，从而能获得更丰富的有关装备磨损状态及其机理的信息。

铁谱分析技术也存在以下缺点：

（1）分析式铁谱仪与直读式铁谱仪是一种非实时的离线监测技术，对一些突发性磨损故障，会使铁谱技术的监测效果降低。

（2）对油液取样及其处理要求较高。

（3）过分依赖监测人员的经验。

（4）随机性大，定量误差较大。

3.7.1.4　磁塞检测

在润滑系统中安装磁塞或探针，能将油液中的磨粒吸附到磁塞上。用磁屑检测仪与磁强计可以估量所收集到的磨粒数量及磨粒产生趋势。也可定期更换磁塞，分析取出的磁塞上的磨粒大小和数量，即可有效地分析装备的磨损情况。对比不同时期内所保存的磁塞上磨粒信息，有助于分析磨损趋势。图3-40为磁塞的检测原理。

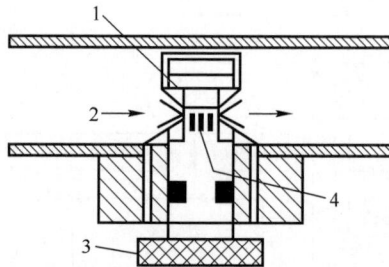

1—密封盘；2—液流；3—磁塞；4—磨屑。

图3-40　磁塞的检测原理

磁塞检测的优点是安装方便、结构简单，适用于在200℃以下工作、尺寸为

$100\sim400\mu m$ 的机械装备磨粒在线监测。其缺点是只能检测黑色金属磨粒。

3.7.1.5　油滤检测

当带报警器的油滤安装在润滑油线路中时,油液中的磨粒被滤芯滤除而堆积在滤芯上,滤芯元件上下游之间形成一定的压差。当磨粒堆积到一定程度时,压差会增大到一定值,报警器会发出警告信号。直至将滤芯拆下清除磨粒等污染物后,压差恢复到正常值,油滤才能正常工作。

3.7.1.6　几种油液磨粒分析方法的比较

目前,常用的油液磨粒检测方法有光谱分析法、磁塞检测法和铁谱分析法,每种检测方法都有其使用特点,又都有其局限性。

图 3-41 给出了在机械装备油液磨粒检测技术中,光谱分析法、铁谱分析法和磁塞检测法对不同粒度磨粒监测分析的有效范围比较。

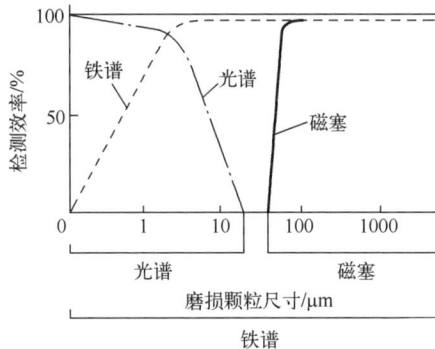

图 3-41　几种油液磨粒监测分析的有效范围比较

光谱分析法可根据各元素所发射特征光谱线的强度,准确确定油液中各种金属磨粒元素的含量,分析速度快,可靠性高,故能对运转中的机械装备零部件的磨损状态进行监测,预报机械装备的磨损趋势,而且可用来监测油液中添加剂和污染杂质元素的成分变化趋势,由此可以检测添加剂的耗损情况和污染物的增加情况,及时指导并合理地换油或补充新油。但光谱分析检测磨粒的有效尺寸范围为 $0.1\sim10\mu m$。

磁塞检测法能有效检测上百微米甚至毫米级的磨粒尺寸和数量变化,而不能用于检测小于 $100\mu m$ 的磨粒。

铁谱分析法具有较宽的磨粒尺寸范围,能够有效地检测几微米到几百微米甚至毫米级的磨粒尺寸和数量变化,这一尺寸范围正是绝大多数机械装备摩擦副发生磨损时所产生的磨粒尺寸范围。但磁塞检测法和铁谱分析法的误差较大,检测精度低于光谱分析法。

因此,单一检测方法得到的磨粒信息,不可能充分、全面地对磨损状态进行科学分析,实际使用过程中,应综合使用几种磨粒检测方法。表3-4列出了几种油液磨粒检测技术的特点比较。

表3-4　几种油液磨粒检测技术的特点比较

项　　目	光谱分析	铁谱分析	磁塞分析	油滤检测
磨粒含量	很好	好(铁磨粒)	好(铁磨粒)	好
磨粒形貌		很好	好	好
尺寸分布		好		
元素成分	很好	好	好	较好
尺寸范围/μm	0.1~10	>1	25~400	>2
局限性	不能识别磨粒的形貌、尺寸等	局限于铁磨粒及铁磁性磨粒,元素成分的识别有局限性	局限于铁磨粒,不能进行磨粒识别	可采集磨粒,不能识别磨粒的尺寸分布
检测用时间	极短	长	长	较长
评价	磨粒趋势监控效果好	评价机理分析,早期失效的预报效果好	可用于检测不正常磨损	用作辅助简易分析
分析方式	实验室分析	实验室分析	在线分析	在线分析,实验室分析

3.7.2　污染物种类

润滑油在生产、运输、储存、使用、维修过程中往往会受到污染,润滑系统元件的磨损主要是润滑油的污染造成的。例如,空气进入油液中,可使油液的体积压缩,同时产生气蚀;水分进入油液中会引起乳化变质,降低油液的润滑性能;油液的氧化变质会生成漆膜和油泥;油液中的水分及金属颗粒会加速油液衰变;灰尘、磨粒等固体颗粒进入油液会加速零部件的磨损;这些都可能引起机械装备的磨损故障。

由外界侵入润滑油的物质统称为污染物。污染物分为固体颗粒、液体和气体。固体污染物有砂粒、金属屑、漆皮、纤维、橡胶以及润滑油氧化生成的胶质和积炭;液体污染有水、液压油等其他异种油料;气体污染主要是空气。污染物的存在影响了润滑油的润滑效果,降低了润滑油的使用性能,对机械部件正常运行威胁极大。

1. 固体颗粒污染

油液中的固体污染颗粒主要是尘土、金属屑、焊渣、型砂、磨粒、金属腐蚀剥落物、油液氧化分解产生的有机沉淀物及炭渣等(表3-5)。这些污染颗粒,部分以细末的形式处于悬浮状态,部分从油液沉淀到油泥中。

表3-5　油液中固体磨粒的基本类型

磨粒类型	基 本 种 类
黑色金属磨粒	正常磨损磨粒、磨合磨损磨粒、切削磨损磨粒、滚动疲劳磨损磨粒、滚滑复合磨损磨粒、严重滑动磨损磨粒
有色金属磨粒	白色/有色金属磨粒、铜合金磨粒、铅/锡合金磨粒
氧化物磨粒	红色氧化铁磨粒、黑色氧化铁磨粒、暗金属氧化物磨粒、磨粒磨损微粒
衰变产物微粒	摩擦聚合物微粒、纤维物微粒、积炭微粒、油渣物微粒
外界污染颗粒	灰尘、细砂、金属粉尘、石棉纤维、密封件碎屑

油液中的固体颗粒主要来源于以下四个方面:

(1)系统内残留的颗粒。系统内残留的颗粒是指制造和工作初期磨损所留下的污染物,包括没有彻底清理的砂粒,含二氧化钛的齿轮检验涂膏,装配和修理时落入的金属屑、毛刺、焊渣等。

(2)系统内摩擦副的金属磨屑。金属磨屑是摩擦副表面在相对运动过程中,与界面介质及环境相互作用,导致表面磨损而形成的产物。金属磨屑携带着丰富的摩擦学信息,是摩擦副严重磨损和发生故障的特征指标。通过对油液中金属磨屑的形态、尺寸、浓度、材质成分等特征进行分析,能够有效地监控机械设备的磨损状态,诊断机械设备的磨损故障。

(3)系统在工作中外界侵入的颗粒。外界侵入的颗粒有两条途径:一是空气滤清器性能不良或网眼太粗,灰尘等混入液压系统或润滑系统;二是在加注或更换新油时,使用的容器不干净,加油口没有滤网,就会在油中混入灰尘、细砂等杂质。

(4)油液衰变产生的微粒。氧化、硫化、硝化及添加剂耗损等,造成油液在使用过程中发生衰变,并产生一些衰变产物微粒。这些微粒包括摩擦聚合物微粒、纤维物微粒、积炭微粒及油渣物微粒。

随着机械制造工艺的不断发展,装备部(组)件的配合间隙越来越小,甚至达到5μm,因此微小的污染颗粒就可能引发严重的故障。具体表现在以下三个方面:

(1)加剧了部件的磨损,缩短了机械使用寿命。

(2)堵塞油路,造成供油不足,部件干摩擦,导致停机、抱轴、传动轴扭断等严重故障。

(3)造成部件卡滞,使机械操作失灵。

2. 液体污染

润滑油在储存、运输、使用过程中,接触潮湿空气或混入雨水时可能造成润滑油的水分污染,水会加快油品的氧化速度,使油品氧化成酸、醛、酮等物质,在破坏油品理化性能的同时,还会引起机械部件的腐蚀,另外水分对油品油膜的形成也有很大的破坏作用;当滑油中混入其他种类的油品(如滑油与柴油、液压油相混)也会使滑油的黏度、闪点等性能发生严重的变化,影响润滑效果,甚至酿成事故。下面主要介绍水分污染。

油液中混入水后,会与水发生亲和作用而使油液乳化生成乳浊液,降低了润滑性能;同时水与油液中的硫、氯离子作用生成硫酸和盐酸,将加速油液的衰变,使油液失去润滑作用。

发动机润滑油中的水分主要来源于以下三个方面:

(1)燃烧废气中的蒸汽凝结。燃烧室中的废气不断窜入曲轴箱,如果曲轴箱通风装置工作不正常,从燃烧室进入曲轴箱内的蒸汽不能及时排出,当温度低于100℃时,蒸汽与机件接触凝结成水,流入曲轴箱与油液混合变成乳状液体。

(2)冷却系统某些部件渗漏。例如,汽缸体和缸盖有砂眼、气孔或裂纹;汽缸套封水胶圈安装不当(胶圈有伤痕、褶皱等)。

(3)盛装油液的容器含水。

水分对油液的危害主要表现在以下四个方面:

(1)导致油液的氧化、乳化、醋化,降低油液的润滑性、抗氧化性,增加乳化性。

(2)与油液中的添加剂作用生成酸性物质、沉淀物、胶质,导致装备零部件腐蚀与油液质量的衰变。

(3)在低温时形成冰晶,堵塞部件间隙、小孔、油滤,影响系统正常工作。

(4)与金属屑共存时,加速对装备零部件腐蚀。

3. 空气污染

油液系统里的空气来自工作周围的大气环境,它在系统中以溶解、游离、气泡三种状态存在,在压力与温度发生变化时会互相转化。当压力减少或温度升高时,溶解在油液中的部分气体就会分离出来成为悬浮的气泡。反之,悬浮的气泡在一定的条件下会溶解在油液中,呈溶解状态。一般溶解的气体对系统工作不会造成影响。游离和气泡状的气体对系统的工作会产生有害的影响,主要表现在下列五个方面:

(1)降低油液的容积弹性模量和刚性,使油液系统的控制或执行机构响应迟钝、工作不稳定。

(2)油液中混有空气,压缩油液时,需要消耗额外的能量。

（3）在油液系统中容易产生气蚀，导致部件表面的损伤。气蚀是油液中的空气在一定的条件下形成了"空穴"现象，"空穴"的发生使金属部件表面被剥离而损伤。同时，油液系统中混入空气，使系统产生振动，增加噪声。

（4）系统中存在较多的空气泡，其压力不稳或丧失压力，导致油泵的效率降低、供油量下降、形成气塞，使油泵因高温而损坏。

（5）使油液氧化变质，酸值增加和黏度降低，润滑性下降。

3.7.3　性能参数

油液性能的好坏直接影响机械装备工作的可靠性，因此必须对使用油液进行定时或不定时的性能检测，理化性能检测是油液性能检测主要内容。评价油液理化性能的项目有黏度闪点、倾点、酸值等一系列性能指标和测试方法，每项指标都有其一定的使用意义。

1. 黏度

黏度就是液体的内摩擦。润滑油受到外力作用而发生相对移动时，油分子之间产生的阻力，使润滑油无法进行顺利流动，其阻力的大小称为黏度。它是润滑油的主要技术指标。绝大多数的润滑油是根据其黏度来分牌号的。黏度是各种机械设备选油的主要依据。

黏度的度量方法分为绝对黏度和相对黏度两大类。绝对黏度分为动力黏度、运动黏度两种；相对黏度有恩氏黏度、赛氏黏度和雷氏黏度等几种表示方法。

（1）动力黏度（η）：在流体中取两面积各为 $1m^2$，相距 $1m$，相对移动速度为 $1m/s$ 时，所产生的阻力称为动力黏度。在国际单位制（SI）中，动力黏度的单位是 $Pa \cdot s$，$1Pa \cdot s = 1N \cdot s/m^2$。动力黏度用旋转黏度计或落球式黏度计测定。

（2）运动黏度（ν）：流体的动力黏度 η 与同温度下该流体的密度 ρ 的比值称为运动黏度。它是这种流体在重力作用下流动阻力的尺度。在国际单位制（SI）中，运动黏度的单位是 m^2/s；实际中通常使用厘斯（cSt，$1cSt = 1mm^2/s$）。

（3）黏度和温度的关系。润滑油的黏度随着温度的升高而变小，随着温度的降低而变大，这就是润滑油的黏温特性。因此，对每一个黏度的报告值必须指明测定时的温度。

黏温特性对润滑油的使用有重要意义。例如，发动机润滑油的黏温特性不好，如果温度过低，黏度过大，就会启动困难，而且启动后润滑油不易流到摩擦面上，造成机械零件的磨损；如果温度过高，黏度变小，则不易在摩擦面上产生适当的油膜，失去润滑作用，使机械零件的摩擦面产生擦伤和胶合等故障。因此，油品的黏温特性要好，即油品黏度随工作温度的变化越小越好。评价油品的黏温特性普遍采用黏度指数来表示，这也是润滑油的一项重要质量指标。黏度指数高,表明油的黏温性能好。

油液运动黏度按 GB/T 30515—2014 标准方法进行测定,通常使用毛细管黏度计。

2. 闪点

在规定的条件下加热润滑油,当油温达到某温度时,润滑油蒸气和周围空气的混合气与火焰接触,即发生闪火现象。最低的闪火温度称为润滑油的闪点。闪点又分为开口闪点和闭口闪点,闪点在 150℃ 以下的轻质油品用闭口杯法测闪点,重质润滑油和深色石油产品用开口杯法测闪点。同一个油品,其开口闪点较闭口闪点高 20～30℃。润滑油闪点的高低取决于润滑油质量的轻重,或润滑油中是否混入轻质组分和轻质组分的含量。轻质润滑油或含轻质组分多的润滑油,其闪点就较低。重质润滑油或含轻质组分少的润滑油,其闪点就较高。

润滑油的闪点是润滑油储存、运输和使用的一个安全指标,同时也是润滑油的挥发性指标。闪点低的润滑油,挥发性高,容易着火,安全性较差。润滑油的挥发性高,在工作过程容易蒸发损失,严重时甚至引起润滑油黏度增大,影响润滑油的作用。重质润滑油的闪点突然降低,可能发生轻油混油事故。

根据闪点的高低可以判断石油产品的安全性。闪点在 45℃ 以下的产品为易燃品,如汽油闪点为 −60～−50℃,煤油闪点 40℃,都属于易燃品。闪点在 45℃ 以上的产品为可燃品,柴油、润滑油都属于可燃品。

选用润滑油时,应根据使用温度考虑润滑油的闪点高低,一般要求润滑油的闪点比使用温度高 20～30℃,以保证使用安全和减少挥发损失。

油液闪点分别按 GB/T 3536—2008 和 GB/T 27847—2011 标准方法进行测定。

3. 倾点和凝点

油液在标准规定的条件下冷却时,能够继续流动的最低温度称为倾点。油液在规定的试验条件下,冷却到液面不移动时的最高温度称为凝点。润滑油的凝点和倾点是润滑油的低温流动性能的重要质量指标。倾点或凝点高的润滑油,不能在低温下使用。润滑油在低温下失去流动性,堵塞油路,不能保证润滑。发动机润滑油倾点或凝点高造成启动困难。低温下使用的机械设备,在选用润滑油时,要考虑润滑油的倾点或凝点,一般选用比使用温度低 10～20℃ 的倾点或凝点的润滑油。

润滑油在低温下流动性降低甚至凝固,主要是润滑油中含蜡造成的。当降低润滑油的温度时,润滑油中的蜡分就结晶析出,进而形成网状结构,使润滑油失去流动性;影响润滑油低温流动性的还有低温黏度,因为润滑油的黏度增大到一定值时,润滑油也会失去流动性。选择低温下使用的润滑油时,除考虑润滑油的倾点或凝点之外,还应考虑润滑油的低温黏度。

油液倾点按 GB/T 3535—2006 标准方法进行测定,油液凝点的测定按 GB/T 510—2018 标准方法进行。

4. 酸值(总酸值、中和值)

润滑油的酸值是表征润滑油中有机酸总含量(在大多数情况下油品不含无机酸)的质量指标。中和 1g 石油产品所需的氢氧化钾毫克数称为酸值(mgKOH/g)。

润滑油酸值大小对润滑油的使用有很大的影响。润滑油酸值大,表示润滑油中的有机酸含量高,有可能对机械零件造成腐蚀,尤其是有水存在时,这种腐蚀作用可能更明显。另外润滑油在储存和使用过程中被氧化变质,酸值也逐渐增大,常用酸值变化的大小来衡量润滑油的氧化安定性,或作为换油指标。

目前,使用的许多润滑油都加入了各种类型的酸性添加剂,其酸值较大,属于正常现象,这与润滑油由于长期使用和存储过程中被氧化而变质所造成的酸性增大是不同的。因此,润滑油的酸性并不是越小越好,而是达到所规定的使用范围才好。

油液酸值按 GB/T 4945—2002、SH/T 0163—1992 和 GB/T 7304—2014 等标准方法进行测定。

5. 总碱值

在规定的条件下滴定时,中和 1g 试样中全部碱性组分所需高氯酸的量,以相同物质的量的氢氧化钾毫克数表示,称为润滑油或添加剂的总碱值。总碱值表示试样中含有有机碱和无机碱、氨基化合物、弱酸盐(如皂类)、多元酸的碱性盐和重金属的盐类。内燃机油的总碱值可间接表示所含清净分散添加剂的多少,一般以总碱值作为内燃机油的重要质量指标。在内燃机油的使用过程中,经常取样分析其总碱值的变化,可以反映出润滑油中添加剂的消耗情况。

油液总碱值可按 GB/T 4945—2002、SH/T 0688—2000 标准方法进行测定。

6. 水分

水分表示油品中含水量的多少,用质量百分数表示。

润滑油中的水分通常呈三种状态存在,即游离水、乳化水和溶解水。

正常的油品中应不含水分。润滑油中有水分存在,将破坏润滑油膜,使润滑效果变差,加速油中有机酸对金属的腐蚀作用。水分还造成对机械设备的锈蚀,并导致润滑油的添加剂失效,使润滑油的低温流动性变差,甚至结冰,堵塞油路,妨碍润滑油的循环及供油。水分存在时,润滑油乳化的可能性加大。当温度高到一定程度时,水分将汽化形成气泡,不但破坏油膜,危及润滑,而且气阻影响润滑油的循环和供油。对于变压器油,水分存在,使变压器油的耐电压急剧下降,危害更大。

水分按 GB/T 260—2016 标准方法进行测定。润滑油的水分还可按 SH/T 0257—1992 标准方法进行测定。

7. 机械杂质

润滑油中不溶于汽油或苯的沉淀和悬浮物,经过滤而分出的杂质称为机械杂质。

润滑油的机械杂质主要是润滑油在使用、储存和运输中混入的外来物,如灰尘、泥沙、金属碎屑、金属氧化物和锈末等。润滑油中机械杂质的存在,将加速机械零件的研磨、拉伤和划痕等磨损,而且堵塞油路油嘴和滤油器,造成润滑失效。因此,润滑油在使用前应经过严格的过滤,最大限度地减少油品中机械杂质的含量。

润滑油及添加剂中机械杂质按 GB/T 511—2010 标准方法进行测定。

8. 灰分

润滑油的灰分是润滑油在规定的条件下完全燃烧后剩下的残留物(不燃物),以质量百分数表示。

润滑油的灰分主要是由润滑油完全燃烧后生成的金属盐类和金属氧化物所组成。含有添加剂的润滑油的灰分较高。润滑油中灰分的存在,使润滑油在使用中积炭增加,润滑油的灰分过高时,将造成机械零件的磨损。

润滑油灰分按 GB/T 508—1985 标准方法进行测定。

9. 残炭

在不通入空气的情况下,把试油加热,经蒸发分解生成焦炭状的残余物,称为残炭,用质量百分数表示。

残炭是表明润滑油中胶状物质和不稳定化合物含量的间接指标,也是矿物润滑油基础油的精制深浅程度的标志。当润滑油中含硫、氧和氮化合物较多时,残炭就高。残炭高,结焦的倾向就大,增加机械设备的摩擦、磨损。压缩机油残炭高时,在压缩机汽缸、胀圈和排气阀座上的积炭就多,除造成磨损外,在高温下还容易发生爆炸。

油液残炭按 GB/T 208—2014 标准方法(康氏法)或 SH/T 0160—1992 标准方法(兰氏法)或 SH/T 0170—1992(电炉法)进行测定。

10. 蒸发度(蒸发损失)

液体在受热时会蒸发,液体的蒸发度是表示在给定的压力和温度条件下的蒸发程度和速度。

润滑油在使用过程中蒸发,造成润滑系统中润滑油量逐渐减少,乳度增大,影响供油。液压油在使用中蒸发,还会产生气穴现象和效率下降,给液压泵造成损害。因此,必须对润滑油和液压油的蒸发度进行控制。为了控制润滑油的蒸发度,必须提高基础油蒸馏设备的分馏效率,保证轻馏分不混入润滑油基础油中。

润滑脂和润滑油蒸发度按 GB/T 7325—1987 标准方法进行测定。

11. 抗氧化安定性

润滑油使用过程中,在温度升高,氧气、金属等环境因素影响下,会逐渐氧化变质。润滑油在加热和金属催化作用下抵抗氧化变质的能力称为润滑油的抗氧化安定性。润滑油的抗氧化安定性是反映润滑油在实际使用、储存和运输中氧化变质或老化倾向的重要特性。

润滑油的抗氧化安定性主要取决于它的化学组成,并与使用条件(如温度、氧压、接触金属、接触面积、氧化时间)有关。抗氧化安定性差的润滑油,在使用时容易变质,生成的酸性物质增多,加速机械零件的腐蚀。

除了上述评价润滑油质量的指标外,还有其他一些指标,如润滑油的油性、腐蚀试验、抗泡性、抗乳化性等。

3.7.4　常用方法对比

表 3-6 列出了油液分析方法的原理和内容比较,表 3-7 列出了油液分析方法的特点比较。

表 3-6　油液分析方法的原理和内容比较

分析方法	简要原理和分析内容	分析目的
理化分析	分析油品的常规理化指标,主要有黏度、黏度指数、酸值、闪点、水分、腐蚀性、抗泡性、抗乳化性和不溶物等	新油品质,油品变质,油品误用,油品污染等
光谱分析	主要用于分析油中磨损金属、污染元素和添加剂元素的浓度,能在 1min 内分析出 24 种元素的含量	磨损故障,污染来源,油品变质等
铁谱分析	用物理方法(磁性法)将油中磨损金属颗粒、污染杂质颗粒分离出来,用显微镜检测其形貌、尺寸和数量	磨损故障的部位,原因和程度,污染来源
磁塞分析油滤分析	主要用于定性分析和定量分析油中固体污染颗粒,磁塞分析磁性颗粒	油品劣化程度,设备磨损程度

表 3-7　油液分析方法的特点比较

方法名称	光 谱 分 析	铁 谱 分 析	磁 塞 分 析	理 化 分 析
主要内容	测量颗粒元素成分、含量	分析微粒大小、成分、形貌、分布	分析铁磁性颗粒大小、形貌	测量黏度、酸碱度、氧化等

方法名称	光谱分析	铁谱分析	磁塞分析	理化分析
检测范围 /μm	<10	1~250	10~100	
分析速度	快	中	慢	中
人员要求	高	高	中	中
分析精度	好	较好	较差	较好
分析成本	高	中	低	中

第4章 状态信号处理与特征提取

传感器采集到的状态信号一般不能直接用于状态评估与维修决策,因为采集到的信号中除有需要的信息外,还有许多干扰信息,必须对信号进行处理和转换,才能获得需要的特征参数。

4.1 信号分类及表征

测试信号及其处理是状态维修的前提和基础。"测试信号"是指对系统的某物理量,如温度、加速度、电流、电压、频率等进行观测获得的数据。它通常是随着时间而变化的,代表了系统的状态和特征。

4.1.1 信号分类

信号大多为动态信号,可以按信号的特征进行分类,如图4-1所示。

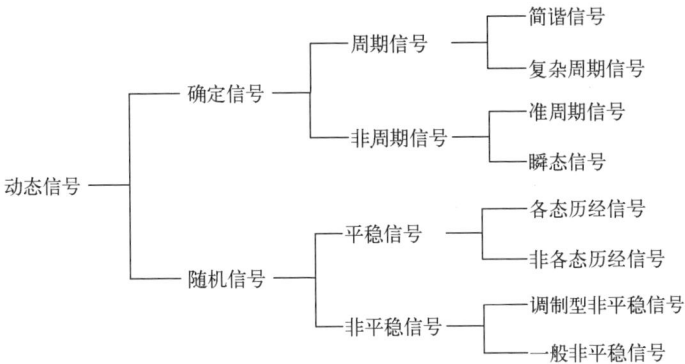

图4-1 动态信号分类

如果描述系统状态的状态变量可以用确定的时间函数表述,则称这样的物理过程是确定的,而描述它们的测量数据就是确定性信号,如图4-2所示。

周期信号包括简谐信号和复杂周期信号。表述简谐信号的基本物理量是频率、振幅和初相位;复杂周期信号可借助傅里叶级数变换成一系列离散的简谐分

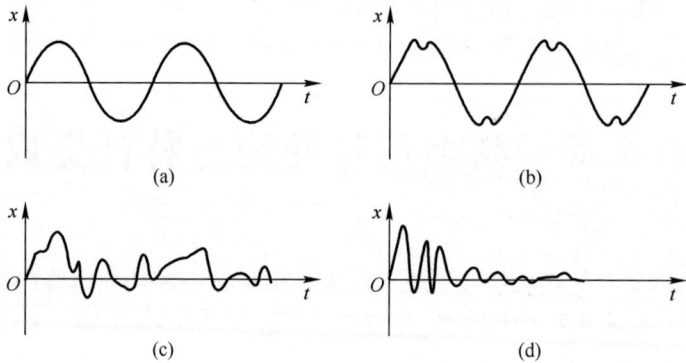

图 4-2　确定性信号

（a）简单周期信号；（b）复杂周期信号；（c）准周期信号；（d）瞬态信号。

量之和,其中任两个分量的频率比都是有理数。

非周期信号包括准周期信号和瞬态信号。准周期信号也是由一些不同离散频率的简谐信号合成的信号,但它不具有周期性,组成它的简谐分量中总有一个分量与另一个分量的频率比为无理数。瞬态信号的时间函数为各种脉冲函数或衰减函数,如有阻尼自由振动的时间历程就是瞬态信号。瞬态信号可借助傅里叶变换得到确定的连续频谱函数。

如果描述系统状态的状态变量不能用确切的时间函数来表达,无法确定状态变量在某瞬间的确切数值,其物理过程具有不可重复性和不可预知性,则称这样的物理过程是随机的,而描述它们的随机信号虽然具有不确定性,但具有一定的统计规律性,可借助概率论和随机过程理论来描述。

在工程实践中,通常是在相同条件下,对某台设备(或同一型号的设备)进行大量的重复试验所得到的试验数据进行统计分析,来研究其规律性。图 4-3 为随机试验各次观测所得到的时间历程函数,这些函数的集合总体就表达了该随机过程,并记为 $X(t) = \{x_1(t), x_2(t), \cdots, x_i(t), \cdots, x_N(t)\}$。其中的时间函数称为样本函数。随机过程的随机性是通过各个样本函数之间的区别以及这种区别的不可预测性体现出来的。因此,从理论上讲,要由许多乃至无穷的且时间区间应为无限长的样本函数组成的总体才能完整地表述随机过程。但在信号检测、处理和分析时,只获得有限数目的(N 个)、有限长度的样本记录。

若随机信号 $X(t)$ 的统计特征参数不随时间变化,则称为平稳随机信号;反之,则称为非平稳随机信号。如果平稳随机信号的任何一个样本函数的时间平均统计特征均相同,且等于总体统计特征,则该信号称为各态历经信号。

在工程中所遇到的多数随机信号具有各态历经性,有的虽不是严格的各态

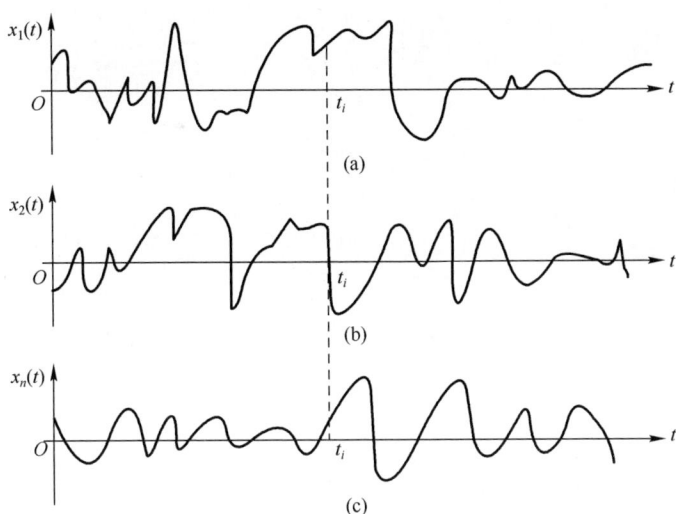

图 4-3　随机过程的样本函数

历经过程,但也可当作各态历经随机过程来处理。从理论上说,求随机过程的统计参量需要无限多个样本,这是难以办到的。在实际测试工作中,常把随机信号按各态历经过程来处理,以测得的有限个函数的时间平均值来估计整个随机过程的集合平均值。严格地说,只有平稳随机过程才能是各态历经的,只有证明随机过程是各态历经的,才能用样本函数统计量代替随机过程总体统计量。

4.1.2　信号表征

测得的信号可以从幅值域、时域、频域等角度进行观察和分析,以便地获得与装备状态有较强的依赖关系某些信号特征。

1. 幅值域

信号的幅值域参数一般用来计算信号幅值的变化、波动的大小和能量的分布规律。常用的幅值域参数有均值、均方值、最大值、最小值、有效值、方差、标准差、峰值、峰-峰值等。

设信号 $x(t)$ 经采样后所得的一组离散数据为 $X = \{x_i\}$, $i = 1, 2, \cdots, n$,则各幅值域的参数表示如下:

均值:

$$\hat{\mu}_x = \frac{1}{n} \sum_{1}^{n} x_i \tag{4-1}$$

平均幅值:

$$| \hat{X} | = \frac{1}{n} \sum_{1}^{n} | x_i | \tag{4-2}$$

最大值：

$$x_{max} = \max(x_i) \tag{4-3}$$

最小值：

$$x_{min} = \min(x_i) \tag{4-4}$$

均方值：

$$\Psi_x^2 = \frac{1}{n} \sum_{i=1}^{n} (x_i)^2 \tag{4-5}$$

有效值：

$$\hat{X}_{rmx} = \sqrt{\frac{1}{n} \sum_{i=1}^{n} x_i^2} \tag{4-6}$$

方差：

$$\hat{\sigma}_x^2 = \frac{1}{n} \sum_{i=1}^{n} (x_i - \hat{\mu}_x)^2 \tag{4-7}$$

标准差：

$$S = \sqrt{\frac{1}{n} \sum_{i=1}^{n} (x_i - \hat{\mu}_x)^2} \tag{4-8}$$

峰值：

$$x_P = \max(| x_{max} |, | x_{min} |) \tag{4-9}$$

峰-峰值：

$$x_{PP} = x_{max} - x_{min} \tag{4-10}$$

除了以上各统计量外，为了监测装备的运行状态，还广泛应用了各种无量纲指标，对这些无量纲指标的基本要求是：对装备运行状态足够敏感，当状态变化引起所测参数发生变化时，这些无量纲指标应有明显的变化；与运行状态之间有稳定的对应关系，只有当装备运行状态发生变化引起所测参数发生变化时，这些指标才有明显的变化，或者说，这些指标应对装备运行状态之外的其他因素，如信号的峰值、频率的变化、载荷大小等不敏感。目前，常用无量纲指标有波形指标、峰值指标、脉冲指标、裕度指标和峭度指标等，它们都是由信号的幅值参数演化而来。

波形指标：

$$S_f = \frac{\hat{X}_{rms}}{| \hat{X} |} \tag{4-11}$$

峰值指标：

$$C_f = \frac{x_p}{|\hat{X}_{rms}|} \tag{4-12}$$

脉冲指标：

$$I_f = \frac{x_p}{|\hat{X}|} \tag{4-13}$$

裕度指标：

$$CL_f = \frac{x_p}{\left[\dfrac{1}{n}\displaystyle\sum_{i=1}^{n}\sqrt{|x_i|}\right]^2} \tag{4-14}$$

峭度指标：

$$K_v = \frac{\dfrac{1}{n}\displaystyle\sum_{i=1}^{n}x_i^4}{\hat{X}_{rms}} \tag{4-15}$$

峭度指标、裕度指标和脉冲指标对于冲击脉冲类故障比较敏感，特别是当故障早期发生时，它们有明显增加；但上升到一定程度后，随故障的逐渐发展，反而会下降。这表明，它们对早期故障有较高的敏感性。为了取得较好的效果，常将它们同时应用，以兼顾敏感性和稳定性。表 4-1 给出了幅值域参数对故障的敏感性和稳定性比较。

表 4-1　幅值域参数对故障的敏感性和稳定性比较

幅 域 参 数	敏感性	稳定性	幅 域 参 数	敏感性	稳定性
波形指标 S_f	差	好	裕度指标 CL_f	好	一般
峰值指标 C_f	一般	一般	峭度指标 K_v	好	差
脉冲指标 I_f	较好	一般	有效值 $\hat{X}_{max}$	较差	较好

2. 时域

虽然幅值域参数可用样本的时间波形来计算，但数据的任意排列，所计算的结果是一样的，因此幅值域参数不能完全刻画波形的特征。时域中最重要的特点是考虑信号的时间顺序，即数据产生的先后顺序。

1）自相关函数

设 $x(t)$ 是信号的一个样本函数，$x(t+\tau)$ 是 $x(t)$ 前移 τ 后的样本（图 4-4），自相关函数为

$$R_x(\tau) = E[x(t)x(t+\tau)] = \lim_{n \to \infty} \frac{1}{T} \int_0^T x(t)(x+\tau)\mathrm{d}t \qquad (4\text{-}16)$$

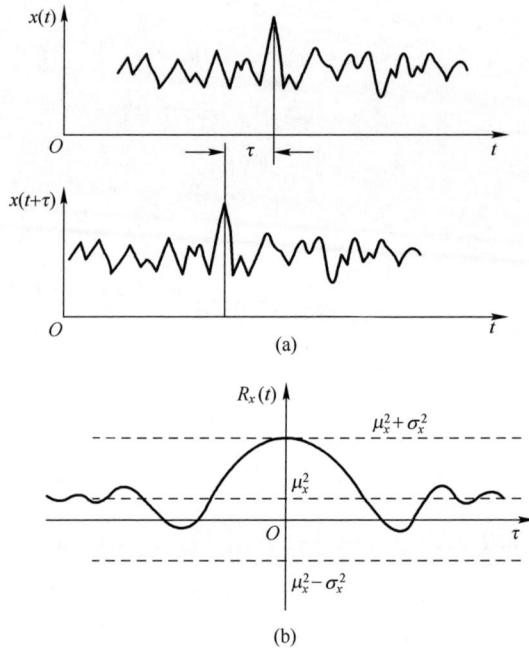

图 4-4　自相关函数

离散化数据的计算公式为

$$R_x(n\Delta t) = \frac{1}{N-n} \sum_{r=1}^{N-n} x(r)x(r+n), \quad n = 0,1,2,\cdots,M \ (M \leqslant N) \qquad (4\text{-}17)$$

式中:N 为采样点数;r 为时间序列;n 为时延序列。为了保证测量精度,应使最大计算时延长量 M 远小于数据点数。

相关函数表示信号幅值变化的剧烈程度。如果时间间隔 τ 很小时幅值之间的差异就很大,这一信号的变化就很剧烈,自相关函数 $R_x(\tau)$ 值就小;反之,即使时间间隔 τ 很大时幅值一般仍很接近,信号的变化就很缓慢,$R_x(\tau)$ 值就比较大。

自相关函数 $R_x(\tau)$ 有以下性质:

(1) $R_x(\tau)$ 是偶函数,即 $R_x(\tau) = R_x(-\tau)$。

(2) $R_x(0)$ 为最大值,即 $R_x(\tau) \leqslant R_x(0) = E[x^2(t)]$。

(3) 自相关系数 $\rho_x(\tau) = R_x(\tau)/R_x(0)$,则 $|\rho_x(\tau)| \leqslant 1$。

$R_x(\tau)$ 是有量纲的,不同波形的自相关程度很难相互比较;$\rho_x(\tau)$ 是量纲为一的参数,作为相关性的度量更直观。

若$\lim\limits_{n\to\infty}R_x(\tau)$存在,有$R_x(\infty)=\hat{\mu}_x^2$,式中,$\hat{\mu}_x^2$为信号$x(t)$的均值。

2）互相关函数

互相关函数是表示两组数据之间依赖关系的相关统计量,互相关函数表示为

$$R_{xy}(\tau)=E\left[x(t)y(t+\tau)\right]=\lim_{n\to\infty}\frac{1}{T}\int_0^T x(t)(y+\tau)\mathrm{d}t \tag{4-18}$$

离散化数据的计算公式为

$$R_{xy}(n\Delta t)=\frac{1}{N-n}\sum_{r=1}^{N-n}x(r)y(r+n)\quad(n=0,1,2,\cdots,M;M\leqslant N)\tag{4-19}$$

式中:N为采样点数;r为时间序列;n为时延序列。为了保证测量精度,应使最大计算时延长量M远小于数据点数。

互相关函数$R_{xy}(\tau)$有以下性质:

（1）$R_{xy}(\tau)$为非奇非偶函数,即$R_{xy}(\tau)=R_{yx}(-\tau)$。

（2）$R_{xy}(\tau)\leqslant\sqrt{R_x(0)R_y(0)}$,即$R_{xy}(\tau)$一般不为最大值,且无特定的物理意义,它并不表示均方值。

（3）若两个具有零均值的平衡随机过程$|x(t)|$和$|y(t)|$是相互独立的,则有$R_{xy}(\tau)=0$。这个性质可检测隐藏在噪声中的规则信号。

（4）互相关系数$\rho_{xy}(\tau)=\dfrac{R_{xy}(\tau)}{\sqrt{R_x(0)R_y(0)}}$,则$|\rho_{xy}(\tau)|\leqslant1$。

3. 频域

工程上所测得的信号一般为时域信号,由于装备状态的发展变化往往引起信号频率结构的变化,为了更好地观测研究对象的动态行为,往往需要频域信息。即通过将时间历程的波形经傅里叶变换为频域表征,以获得信号的频率结构以及各谐波幅值和相位信息。

1）幅值谱和相位谱

任何复杂的周期信号都可按傅里叶级数展开成各次谐波分量之和,即

$$x(t)=x(t+nT)=\frac{a_0}{2}+\sum_{n=1}^{\infty}(a_n\cos n\omega t+b_n\sin n\omega t)$$

$$=\frac{a_0}{2}+\sum_{n=1}^{\infty}A_n\cos(n\omega t+\varphi_n)\tag{4-20}$$

式中:T为周期;a_0为静态分量(直流部分);a_n为余弦项振幅($n=1,2,\cdots$);b_n为正弦项振幅;A_n为幅值;φ_n为相位。

若以 ω 或 f 为横坐标,分别以 A_n 和 φ_n 为纵坐标作图,可得到如图 4-5 所示的离散幅值谱和离散相位谱。

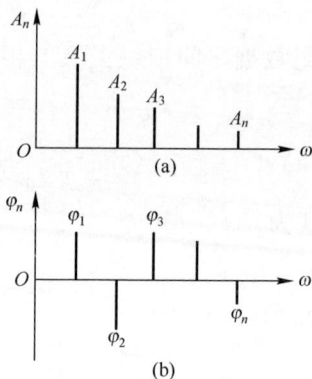

图 4-5　离散幅值频和相位谱

非周期信号不能按上述傅里叶级数展开,但是可以在频域上用功率谱密度函数加以描述。

在傅里叶级数中,若周期 $T \to \infty$ 时,则

$$x(t) = \sum_{n=-\infty}^{\infty} C_n e^{jn\omega t} d\omega \Rightarrow \int_{-\infty}^{\infty} x(\omega) e^{j\omega t} d\omega$$

引入积分形式:

$$x(t) = \int_{-\infty}^{\infty} X(f) e^{j2\pi ft} df$$

$$X(f) = \int_{-\infty}^{\infty} x(t) e^{-j2\pi ft} dx$$

上式为傅里叶积分,两者称为傅里叶变换结,其中 $X(f)$ 是实变量的复频域函数,用复数形式表示为

$$X(f) = |X(f)| e^{-j\varphi f} \tag{4-21}$$

式中: $|X(f)| = \sqrt{\text{Re}^2[X(f)] + \text{Im}^2[X(f)]}$ 为幅值函数; $\varphi(f) = \arctan \text{Im}[X(f)] / \text{Re}[X(f)]$ 为相位函数。

按上述两式制成的频谱图为幅值频,$X(f)$ 也称为频谱密度函数。

2) 自功率谱密度函数

自功率谱密度函数可由自相关函数的傅里叶变换求得,即

$$S_x(f) = \int_{-\infty}^{\infty} R_x(\tau) e^{-j2\pi f\tau} d\tau \tag{4-22}$$

自功率谱密度函数简称自功率谱或自谱,表示信号的功率密度沿频率轴的分布,也是实偶函数,其物理意义可理解为曲线下和频率轴所包围的面积是信号的平均功率。$S_x(f)$ 是双边谱,在工程上负频率并无实际物理意义,所以定义了单边谱 $G_x(f)$:

$$G_x(f) = 2 S_x(f) = 2 \int_{-\infty}^{\infty} R_x(\tau) e^{-j2\pi f\tau} d\tau \qquad (4-23)$$

单边谱 $G_x(f)$ 的定义范围是 $f>0$。

$$G_x(f) = 4 \int_0^{\infty} R_x(\tau) e^{-j2\pi f\tau} d\tau = 4 \int_0^{\infty} R_x(\tau) \cos 2\pi f\tau d\tau \qquad (4-24)$$

对应地,自相关函数为

$$R_x(\tau) = \int_{-\infty}^{\infty} S_x(f) e^{j2\pi f\tau} df = \int_0^{\infty} G_x(f) \cos 2\pi f\tau df \qquad (4-25)$$

当 $\tau = 0$ 时,有

$$R_x(0) = \hat{\Psi}_x^2 = \int_{-\infty}^{\infty} G_x(f) df = \hat{\sigma}_x^2 + \hat{\mu}_x^2$$

式中:$\hat{\Psi}_x^2$ 为信号的均方值;$\hat{\sigma}_x^2$ 为信号的方差;$\hat{\mu}_x^2$ 为信号均值的平方。即信号 $x(t)$ 的自功率谱密度函数曲线下的面积等于信号的方差加上信号均值的平方和。

3) 互功率谱密度函数

互功率谱密度函数可以由互相关函数的傅里叶变换来定义,即两个随机过程互相关函数的傅里叶变换。双边功率谱密度函数为

$$S_{xy}(f) = \int_{-\infty}^{\infty} R_{xy}(\tau) e^{-j2\pi f\tau} d\tau \qquad (4-26)$$

单边功率谱密度函数为

$$G_{xy}(f) = 2 \int_{-\infty}^{\infty} R_{xy}(\tau) e^{-j2\pi f\tau} d\tau = C_{xy}(f) - jQ_{xy}(f) \qquad (4-27)$$

式中:实部 $C_{xy}(f) = 2 \int_{-\infty}^{\infty} R_{xy}(\tau) \cos 2\pi f\tau d\tau$ 称为共谱密度函数;虚部 $Q_{xy}(f) = 2 \int_{-\infty}^{\infty} R_{xy}(\tau) \sin 2\pi f\tau d\tau$ 称为重谱密度函数。

在实际应用中,由振幅和相角来表示互功率谱密度函数是最常用方法,即

$$G_{xy}(f) = | C_{xy}(f) | e^{-j\varphi_{xy}(f)} \qquad (4-28)$$

式中

$$| G_{xy}(f) | = \sqrt{C_{xy}^2(f) + Q_{xy}^2(f)}$$

$$\varphi_{xy}(f) = \arctan \frac{Q_{xy}(f)}{C_{xy}(f)}$$

互相关函数由双边功率谱密度函数的傅里叶逆变换确定,即

$$R_{xy}(\tau) = \int_{-\infty}^{\infty} S_{xy}(f) e^{j2\pi f\tau} df \qquad (4-29)$$

4. 时序模型

时间序列是按事件发生的先后排序所得的一系列数。设 $X_t(t=1,2,\cdots,N)$ 为一组来自平稳随机过程的样本数据,可以建立以下的随机差分方程:

$$x_t - \varphi_1 x_{t-1} - \varphi_2 x_{t-2} - \cdots - \varphi_n x_{t-n} = a_t - \theta_1 a_{t-1} - \cdots - \theta_m a_{t-m}$$

$$a_t \sim \text{NID}(0, \sigma_a^2)$$

即

$$x_t - \sum_{i=1}^{n} \varphi_i x_{t-i} = a_t - \sum_{j=1}^{m} \theta_j x_{t-j}$$

$$a_t \sim \text{NID}(0, \sigma_a^2)$$

式中:$\varphi_i(i=1,2,\cdots,n,n$ 为回归阶数$)$为自回归参数;$\theta_j(j=1,2,\cdots,m,m$ 为滑动平均阶数$)$为滑动平均参数;a_t 为模型的残差或随机干扰,它具有零均值正态独立分布的随机序列;$a_t \sim \text{NID}(0, \sigma_a^2)$ 为均值为零、方差为 σ_a^2 的正态独立分布。

它的自相关函数有以下特性:

$$R_a(k) = E(a_t, a_{t+k}) = \begin{cases} 0, & k \neq 0 \\ \sigma_a^2, & k = 0 \end{cases}$$

具有这种性质的序列也称为白噪声序列。

上述模型称为自回归滑动平均模型,简记为 $\text{ARMA}(n,m)$。它的意义是将观察值 x_t 表示为 t 时刻以前的 n 个观察值 $x_{t-1} \sim x_{t-n}$ 以及 m 个随机干扰 $a_{t-1} \sim a_{t-m}$ 的线性组合,其权因子即为自回归参数及滑动平均参数。这是一种参数模型,通过建模将数据中含的信息"凝聚"在有限个参数中。

在 $\text{ARMA}(n,m)$ 模型中,当 $\theta_j = 0(j=1,2,\cdots,m)$ 时,称为 n 阶自回归模型,用 $\text{AR}(n)$ 表示。此时

$$x_t = \sum_{i=1}^{n} \varphi_i x_{t-i} + a_t a_t \sim \text{NID}(0, \sigma_a^2) \qquad (4-30)$$

$\text{AR}(n)$ 模型建模快,在状态监测中应用较多。

当 $\text{ARMA}(n,m)$ 中的 $\varphi_i = 0(j=1,2,\cdots,n)$ 时,称为 m 阶滑动平均模型,用 $\text{MA}(m)$ 表示。此时

$$x_t = a_t - \sum_{j=1}^{m} \theta_j x_{t-j} a_t \sim \text{NID}(0, \sigma_a^2) \qquad (4-31)$$

信号可以用幅值域、时间域、频率域、时间序列模型表示,它们是从不同角度对信号进行观察和分析,以便更好地体现被研究对象的状态特征。信号的幅值域参数一般用来计算信号幅值的变化、波动的大小以及能量分布规律;时域参数

是研究两个信号的相似性,最重要的特点是考虑信号的时间顺序,即数据产生的先后顺序;在频域内,是把复杂的时间历程波形,经傅里叶变换分解为若干单一的谐波分量,获得信号的频率结构以及各谐波幅值和相位信息;时序模型一旦确定后,就会获得一组对应的模型参数,以模型参数为基础,可以进行参数识别、谱估计、预报等。

4.2 数据处理

传感器采集到的信号中除需要的信息外,还有许多干扰信息,必须对信号进行各种处理和转换才能取得所需的特征参数。

4.2.1 预处理

1. 信号采集环节的预处理

预处理的目的是对测试系统获得的信号"去伪存真、去粗取精"。采集环节的预处理应剔除信号中的噪声和干扰,实现信噪分离,最大程度地消除测试过程中信号所受到的污染;同时,强化有用的信号,削弱附加的、多余的信号,以利于从信号中提取有用的特征信息。

由于传感器特性和环境条件等因素,在测试装备状态参数过程中往往得不到真实的波形,因此直接用未经处理和修正的波形去求解计算结果,往往会产生很大的误差,甚至出现错误的结论。数字滤波通过一定的运算对采样信号进行平滑加工,强化其有用信号,消除和抑制干扰和噪声。常用的数字滤波算法如下:

(1)限幅滤波法:用于抑制变化信号中的异常尖峰脉冲干扰,即

$$|y_n - \bar{y}_{n-1}| \leqslant a, \bar{y}_n = y_n \tag{4-32}$$

$$|y_n - \bar{y}_{n-1}| > a, \bar{y}_n = \bar{y}_{n-1} \tag{4-33}$$

式中:n 为采样次数;y_n 为第 n 次采样值;$\bar{y}_n$ 为第 n 次滤波值;a 为两次相邻采样值之差最大的可能变动范围,通常取决于采样周期及采样值的动态变化范围。

(2)算术平均滤波法:对采样信号进行平滑加工,要求采样速率远高于信号变化速率,即

$$\bar{y} = \frac{1}{n} \sum_{i=1}^{n} y_i \tag{4-34}$$

式中:n 为采样次数,常取 4~12;y_i 为第 i 次采样值;$\bar{y}$ 为滤波平均值。

(3)中位值滤波法:用于抑制缓慢变化的信号中由于干扰等引起的信号脉动,即

$$\bar{y}_n = \frac{1}{2k+1} \sum_{i=n-k/2}^{n+k/2} y_i \tag{4-35}$$

式中:n 为采样次数;y_i 为第 i 次采样值;$\bar{y}_n$ 为第 n 次采样。

（4）递推平均滤波法:用于抑制周期性干扰,即

$$\bar{y}_n = \frac{1}{n} \sum_{i=0}^{n-1} y_{n-i} \tag{4-36}$$

式中:n 为递推平均项数;y_{i-1} 为递推 i 次采样值;$\bar{y}_n$ 为递推平均值。

（5）加权递推平均滤波法:用于有较大纯滞后时间常数的对象和采样周期较短的系统,增加新采样值在递推平均中的比例,即

$$\bar{y}_n = \frac{1}{n} \sum_{i=0}^{n-1} c_i y_{n-i} \tag{4-37}$$

$$\sum_{i=0}^{n-1} c_i = 1$$

式中:n 为递推平均项数;y_{i-1} 为递推 i 次采样值;$\bar{y}_n$ 为递推平均值,c_i 为递推项加权系数。

（6）一阶滞后滤波法:适用于波动频繁的参数滤波,即

$$\bar{y}_n = (1-a)y_n + a\bar{y}_{n-1} \tag{4-38}$$

式中:a 为滤波平滑系数;y_n 预采样值;$\bar{y}_n$ 为滤波值。

（7）五点三次平滑滤波法:滤波后的数据以方差最小逼近原始参数,即

$$\bar{y}_n = -\frac{3}{35}y_{n-2} + \frac{12}{35}y_{n-1} + \frac{17}{35}y_n + \frac{12}{35}y_{n+1} - \frac{3}{35}y_{n+2} \tag{4-39}$$

2. 传输环节的预处理

传输环节是指从信息源采集到信息至接收对象的环节,特别是在长距离传输情况下容易受到各种干扰的影响,不可避免地造成信号的衰减,从而降低信噪比,应根据信号传输的具体情况采取针对性的措施。这里简单介绍调制与解调。

信号调制是用一个信号（调制信号）去控制另一个作为载体的信号（载波信号）,让后者的某一参数（幅值、频率、相位脉冲宽度等）按前者的值变化。信号调制中通常以一个高频信号作为载波信号,调制出来的信号称为已调制波,调制过程在时域上就是使载波的某一特征随调制信号的变化而变化的过程,在频域上是一个频移的过程。解调是从已调制波中不失真地恢复原有的低频调制信号的过程,是调制的逆过程。连续信号的调制方法主要有幅值调制、频率调制和相位调制。

1） 幅值调制与解调

在幅值调制中,设载波为

$$c(t) = A_c \cos[\omega_c(t)]$$

式中: A_c 为载波幅度; ω_c 为载波角频率。

为方便起见,假定载波的初始相角为零。令 $m(t)$ 为调制信号,可得调整幅波为

$$s(t) = A_c[1 + K_a m(t)] \cos[\omega_c(t)]$$

式中: K_a 为常数。

幅值调制的解调过程是将已调制波恢复为原低频信号的过程。恢复原信号包括幅值和正、负符号两个方面内容。将调幅波再次与原载波信号相乘,并滤去高频部分就可恢复原信号,此为同步解调。常用的方法还有整流检波解调、相敏解调等。

2） 频率调制与解调

频率调制定义为具有恒定振幅 A,瞬时相角 $\theta(t)$ 受信号调制为正弦波,即

$$s(t) = A_c \sin[\theta(t)]$$

式中: $\theta(t)$ 为时间函数。

$\theta(t)$ 对时间的求导可定义为 $s(t)$ 瞬时频率,即

$$\omega_i(t) = \frac{d\theta(t)}{dt}$$

如果瞬时角频率 $\omega_i(t)$ 随着信号 $m(t)$ 呈线性变化,那么这种角度调制称为调频(FM)。

频率解调通常由鉴频器完成,当输入信号的瞬时频率 ω_i 正好为 ω_0(载波频率),当 $\omega_i = \omega_0$ 时,鉴频器输出为零;当 $\omega_i > \omega_0$ 时,鉴频器输出为正;当 $\omega_i < \omega_0$ 时,鉴频器输出为负。传统的方法是把调频波变为调幅–调频波,然后用检波器来解调,为了防止调频信号的寄生调幅在解调过程中产生干扰,可在鉴频之前对信号进行限幅,使其幅度保持恒定。

3） 相位调制与解调

在相位调制中,对于未调制波

$$s_c(t) = A_c \cos[\omega_c(t) + \theta]$$

若式中相角 θ 随着调制信号 $M(f)$ 的规律而变化,则称这个波为调相波。

相位解调电路通常称为鉴相器,用一个振荡器(如同步振荡器、锁相环)产生一个与接收到的调频信号的中心频率相同的本地振荡频率,以此频率作为基准,检查接收到的信号的相位与此本地相位之差,将这个相位差变成电信号,于是就解调出来了。

4.2.2　缺失数据清理

装备状态监测数据是一个平稳的时间序列,由于受到电磁干扰和传输通道噪声的影响,往往会产生数据缺失,此时需要对数据进行插补。缺失数据的插补是选择合理的数据代替缺失数据,插补到原数据缺失的位置。常用的数据插补方法有均值插补、近邻插补、随机插补和灰色插补。

1. 均值插补

均值插补是指用时间序列数据的均值作为缺失数据的替代值。典型的均值插补法有总均值插补法和组均值插补法。

总均值插补法是指用总体数据的均值来填补缺失值。假设状态监测传感器在时间 T 内按等间隔采样得到 N 个数据,记为 $X = \{x(1), x(2), \cdots, x(N)\}$,其中第 r 个数据 $x(r)$ 缺失,则缺失数据用取得的数据序列的均值来填补,即

$$\hat{x}(r) = \frac{1}{N-1}\left(\sum_{i=1}^{r-1} x(i) + \sum_{i=i+1}^{N} x(i)\right) \tag{4-40}$$

组均值插补法是指用部分数据的均值来填补缺失值。假设状态监测传感器在时间 T 内按等间隔采样得到 N 个数据,记为 $X = \{x(1), x(2), \cdots, x(N)\}$,其中第 r 个数据 $x(r)$ 缺失,此时从 $n-1$ 个数据中按简单随机抽样的方法,抽取大小为 M 个连续样本,构成新的数据序列,记为 $Y = \{y(1), y(2), \cdots, y(M)\}$,缺失数据用新数据序列的均值来填补,即

$$\hat{x}(r) = \bar{y} = \frac{1}{M}\sum_{j=1}^{M} y_j \tag{4-41}$$

2. 近邻插补法

近邻插补法是指用缺失数据的近邻数据序列的均值来填补缺失值。常用的有 1 近邻插补法、2 近邻插补法和 k 邻插补法等。

1 近邻插补法是指用缺失数据的第 1 近邻数据的均值来填补缺失值。若近邻监测传感器在时间 T 内按等间隔采样得到 N 个数据,记为 $X = \{x(1), x(2), \cdots, x(N)\}$,其中,第 r 个数据 $x(r)$ 缺失,则缺失数用其第 1 近邻数据的均值来填补,即

$$\hat{x}_r = \frac{1}{2}[x(r-1) + x(r+1)] \tag{4-42}$$

2 近邻插补法是指用缺失数据的第 1、第 2 近邻数据的均值来填补缺失值。若状态监测传感器在时间 T 内按等间隔采样得到 N 个数据,记为 $X = \{x(1), x(2), \cdots, x(N)\}$,其中,第 r 个数据 $x(r)$ 缺失,则缺失数用其第 1、第 2 近邻数据的均值来填补,即

$$\hat{x}_r = \frac{1}{4}(x(r-2)+x(r-1)+x(r+1)+x(r+2)) \tag{4-43}$$

K 近邻插补法是指用缺失数据的第 1 到第 K 近邻数据的均值来填补缺失值。若状态监测传感器在时间 T 内按等间隔采样得到 N 个数据,记为 $X = \{x(1),x(2),\cdots,x(N)\}$,其中,第 r 个数据 $x(r)$ 缺失,则缺失数用其第 1 到第 K 近邻数据的均值来填补,即

$$\hat{x}_r = \frac{1}{2k}(x(r-k)+\cdots+x(r-1)+x(r+1)+\cdots+x(r+k)) \tag{4-44}$$

3. 随机插补法

随机插补法是采用某种概率抽样的办法,从取得的监测数据中抽取某一数据作为缺失数据的替补值。随机插补法主要有单次抽样法和多次抽样法。

单次抽样法是指用某种概率对采集到的时间序列数据进行抽样,用抽取的数据单元值作为缺失数据的替补值。若状态监测传感器在时间 T 内按等间隔采样得到 N 个数据,记为 $X = \{x(1),x(2),\cdots,x(N)\}$,其中,第 r 个数据 $x(r)$ 缺失,若抽取的数据单元为 $x(k)$,则用 $x(k)$ 作为则缺失数据的替补值,即

$$\hat{x}_r = x(k) \tag{4-45}$$

多次抽样法是指用某种概率对采集到的时间序列数据进行多次抽样,用抽取的数据单元值的均值作为缺失数据的替补值。若状态监测传感器在时间 T 内按等间隔采样得到 N 个数据,记为 $X = \{x(1),x(2),\cdots,x(N)\}$,其中,第 r 个数据 $x(r)$ 缺失,若经 M 次抽取得到新的数据序列为 $Y = \{y(1),y(2),\cdots,y(M)\}$,则缺失数据用新数据序列的均值来填补,即

$$\hat{x}(r) = \bar{y} = \frac{1}{M}\sum_{j=1}^{M} y_j \tag{4-46}$$

4. 灰色插补法

灰色插补法是依据灰色理论和序列数据的特性,通过建立前向和后向灰预测模型,并利用缺失值时区窗口内的全部信息对其进行推理。

1) GM(1,1) 模型

设原始序列为

$$x^{(0)} = (x^{(0)}(1),x^{(0)}(2),\cdots,x^{(0)}(n))$$

其一次累加生成序列为

$$x^{(1)} = (x^{(1)}(1),x^{(1)}(2),\cdots,x^{(1)}(n))$$

式中

$$x^{(1)}(k) = \sum_{i=1}^{k} x^{(0)}(i)$$

则 GM(1,1) 的灰微分方程模型为

$$x^{(0)}(k)+az^{(1)}(k)=b$$

式中

$$z^{(1)}(k)=(x^{(1)}(k),x^{(1)}(k-1))/2,k\geqslant 2$$

设

$$\boldsymbol{B}=\begin{bmatrix} -z^{(1)}(2) & 1 \\ -z^{(1)}(3) & 1 \\ \vdots & \vdots \\ -z^{(1)}(n) & 1 \end{bmatrix},\boldsymbol{Y}=\begin{bmatrix} x^{(0)}(2) \\ z^{(0)}(3) \\ \vdots \\ x^{(0)}(n) \end{bmatrix}$$

通过最小二乘法准则可得参数 a 和 b 的辨识算式为

$$[a,b]^{\mathrm{T}}=(\boldsymbol{B}^{\mathrm{T}}\boldsymbol{B})^{-1}\boldsymbol{Y}$$

可得白化响应的预测值为

$$\begin{cases} \hat{x}^{(1)}(k+1)=\left(x^{(0)}(1)-\dfrac{a}{b}\right)\mathrm{e}^{-ak}+\dfrac{b}{a} \\ \hat{x}^{(0)}(k+1)=\hat{x}^{(1)}(k+1)-\hat{x}^{(1)}(k) \end{cases} \tag{4-47}$$

2) 灰插值模型

设状态监测传感器在 T 时间内按等间隔采样,获得的原始数据序列为

$$S=\{s(1),s(2),\cdots,s(k),\cdots,s(N)\}$$

式中:$s(k)$ 数据缺失,根据数据序列的特性,在 N 较大时抽取 $s(k)$ 附近的数据点建模。设建模子序列 $S^{*}=\{s(p),\cdots,s(k),\cdots,s(q)\}$,其中,$1\leqslant p<k<q\leqslant N$。

定义 4-1　若 $n_1=k-p\geqslant 4,n_2=q-k\geqslant 4$,且 $\forall i\neq k,p\leqslant i\leqslant q,s(i)$ 均为有效值,则称 $\tau_{pq}=p-q+1$ 为 $s(k)$ 的有效建模时区窗口,简称 τ_{pq} 时区窗口。

若 X^{*} 满足 τ_{pq} 时区窗口,则可确保缺失值 $s(k)$ 前后均有不少于 4 个有效元素,从而满足建立 GM(1,1) 模型的条件。在 τ_{pq} 时区窗口内,令

$$\begin{cases} u(i)=s(p+i-1),1\leqslant i\leqslant n_1 \\ v(j)=s(q+i-j),1\leqslant j\leqslant n_2 \end{cases}$$

记 $U=\{u(1),u(2),\cdots,u(n_1)\}$,$V=\{v(1),v(2),\cdots,v(n_2)\}$,其时间轴分布如图 4-6 所示。

定义 4-2　在子序列 U 上建立 GM(1,1) 预测 $s(k)$ 的值,称为后向灰预测描述(BGM);在子序列 V 上建立 GM(1,1) 预测 $s(k)$ 的值,称为前向灰预测描述(FGM)。

设 $x^{(0)}=U$,即 $x^{(0)}(i)=u(i),1\leqslant i\leqslant n_1$,建立 BGM,利用式(4-47)计算 $s(k)$ 的后向白化预测值 sw_B,设残差序列为

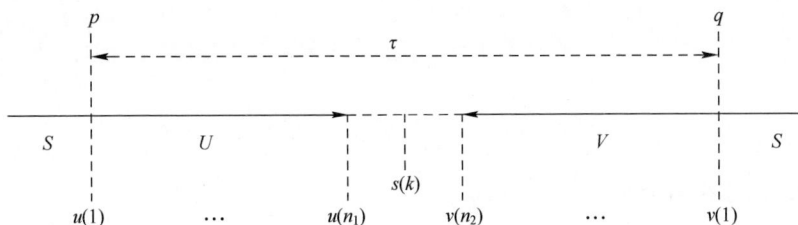

图 4-6 时间轴分布图

$$\Delta_i^B = x^{(0)}(i) - \hat{x}^{(0)}(i), i = 1, 2, \cdots, n_1$$

$$\Delta_{min}^B = \overset{min}{\underset{i}{}}(\Delta_i^B), \Delta_{max}^B = \overset{max}{\underset{i}{}}(\Delta_i^B)$$

则其白化覆盖为

$$\{sw_B + \Delta_{min}^B, sw_B + \Delta_{max}^B\} \tag{4-48}$$

同理,设 $x^{(0)} = V$,即 $x^{(0)}(j) = v(j), 1 \leqslant j \leqslant n_2$,通过 FGM 得到 $s(k)$ 的前向预测值 sw_F,其白化覆盖为

$$\{sw_F + \Delta_{min}^F, sw_F + \Delta_{max}^F\}$$

定义 4-3 称区间 $[S_B, S_F]$ 为灰插值信息覆盖,其中

$$\begin{cases} S_B = \min(sw_B + \Delta_{min}^B, \quad sw_F + \Delta_{min}^F) \\ S_F = \max(sw_B + \Delta_{max}^B, \quad sw_F + \Delta_{max}^F) \end{cases}$$

$s_\lambda(k)$ 为缺失值 $s(k)$ 的灰插值估计,若

$$s_\lambda(k) = \lambda s_B + (1-\lambda)s_F, 0 \leqslant \lambda \leqslant 1 \tag{4-49}$$

式中:λ 为插值组合系数。

4.2.3 异常数据剔除

装备状态监测数据通常可看作一个时间上连续的离散数据序列,但强噪声干扰等会引起数据失真,使得观测数据序列中产生异常数据,在进行状态评估和预测前必须进行处理,以削弱环境等干扰因素的影响,既要剔除"虚假点",又要保证数据的真实性。常用的异常数据剔除方法有拉依达准则法、格拉布斯准则法、斯米尔诺夫准则法、狄克逊准则法、53H 算法等。

1. 拉依达准则法

有在线监测数据序列记为 $X = \{x(1), x(2), \cdots, x(n)\}$,若某采样点 $x(i)$ 满足下式,则认为 $x(i)$ 为异常值应剔除:

$$|x(i) - \bar{x}| > 3\sigma$$

其中:$\bar{x}$ 为算术平均值;σ 为序列的标准差。它们可表示为

$$\bar{x} = \frac{1}{n} \sum_{j=1}^{n} x(j)$$

$$\sigma = \sqrt{\frac{1}{n} \sum_{j=1}^{n} (x(j) - \bar{x})^2}$$

2. 格拉布斯准则法

有在线监测数据序列记为 $X = \{x(1), x(2), \cdots, x(n)\}$，若某采样点 $x(i)$ 满足下式，则认为 $x(i)$ 为异常值应剔除：

$$|x(i) - \bar{x}| > G(a, n)s$$

式中：$G(a, n)$ 为格拉布斯准则数（表4-2）a 为危险系数；$\bar{x}$ 和 σ 分别为

$$\bar{x} = \frac{1}{n} \sum_{j=1}^{n} x(j)$$

$$\sigma = \sqrt{\frac{1}{n} \sum_{j=1}^{n} (x(j) - \bar{x})^2}$$

表4-2　格拉布斯准则数

$\dfrac{n}{a}$	3	4	5	6	7	8	9	10	11	12
0.05	1.15	1.46	1.67	1.82	1.94	2.03	2.11	2.18	2.23	2.29
0.025	1.15	1.48	1.71	1.89	2.02	2.13	2.21	2.29	2.36	2.41
0.01	1.15	1.49	1.75	1.94	2.10	2.22	2.32	2.41	2.48	2.55
$\dfrac{n}{a}$	13	14	15	16	17	18	19	20	21	22
0.05	2.33	2.37	2.41	2.44	2.47	2.50	2.53	2.56	2.58	2.60
0.025	2.46	2.51	2.55	2.59	2.62	2.65	2.68	2.71	2.73	2.76
0.01	2.61	2.66	2.71	2.75	2.79	2.82	2.85	2.88	2.91	2.94
$\dfrac{n}{a}$	23	24	25	30	35	40	45	50	60	70
0.05	2.62	2.64	2.66	2.75	2.81	2.87	2.92	2.96	3.03	3.09
0.025	2.78	2.80	2.82	2.91	2.98	3.04	3.09	3.13	3.20	3.26
0.01	2.96	2.99	3.01	3.10	3.18	3.24	3.29	3.34	—	—

3. 斯米尔诺夫准则法

斯米尔诺夫准则法又称为极值偏差法，设有 n 个在线监测数据样本值，将其从小到大的顺序排列得到数据序列 $X = \{x(1), x(2), \cdots, x(n)\}, x(1) \leqslant x(2) \leqslant \cdots \leqslant x(n)$，则可视 $x(n)$ 或 $x(1)$ 为可疑数据。若 $x(n)$ 或 $x(1)$ 满足

$$x(n) - \bar{x} > q_a s \text{ 或 } \bar{x} - x(1) > q_a s$$

则认为 $x(n)$ 或 $x(1)$ 为异常值应剔除。其中

$$\bar{x} = \frac{1}{n} \sum_{j=1}^{n} x(j)$$

为均值

$$\sigma = \sqrt{\frac{1}{n} \sum_{j=1}^{n} (x(j) - \bar{x})^2}$$

为标准差;q_a 为斯米尔诺夫准则数(表4-3),a 为危险系数。

表4-3　斯米尔诺夫准则数

a \ n	3	4	5	6	7	8	9	10	11	12
0.10	1.148	1.425	1.602	1.729	1.828	1.890	1.977	2.036	2.088	2.134
0.05	1.153	1.463	1.672	1.822	1.938	2.011	2.109	2.176	2.234	2.285
0.025	1.155	1.481	1.715	1.887	2.020	2.104	2.215	2.290	2.355	2.412
0.01	1.155	1.492	1.749	1.994	2.097	2.198	2.323	2.410	2.485	2.550
a \ n	13	14	15	16	17	18	19	20	21	22
0.10	2.175	2.213	2.247	2.279	2.309	2.336	2.358	2.385	2.408	2.429
0.05	2.371	2.371	2.408	2.443	2.475	2.504	2.527	2.557	2.580	2.603
0.025	2.461	2.507	2.549	2.585	2.620	2.651	2.676	2.708	2.733	2.758
0.01	2.608	2.659	2.705	2.747	2.785	2.821	2.849	2.884	2.912	2.939

4. 狄克逊准则法

狄克逊准则法又称为极差比法,设有 n 个在线监测数据样本值,将其从小到大的顺序排列得到数据序列 $X = \{x(1), x(2), \cdots, x(n)\}$,$x(1) \leqslant x(2) \leqslant \cdots \leqslant x(n)$,则可视 $x(n)$ 或 $x(1)$ 为可疑数据,计算狄克逊统计量 r_{ij} 的值,主要包括以下四个统计量:

$$
\begin{cases}
r_{10} = \dfrac{x(n) - x(n-1)}{x(n) - x(1)}, & r_{11} = \dfrac{x(n) - x(n-1)}{x(n) - x(2)} \\
r_{21} = \dfrac{x(n) - x(n-2)}{x(n) - x(2)}, & r_{22} = \dfrac{x(n) - x(n-1)}{x(n) - x(3)}
\end{cases}
$$

$$
\begin{cases}
r_{10} = \dfrac{x(2) - x(1)}{x(n) - x(1)}, & r_{11} = \dfrac{x(2) - x(1)}{x(n) - x(2)} \\
r_{21} = \dfrac{x(3) - x(1)}{x(n-1) - x(1)}, & r_{22} = \dfrac{x(n) - x(n-1)}{x(n-2) - x(1)}
\end{cases}
$$

对不同的 n,统计量 r_{ij} 是不同的。一般认为:当 $3 \leqslant n \leqslant 7$ 时,以使用 r_{10} 为佳;

当 $8 \leqslant n \leqslant 10$ 时,以使用 r_{11} 为佳;当 $11 \leqslant n \leqslant 13$ 时,以使用 r_{21} 为佳;当 $14 \leqslant n \leqslant 30$ 时,以使用 r_{22} 为佳。若满足 $r_{ij} > r_a$(其中,r_α 为狄克逊准则数(表 4-4),α 为给出显著性水平。)则认为 $x(n)$ 或 $x(1)$ 为异常值应剔除。

表 4-4　狄克逊准则数

α \ n	3	4	5	6	7	8	9	10	11	12	13
0.01	0.988	0.889	0.780	0.698	0.637	0.638	0.635	0.597	0.679	0.642	0.615
0.02	0.976	0.846	0.729	0.644	0.586	0.631	0.587	0.551	0.638	0.605	0.578
0.05	0.941	0.765	0.642	0.560	0.507	0.554	0.512	0.477	0.576	0.546	0.521
0.10	0.886	0.679	0.557	0.482	0.434	0.479	0.441	0.409	0.517	0.490	0.460

α \ n	14	15	16	17	18	19	20	21	22	23	24
0.01	0.641	0.616	0.595	0.577	0.561	0.547	0.535	0.524	0.514	0.505	0.497
0.02	0.602	0.579	0.559	0.542	0.527	0.514	0.502	0.491	0.481	0.472	0.464
0.05	0.546	0.525	0.507	0.490	0.475	0.462	0.450	0.440	0.430	0.421	0.413
0.10	0.492	0.472	0.454	0.438	0.424	0.412	0.401	0.391	0.382	0.374	0.367

5. 53H 算法

53H 算法的基本思想是通过产生一个曲线的平滑估计,将测量值与这一估计值进行比较来识别异常值。具体步骤如下:

(1) 设 $X = \{x(1), x(2), \cdots, x(n)\}$ 为在线监测数据序列,取 $x(1), \cdots, x(5)$ 的中间值作为新序 x_1 的 $x_1(3)$,然后舍去 X 的 $x(1)$ 并加入 $x(6)$,取其中间值得到 X_1 的 $x_1(4)$,依此类推,直到加入最后一个数据 $x(n)$。显然,X_1 比 X 少 4 项。

(2) 用类似的办法在 X_1 的相邻 3 个数中选取中间值来构成新序列 X_2。

(3) 由新序列 X_2 按如下方式构成新序列 X_3,即

$$x_3(i) = 0.25x_2(i-1) + 0.5x_2(i) + 0.25x_2(i+1)$$

这是一个汉宁(Hanning)平滑滤波器,因此此方法称为 53H 法。

(4) 如果上式成立,则用 $x_3(i)$ 代替 $x(i)$

$$|x(i) - x_3(i)| > k$$

4.2.4　数据无量纲处理

利用状态监测数据进行状态评估时,由于影响装备状态的因素多种多样,状态监测参数的量纲也不相同,因此,在建立模型和进行综合评估时,需要进行数据无量纲化处理。数据无量纲化处理是指在参数中选取一个特征值,经过恰当

的数学处理,将量纲不同的参数的量纲消除,也称数据归一化处理或数据标准化处理。常用的无量纲化处理方法有直线型无量纲化方法、折线型无量纲化方法和曲线型无量纲化方法。

1. 直线型无量纲化方法

直线型无量纲化方法是常用的参数无量纲化方法,它假设经由变换后的指标计算得到的最终结果与原来的未经变换的指标值之间是线性关系。直线型无量纲化方法有特征值法、标准化法、比重法和功效系数法。

1) 特征值法

特征值也称为阈值或临界值,是衡量数据发展的一些特征指标值,如极大值、极小值、平均值等。特征值法无量化的公式为

$$y(i) = \begin{cases} \dfrac{x(i)}{\bar{x}}, y(i) \in \left[\dfrac{\min\limits_{i}\{x(i)\}}{\bar{x}}, \dfrac{\max\limits_{i}\{x(i)\}}{\bar{x}} \right] \\[2em] \dfrac{x(i)}{\max\limits_{i}\{x(i)\}}, y(i) \in \left[\dfrac{\min\limits_{i}\{x(i)\}}{\max\limits_{i}\{x(i)\}}, 1 \right] \\[2em] \dfrac{\max\limits_{i}\{x(i)\} + \min\limits_{i}\{x(i)\} - x(i)}{\max\limits_{i}\{x(i)\}}, y(i) \in \left[\dfrac{\min\limits_{i}\{x(i)\}}{\max\limits_{i}\{x(i)\}}, 1 \right] \\[2em] \dfrac{\max\limits_{i}\{x(i)\} - x(i)}{\max\limits_{i}\{x(i)\} - \min\limits_{i}\{x(i)\}}, y(i) \in [0,1] \\[2em] \dfrac{x(i) - \min\limits_{i}\{x(i)\}}{\max\limits_{i}\{x(i)\} - \min\limits_{i}\{x(i)\}}, y(i) \in [0,1] \\[2em] \dfrac{x(i) - \min\limits_{i}\{x(i)\}}{\max\limits_{i}\{x(i)\} - \min\limits_{i}\{x(i)\}} \cdot P + q, y(i) \in [q, k+p] \end{cases}$$

式中:$x(i)$ 为有量纲参数的第 i 个样本值;$\bar{x} = \dfrac{1}{n}\sum\limits_{i=1}^{n} x(i)$ 为参数的均值;$y(i)$ 为无量纲化处理后的参数;k, q 为根据需要选取的参数。

2) 标准化法

对多组不同量纲的数据进行比较时,可以将它们分别标准化,转化成无量纲的标准化数据。标准化方法的公式为

$$y(i) = \frac{x(i) - \bar{x}}{s} \tag{4-50}$$

式中：$\bar{x} = \dfrac{1}{n}\sum\limits_{i=1}^{n}$ ；$x(i)$ 为参数的均值；$s = \sqrt{\dfrac{1}{n}\sum\limits_{i=1}^{n}(x(i)-\bar{x})^2}$ 为参数的标准差。

3）比重法

比重法是将参数的实际值转化为它在总和中所占比重，转化成公式为

$$y(i) = \frac{x(i)}{\sum\limits_{i=1}^{n}x(i)} \text{ 或 } y(i) = \frac{x(i)}{\sqrt{\sum\limits_{i=1}^{n}x(i)^2}} \tag{4-51}$$

2. 折线型无量纲化方法

折线型无量纲化方法适合于数据发展呈现阶段性的情况，其关键是找出数据发展的转折点并确定转折点的无量纲参数。将采样特征值构造成如下折线型转化公式：

$$y(i) = \begin{cases} \dfrac{x(i)}{x(m)} \cdot y(m) & ,0 \leqslant x(i) \leqslant x(m) \\[3mm] y(m) + \dfrac{x(i)-x(m)}{\max\limits_{i}\{x(i)\}-x(m)} & ,x(i) > x(m) \end{cases} \tag{4-52}$$

式中：$x(m)$ 为转折点的参数；$y(m)$ 为 $x(m)$ 的无量纲参数。

3. 曲线型无量纲化方法

曲线型无量纲化方法主要用于指标实际值与无量纲值之间不是等比例变动，而是非线性关系。曲线型转化公式很多，常见的有以下两种：

（1）升半 Γ 型分布

$$y(i) = \begin{cases} 0 & ,0 \leqslant x(i) \leqslant x(m) \\ 1-e^{k(x(i)-a)} & ,x(i) > x(m) \end{cases} \tag{4-53}$$

（2）半正态型分布

$$y(i) = \begin{cases} 0 & ,0 \leqslant x(i) \leqslant x(m) \\ 1-e^{k(x(i)-a)^2} & ,x(i) > x(m) \end{cases} \tag{4-54}$$

4.2.5 数据融合

1. 多空间状态数据

根据数据的性质、处理方法以及作用，装备技术状态数据可以划分为不同的层次和种类，形成多空间"技术状态"。"技术状态"是有三个层次的多层空间概念，分别为测量空间、特征空间、分类空间，它们构成了多空间状态数据体系。

1）测量空间

测量空间主要包括可从装备系统直接测得的技术状态数据，这些数据均来

自相应的传感器或者监测系统,每一个技术状态数据构成测量空间的一维向量,测量空间的 n 维向量可表示为 $\{P_1, P_2, P_3, \cdots, P_n\}$,每一维向量代表一个传感器所监测到的技术状态数据,如发动机的机油温度、振动加速度等。通常情况下,均可获得该空间内任意历史时刻 t 每一维的状态数据值,形成该维向量的时序离散值 $\{p_1(t_0), p_1(t_1), p_1(t_2), \cdots\}$。整个测量空间的数据表示为

$$T:\begin{cases} P_1:p_1(t_0), p_1(t_1), p_1(t_2), \cdots \\ P_2:p_2(t_0), p_2(t_1), p_2(t_2), \cdots \\ P_3:p_3(t_0), p_3(t_1), p_3(t_2), \cdots \\ \vdots \\ P_n:p_n(t_0), p_n(t_1), p_n(t_2), \cdots \end{cases} \quad (4\text{-}55)$$

按照"技术状态"的定义,测量空间的技术状态参数共分为功能参数、实体参数和伴随参数三类,这些参数均可以按照装备工作时间进行排序。

2) 特征空间

特征空间定义为测量空间数据经过转换计算所表现出的装备系统或者部件的数据特征组合。针对测量空间获取的某一维向量 P_i,所对应的特征空间可表示为 $\{f_{i1}(P_i), f_{i2}(P_i), f_{i3}(P_i), \cdots\}$,与 n 维测量空间所对应的特征空间表示为

$$F:\begin{cases} f_{11}(P_1), f_{12}(P_1), f_{13}(P_1), \cdots \\ f_{21}(P_2), f_{22}(P_2), f_{23}(P_2), \cdots \\ f_{31}(P_3), f_{32}(P_3), f_{33}(P_3), \cdots \\ \vdots \\ f_{n1}(P_n), f_{n2}(P_{n1}), f_{n3}(P_n), \cdots \end{cases} \quad (4\text{-}56)$$

对于测量空间内任意一维向量,都对应着至少一个特征空间内一维特征向量。例如:对于测量空间中的振动加速度数据,特征空间对应着所提取出的各种频率、幅值等统计值;对于直接测得的功能参数或者实体参数,特征空间中则对应这些参数的变化速率等。

特征空间中,针对每一维特征向量,都有一个或者多个事先设定的特征阈值作为判定监测对象技术状态的依据,很多技术规范中通常以表格的形式列出这些阈值。

3) 分类空间

分类空间表现为对装备系统技术状态分类或者分类的结果。显然分类空间只有 1 维向量,可表示为 $\{C:c_1, c_2, c_3 \cdots\}$,分类空间的类型可以采用是非制、等级制或者百分制。

2. 数据融合的定义

美国国防部数据融合联合指挥实验室（Joint Directions of Laboratories，JDL）联席会议从军事角度将数据融合定义为把来自许多传感器和信息源的数据和信息加以联合、相关和组合，获得精确的位置估计和身份估计，对战场情况和威胁以及其重要程度进行实时的完整评价。

Jones 在上述定义的基础上进行了补充和修改，给出了在目前国外军事教科书中常用的数据融合的定义：数据融合是一种处理探测、互联、相关、估计以及组合多源信息和数据的多层次、多方面的过程，目的是获得准确的状态和身份估计，以及完整、及时的战场态势评估和威胁评估。这一定义有三个要点：数据融合是多信源、多层次的处理的过程，每一个层次代表信息的不同抽象程度；数据融合的过程包括探测、互联、相关、估计以及信息组合；数据融合的输出包括较低层次上的状态估计和高层次上的整个战场态势估计。

上述两种定义都是从军事领域的需求与应用来考虑的，而更具有普遍意义的数据融合可以概括为充分利用不同时间和空间的多传感器信息资源，采用计算机技术对按时序获得的多传感器观测信息在一定准则下加以自动分析、综合、支配和使用，获得对被测对象的一致性解释和描述，以完成所需的决策和估计任务，使系统获得比它的各组成部分更优越的性能。

3. 数据融合模型

虽然公认的数据融合系统模型至今还没有建立起来，但已有不少学者从自己的研究角度出发提出了各种模型，试图从功能、结构和融合的信息层次上来刻画数据融合技术。

1）数据融合的功能模型

功能模型是将系统分为各个功能模块，通过它们之间的互联关系来表示整个系统的结构，它描述的是数据融合技术支持下的综合性信息处理过程。一个完整的数据融合系统应该具有以下的主要功能模块：

（1）坐标变换和检测。用于将多传感器信息统一在一个共同的时间空间坐标系内，把同一层次的各类信息转化同一种表达形式，即实现数据检测与校准。

（2）关联。将各传感器对相同目标或环境的观测信息进行关联，即数据相关。

（3）识别与估计。依据一定的优化准则，在各个不同的层次上合成多源信息，完成态势的综合判断。

根据数据融合完成后，是否对传感器进行管理，是否存在反馈环节，可以将多传感器系统的功能模型分为闭环模型和开环模型。图 4-7 为多传感器数据融合的功能模型，数据融合系统的功能主要有校准、相关、识别和估计。其中坐标变换、检测和关联是为识别和估计做准备的,融合在识别和估计中进行。该模型的融合功能分两步完成(对应于不同的信息抽象层次):第一步是低层处理,输出监测对象的状态、特征和属性等;第二步是高层处理(行为估计),对应的是决策层融合,输出的是语义形式的结果,如威胁、企图和目的等。

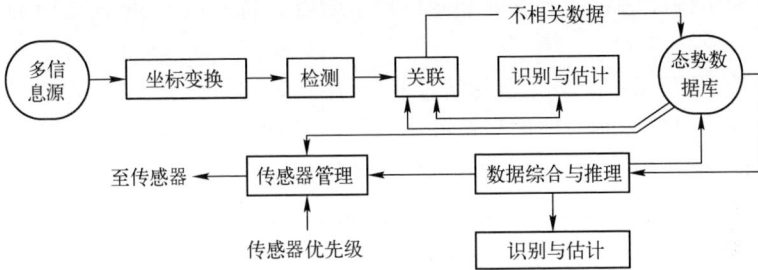

图 4-7　多传感器数据融合的功能模型

2) 数据融合的信息层次模型

对于一个实际的数据融合系统,它所接收到的多源信息往往是处于多个不同层次上的。数据融合的基本策略就是先对同一层次上的信息进行融合,从而得到更高层次的信息,再进入相应的高层次的融合。因此总的来说,数据融合本质上就是一个将多源信息从低层到高层进行整合,逐层抽象的信息处理过程。但在某些情况下,高层信息对低层信息的融合要起到反馈控制的作用,即高层信息有时也参与低层信息的融合。数据融合的信息层次模型如图 4-8 所示。

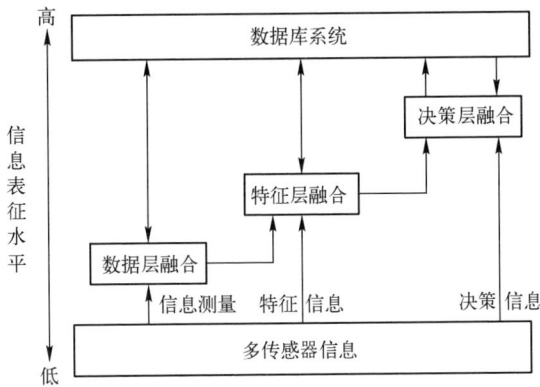

图 4-8　数据融合的信息层次模型

从上述模型中可以看出,数据融合根据融合时数据所表征的信息层次可以分为数据层融合、特征层融合、决策层融合。数据层融合是指首先将全部传感器的观测数据融合,然后从融合的数据中提取特征向量,并进行判断识别。特征层融合属于中间层次,它首先对来自传感器的原始信息进行特征提取,然后对特征信息进行综合分析和处理。决策层融合是一种高层次融合,即根据一定的准则以及每个决策的可信度做出最优决策。决策层融合从具体决策问题的需求出发,充分利用特征层融合所提取的测量对象的各类特征信息,采用适当的融合技术来实现。

数据层融合保留了最完整的信息,但所用的数据量过大,给融合带来的压力也最大;决策层融合所需的信息量最小,融合中处理的代价最低,容错性能最好,但要求每个信息源都具有独立决策能力,预处理的代价大;而特征层融合介于上述两种融合之间,适当的特征提取可以在保留关键信息的同时,过滤掉次要信息,降低了融合的复杂度,是三种融合中最灵活的,可供选择的融合算法也比较多,是目前应用最广泛的。

这三个层次的融合基本可以涵盖所有的融合类型,但并不是意味着在每个融合系统中都要包含这三类数据融合,数据融合的分级不仅关系方法本身,而且影响整个信息系统的体系结构,是数据融合研究的重要问题之一。

此外,还需要关注数据融合系统的结构模型,即在什么地方融合多传感器处理流程中的数据。结构的选择将直接影响融合产品的质量、所使用的算法或技术的种类、处理逻辑的复杂性以及传感器和融合系统之间所需通信的带宽。数据融合系统的结构选择往往取决于传感器的属性和推理搜索的特性等。

数据融合的方法很多,可分为随机和人工智能两大类。随机方法有加权平均法、卡尔曼滤波法、多贝叶斯估计法、D-S证据推理、产生式规则等;人工智能方法有模糊逻辑理论、神经网络、专家系统等。

4. 各空间的数据融合

针对多源数据的特点,数据融合适用于从测量空间到分类空间的各个层次。但是,不一定每一层次都需要进行融合,而只需在数据处理的某一阶段进行融合。状态维修决策过程中,不同阶段所进行的数据融合意味着数据处理的成本以及最终结果的可用性都会有一定的差别。

在测量空间,数据融合主要是指多传感器系统上反映的直接数据及其必要的预处理或分析过程,如对信号的滤波、各种谱分析、小波分析等。这一层的融合是为了提取各种与功能相关的特征量。测量空间的数据融合如图4-9所示。

在特征空间的融合需要考虑对各种特征的综合应用,一般方法是提出一个反映多种状态征兆的综合特征值,从而简化后续分类过程中的数据处理量。特征空间的数据融合过程对状态维修数据处理过程的影响如图4-10所示。由于监测过程中存在的各种不确定性,装备的技术状态与各种特征参数之间往往为

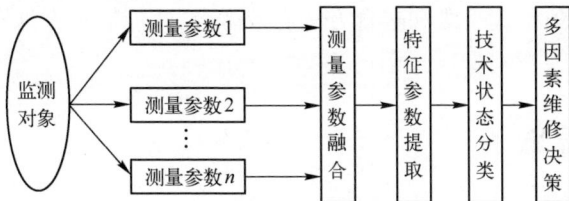

图 4-9　测量空间的数据融合

非线性映射关系,需要将各种特征参数融合,来判断装备的技术状态。

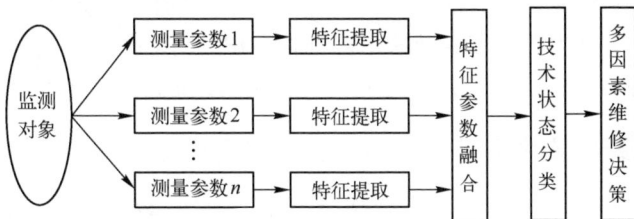

图 4-10　特征空间的数据融合

分类空间的数据融合主要考虑对各种特征分类的综合影响,该融合过程对状态维修数据处理过程的影响如图 4-11 所示。在决策空间中,其数据融合方法主要考虑经济性、维修资源、装备可用度等因素,这些数据将和前面的各种监测数据处理结果综合应用,决定后续的状态维修活动。

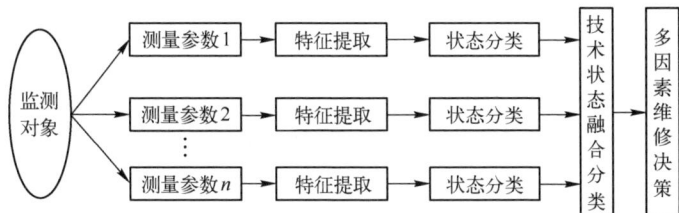

图 4-11　分类空间的数据融合

随着数学理论的发展,越来越多的数据融合方法被引入装备状态数据处理中,各层空间选用什么样的数据融合方法显得至关重要。数据融合的目标不同,所选用的融合方法都会有所差别,为了便于装备技术状态的判定与分类,在各层空间都增加了先验性原始数据或者构造数据,保证该融合方法对分类结果的敏感性。由于增加了先验性的原始数据和明确的数据融合目标,单一的数据融合方法往往难以满足各层次状态空间数据融合的需要,因此组合运用多种数据处理方法,将数据预处理手段和融合方法有效融合,才能够较好地实现各层空间的数据融合。

4.3　特征提取

直接从传感器得到的测量数据与装备状态特征相关性不强,需要将其从测量空间转换到特征空间,提取出与装备状态相关性强的特征向量,以作为装备状态评估与识别的输入。特征提取的实质是从已知的向量中挑选出具有代表性的、有效的成分构成新的特征向量,从而使评估与识别工作量大为减少。特征提取技术很多,这里主要介绍离散傅里叶变换(DFT)、离散小波变换(DWT)、卡洛南-洛伊(Karhunen-Loeve,K-L)变换、阿达玛(Hadamard)变换法等。

4.3.1　离散傅里叶变换

将时间序列从时域空间变换到频域空间,由于时域空间的能量函数与频域空间的能量函数相等,且频域空间的能量函数大部分集中在前几个系数上,因此,只要保留前 m 个傅里叶系数,就可得到 k 维时域空间的时间序列特征。

设 $x(n)$ 为一有限长的 N 点非周期序列,$X(k)$ 为 $x(n)$ 的离散傅里叶变换,则 $x(n)$ 的离散傅里叶变换公式为

$$X(k) = \mathrm{DFT}[x(n)] = \sum_{n=0}^{N-1} x(n) W_N^{kn}, \quad k = 0,1,\cdots,N-1 \qquad (4-57)$$

式中

$$W_n = \mathrm{e}^{-\mathrm{j}\frac{2\pi}{N}}$$

同理,如果给定一个频域离散序列 $X(k)$,$0 \leqslant k \leqslant N-1$,$x(n)$ 为 $X(k)$ 的离散傅里叶逆变换,则 $X(k)$ 的离散傅里叶逆变换公式为

$$x(n) = \mathrm{IDFT}[X(k)] = \frac{1}{n} \sum_{k=0}^{N-1} X(k) W_N^{-kn}, \quad n = 0,1,\cdots,N-1 \qquad (4-58)$$

4.3.2　离散小波变换

小波即小区域的波,是一种特殊的长度有限、平均值为零的波形,是一系列具有不同尺度与位移的紧支集。小波变换能有效地从信号中提取细化的特征信息,克服了傅里时变换不能表示瞬变特征的缺陷。将离散小波变换作为时间序列相似性降维的手段,可以更准确地刻画子序列的特征,以达到比 DFT 降维更好的效果。小波的定义为

$$\psi_{m,n}(t) = a_0^{-\frac{m}{2}} \psi(a_0^{-m} t - nb_0) \qquad (4-59)$$

式中:a_0 为尺度因子;b_0 为延迟因子。一般来讲,a_0 越小,小波 $\psi_{m,n}(t)$ 的有效宽带越窄,小波分析的时域分辨率就越高。

1. 快速小波变换

快速小波变换即 Mallat 算法,它的本质是不需要尺度函数 $\varphi(t)$ 和小波函数 $\psi(t)$ 的具体结构,由系数来实现 $f(t)$ 的分解与重构。变换系数定义如下:

$$\begin{cases} C_k^j = \sum C_k^{j-1} h_{n-2k} \\ D_k^j = \sum C_k^{j-1} g_{n-2k} \end{cases} \tag{4-60}$$

式中:h_k 为低通滤波器;g_k 为高通滤波器。

对于一个离散的时间序列信号 C_j,通过小波变换可递归地分解为逼近信号 C_{j+1} 和细节信号 D_{j+1} 两部分。

2. 时间序列降维原理

一个序列通常可用一个数据量较小的低频系数向量和几个高频系数向量来逼近,时间序列降维的原理就是迭代滤波算法,即用快速小波变换算法进行多尺度提取实际序列的低频逼近信号,用某尺度低频逼近信号来代替时间序列信号,从而达到对时间序列信号的降维。

在实际应用中,对于信号 $x(t)$ 可表示为离散信号序列 f_K^J,即

$$f_K^J = (f_0^j, f_1^j, \cdots, f_{N-1}^j) \quad (k=0,1,2,\cdots,N-1) \tag{4-61}$$

式中:j 为尺度;k 为离散点。

由于多分辨率变换系数 C_k^j 和 D_k^j 分别为第 j 个尺度上的第 k 个低频和高频分量,则通过一次低通滤波,可使序列的长度减小为 $N/2$,经过多次滤波后,直到维数满足阈值 D 为止。

4.3.3　卡洛南-洛伊变换

K-L 变换是一种基于目标统计特征最佳正交变换方法。其主要特点:使变换后产生新的分量正交或不相关;以部分新的分量表示原向量均方误差最小;使变换向量更趋确定、能量更趋集中等,这使它在特征提取、数据压缩等方面均有着极为重要的作用。

1. K-L 变换原理

通过 K-L 变换可以将 n 个特征压缩为 m 个,即

$$y = A^{\mathrm{T}} x$$

式中:x 为具有 n 个特征的向量;A 为 $n \times m$ 阶的变换矩阵;y 为 m 维向量($m < n$)

2. K-L 步骤

K-L 变换的类型:基于类内散布矩阵的 K-L 变换及类间散布矩阵的特征提

取;基于类内散布矩阵的 K-L 变换及熵函数的特征提取;基于白化变换及类间散布矩阵 K-L 变换的特征提取;基于总体散布矩阵的 K-L 变换特征等。类内散布矩阵的 K-L 变换步骤如下:

(1) 平移坐标系,以模式的总体均值向量 $\boldsymbol{\mu}_i$ 作为新坐标系的原点。

(2) 求随机向量 $\boldsymbol{X}$ 的自相关矩阵 $\boldsymbol{R}$,$\boldsymbol{R} = E(\boldsymbol{xx}^{\mathrm{T}})$。

(3) 求 $\boldsymbol{R}$ 的特征值 $\lambda_1, \lambda_3, \cdots, \lambda_n$ 及其对应的特征向量 $\boldsymbol{\varphi}_1, \boldsymbol{\varphi}_2, \cdots, \boldsymbol{\varphi}_n$。

(4) 将特征值按从大到小的顺序排列,如 $\lambda_1 \geqslant \lambda_2 \geqslant \cdots \geqslant \lambda_m \geqslant \cdots \geqslant \lambda_n$,取前 m 个特征值所对应的特征向量构成变换矩阵 $\boldsymbol{A}$。

3. 特征提取方法

对于两类问题,可采用类间散布矩阵特征值提取方法,其基本过程如下:

(1) 计算各类样本的均值向量和协方差矩阵:

$$\sum i = E[(x - \mu_i)(x - \mu_i)^{\mathrm{T}}] \tag{4-62}$$

(2) 求总类内离散度矩阵:

$$S_W = \sum_{i=1}^{c} \left(p_i \sum i \right) \tag{4-63}$$

式中:p_i 为各类问题的先验概率。

(3) 计算 S_W 的特征值 $\lambda_1, \lambda_2, \cdots, \lambda_j$ 和特征向量 $u_1, u_2, \cdots, u_j$。

(4) 计算准则函数:

$$J(x_j) = \frac{\boldsymbol{u}_j^{\mathrm{T}} \boldsymbol{S}_b \boldsymbol{u}_j}{\lambda_j} \tag{4-64}$$

式中:S_b 为类条件均值向量的离散度矩阵,具有

$$S_b = \sum_{i}^{c} P_i (u_i - \bar{u})(u_i - \bar{u})^{\mathrm{T}}$$

(5) 将 $J(x_j)$ 按从大到小的顺序排列,使得 $J(x_1) \geqslant J(x_2) \geqslant \cdots \geqslant J(x_d) \geqslant \cdots \geqslant J(x_D)$,取前 d 个 $J(x_j)$ 值相对应的特征向量 $u_j(j=1,2,\cdots,d)$ 作为空间的基向量,即达到了降维目的。

4.3.4　数据挖掘

数据挖掘是从大量的、不完全的、有噪声的、模糊的数据中提取隐含在其中的有价值的知识的过程。数据挖掘的核心是进行数据挖掘时所采用的算法,下面主要介绍粗糙集算法和遗传算法。

4.3.4.1　粗糙集算法

粗糙集理论是由波兰学者 Z. Pawlak 于 1982 年提出来的,它是一个刻画不完整性和不确定性的数学工具,能有效地分析不精确、不完整等各种不完备的信

息,还可以对数据进行分析和推理,从中发现隐含的知识,揭示潜在的规律。粗糙集理论的出发点:根据目前已有的、对给定问题的知识,将问题的论域进行划分,然后对划分后的每一组成确定其对某一概念的支持程度,即肯定支持此概念、肯定不支持此概念和可能支持此概念,并分别用正上限定域、下限定域和边界三个近似集合来表示。它具有的特点:能够处理各种数据,包括不完整的数据以及拥有众多变量的数据;能够处理数据的不精确性和模棱两可,包括确定和非确定性的情况;能求知识的最小表达和知识的各种不同颗粒层次;能从数据中揭示出概念简单、易于操作的模式;能产生精确而又易于检查和证实的规则。目前,粗糙集已经成为数据挖掘的一种主流方式,能够有效解决数据挖掘中的数据预处理、数据约简和规则生成等问题。

　　基于粗糙集的数据挖掘过程见图 4-12:首先将数据集中的初始数据信息转换为粗糙集形式,明确条件属性和决策属性;然后生成不可分辨矩阵,并在分辨矩阵的基础上生成约简属性集;之后在约简的信息表中,根据可信度阈值发现规则。

图 4-12　基于粗糙集的数据挖掘过程

数据挖掘算法主要有属性约简法、发现规则法和规则提取法。

1. 属性约简算法

输入:条件属性集合 C,决策属性集合 D,不可分辨关系 $\mathrm{Ind}(C,D)$。

输出:生成分辨矩阵 $M(\Omega)$,属性集合 Ω 的 $\mathrm{Red}\eta(\Omega)$。

第一步:置 $\mathrm{Red}\eta(\Omega)=\Phi$,$\mathrm{Core}\eta(\Omega)=\Phi$,$n=|\mathrm{Ind}(C,D)|$,生成一个 $n\times m$ 空属性集矩阵。

第二步:生成分辨矩阵,$\mathrm{for}(i=0;i<n;i++)$;$\mathrm{for}(j=j+1;j<n;j++)$;根据分辨矩阵的定义生成 $m_{i,j}$。

第三步:求核。$\mathrm{for}(i=0;i<n;i++)$;$\mathrm{for}(j=i+1;j<n;j++)$;若 $m_{i,i}=1$,将 $m_{i,i}$ 加入 $\mathrm{core}\eta(\Omega)$。

第四步:将含有 $\mathrm{core}\eta(\Omega)$ 中元素的矩阵元素置空。

第五步:求矩阵中出现频率最高的属性 q,将 q 加入 $\mathrm{Red}\eta(\Omega)$,且将含 q 属性的矩阵元素置空。

第六步:若 $M(\Omega)\neq\Phi$,则转至第五步;否则结束。

2. 发现规则法

输入:条件属性,可信度阈值μ_0。

输出:规则集。

第一步:输入条件属性C_1。

第二步:对于不可分辨关系$\text{Ind}(C,D)$,找出与条件属性C_1属性相同的元素个数N,并自动找出与属性C_1、D都相同的元素个数M。

第三步:若μ=该划分大小$/N \geqslant \mu_0$,且该规则不存在于规则表中,则输出该规则。

3. 规则提取法

(1)观察决策表中条件属性,选择其中的一列,如果除去该列,产生冲突记录,则保持属性值不变;若含有重复记录,则将重复记录的该属性值标为"#",对该记录属性标为"*"。

(2)删除重复记录,并考察每条含有标记"*"的记录。若某条记录未被"*"标记的属性值即可判断出决策,则将"*"标记为"#";若某条记录的所有条件属性均被标记,则将标有"*"的属性项修改为原来的属性值。

(3)删除所有条件属性均被标为"#"的记录以及由此产生的重复的记录。

(4)若两条记录仅有一个条件属性值不同且其中一条记录该属性被标为"#",如果可由未被标记的属性值判断出决策,则删除另外一条记录;否则,删除本记录。

4.3.4.2 遗传算法

遗传算法是由美国密歇根大学的 J. H. Holland 教授提出的,是对生物界自然选择和自然遗传机制进化过程的模拟,通过自然选择、遗传、变异等作用机制,实现个体适应性的提高。遗传算法在解决大空间、多峰值、非线性和全局优化等高复杂度问题时具有独特的优势,已经成为数据挖掘的一种重要算法。

遗传算法用于数据挖掘主要有两种思路:一是直接用遗传算法的全局搜索能力进行挖掘,如用规则可信度和支持度构造目标函数进行规则提取。另一种是用遗传算法的全局搜索能力来优化一些容易陷入局部最优的数据挖掘模型,如用决策树方法进行分类时,可以用遗传算法来构造最优决策树来提高分类效果;用回归模型进行预测分析时,可以用遗传算法来搜索模型的最优参数以改进预测模型的精度,还可以用遗传算法对其他模型的挖掘结果进行优化等。

基于遗传算法的关联规则挖掘是运用遗传算法的自适应寻优及智能搜索技术获取与客观事实最相容的问题解。其基本思想:随机产生一组规则,对每一个规则应用数据库中给定的例子进行判断,根据适应度函数计算其适应度;应用交叉、变异运算对该组规则进行优化;再利用选择运算产生下一代规则,这样经过若干次迭代后,当遗传算法满足终止条件时,可得到一组理想规则。接下来,利用这些规则对数据库中的数据进行加工,删除规则覆盖的例子,对剩余的数据继续采用以上的遗传算法挖掘第二组规则。重复以上步骤,直到数据库中的所有例子都被覆盖或满足事先约定的终止条件。最后应用规则优化算法对所得规则进行优化,得到最简规则。

1. 关联规则的描述

关联规则是指在数据库中具有这种形式的规则:由于某些事件的发生而引起另外一些事件的发生。并联规则的形式化描述:设 $I=\{i_1,i_2,\cdots,i_m\}$ 是 m 个不同项目组成的集合,$D=\{T_1,T_2,\cdots,T_m\}$ 为事务集,事务 T 对应于一个数据项子集,即 $T \subseteq I$。每一个事务都有唯一的标志 TID。设 X 是某些项目的集合,当且仅当 $X \subseteq T$,则称事务 T 包含 X。一个关联规则是形如 $X \Rightarrow Y$ 的蕴涵式,其中 $X \subset I$,$Y \subset I$,且 $X \cap Y = \varnothing$。

(1) 支持度(Support)。

设事务集中有 $s\%$ 的事务包含 $X \cup Y$,那么关联规则 $X \Rightarrow Y$ 在事务集中具有 s 的支持度。支持度表示事务集中包含 X 和 Y 的事务数与所有事务数之比,反映规则 $X \Rightarrow Y$ 在事务集中出现的普遍程度,有

$$\text{support}(X \Rightarrow Y) = P(X \Rightarrow Y) = |\{T:X \cup Y \subseteq T, T \in D\}| / |D|$$

式中:$|D|$ 为事务集中的所有的事务数。

(2) 置信水平(Confidence Level)。

设事务集中包含 $c\%$ 的 X 事务同时也包含事物 Y,那么关联规则 $X \Rightarrow Y$ 在事务集中具有 c 的置信水平。置信水平表示事务集中包含 X 和 Y 的事务数与包含 X 的事务数之比,反映规则 $X \Rightarrow Y$ 成立的必然程度,即

$$\text{confidence}(X \Rightarrow Y) = P(X \Rightarrow Y) = |\{T:X \cup Y \subseteq T, T \in D\}| / |\{T:X \subseteq T, T \in D\}|$$

对于给定的事务集,关联规则挖掘问题就是产生支持度和置信水平分别具有用户给定的最小支持度和最小置信水平的关联规则。最小支持度 $S_{\min}$ 和最小置信水平 $C_{\min}$ 指定了支持度和置信度的阈值,分别规定了关联规则成立必须达到的支持度和置信水平,即

$$X \Rightarrow Y \Leftrightarrow (x_{X \Rightarrow Y} \geqslant s_{\min}) \bigwedge (c_{X \Rightarrow Y} \geqslant c_{\min})$$

如果支持度和置信水平都超过各自的阈值,则可以看成是其中的一个有意义的关联规则,称为强关联规则,当数据项集 X 的支持度大于 $S_{\min}$ 时,X 称为频繁项集。

2. 关联规则挖掘模型

基于遗传算法的关联规则挖掘模型如图 4-13 所示。其工作过程:根据用户的问题信息通过预处理器被编码成有限长的消息并为每个属性(字段)创建

映射表,然后依据属性(字段)由 SQL 查询器在数据库中查询生成临时消息表,再依据属性映射表将临时消息表离散化处理之后生成消息表;由遗传算法求出满足条件的种群,最后将种群中适应度较高的个体作为解输出到优化器,由优化器对规则进行提取生成关联规则返回给用户。

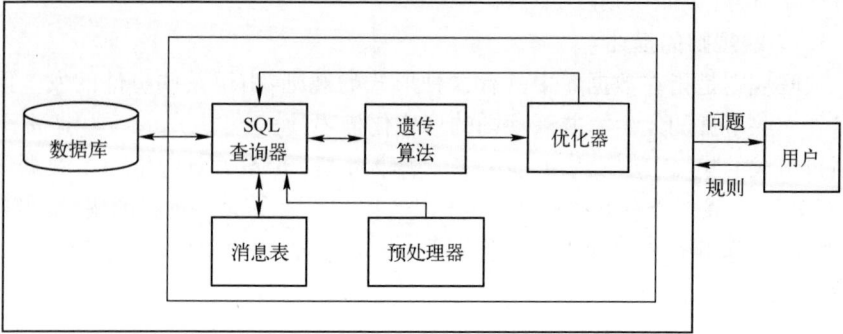

图 4-13　基于遗传算法的关联规则挖掘模型

3. 关联规则挖掘算法

基于遗传算法的关联规则挖掘算法主要包括染色体编码设计、适应度函数设计、遗传操作设计和进化终止设计。

(1)染色体编码设计。

结合遗传算子、关联规则挖掘的需要,实用实数数组进行编码,该编码方法不仅编码简单、易于实现,而且精度高、便于空间搜索。

(2)适应度函数设计。

适应度函数构架起了优化问题与遗传算法之间的桥梁,其直接影响到遗传算法解决实际问题的性能与效率,要求其能有效地反映每一个染色体与问题最优解染色体之间的差距,依据解决问题不同而选择不同的适应度函数。由关联规则的支持度和置信水平的含义可知,支持度说明了关联规则在所有的事务中有多大的代表性,支持度越大,关联规则越重要,有些关联规则的置信水平虽然很高,支持度却很低,说明该规则使用的机会很少,也并不重要。因此,可用关联规则的支持度来定义的适应度函数,即首先用支持度来筛选规则,然后在满足最小支持度的规则中确定它的关联程度和关联性。关联规则的适应度函数定义如下:

$$\text{fitness}(R_i) = \frac{S'}{S} = \begin{cases} p, & S' > S \\ q, & S' < S \end{cases} \tag{4-65}$$

式中:S'为经过遗传算法操作所列成的一条新规则的支持度;S 为用户给定支持

度的阈值。当 R_i 为符合要求的规则时,它的适应度函数值应大于 1,否则适应度函数值将小于 1,这条规则在下一代遗传中将会被淘汰。

（3）遗传操作设计。

① 选择算子。采用基于种群的按个体最佳适应值的选择算法,其过程求出当前最佳个体适应值 $f_{\max}(t)$ 和下一代最佳个体适应值 $f_{\max}(t+1)$,如果 $f_{\max}(t) > f_{\mathrm{m}}(t+1)$,则将当前群体最佳个体或者适应度大于下一代最佳个体适应值的多个个体直接复制到下一代,随机替代或替代最差的下一代群体中的相应数量的个体。

② 交叉算子。由于染色体采用实数数组编码,位串较短,故采用单点交叉。

③ 变异算子。采用均匀变异,即以某一变异概率在种群随机选择变异个体,选中后将该个体基因链的每一位都集资进行变异,并且基因链的每一位都在允许的范围内依次取值,进行变异后能保证每个属性都存在。

（4）进化终止条件设计。

进化计算的终止可以从预设进化代数和以种群的进化程度进行控制。种群的进化程度是指当代最大适应值与种群的平均值的比例关系,可选择种群大小 M 来作为终止条件。

4. 分类规则挖掘

分类就是通过分析训练集数据,产生关于类别的精确描述。类别描述通常由分类规则组成,可用于对未来的数据进行分类预测。运用遗传算法进行分类规则挖掘的基本思想:将分类规则按某种形式进行编码,形成染色体;随机选取 N 个染色体构成初始种群,再根据预定的评价函数对每个染色体计算适应值;选择适应值高的染色体进行复制,通过遗传操作来产生一群新的更适应环境的染色体,形成新的种群。这样一代一代地不断繁殖进化,最后收敛到一批更适应环境的个体上,从而求得最优分类规则集。

（1）分类规则描述。

分类规则的构造需要一个任务相关训练样本数据集用为输入,该数据集可以用关系模式 $R(a_1, a_2, \cdots, a_n)$ 表示,其中 a_i 为属性。所有属性分为特征属性（或称条件属性）与类别属性（或称决策属性）两组,分别以 $A_1, A_2, \cdots, A_k$ 和 $D_1, D_2, \cdots, D_m$ 表示,则分类规则的一般形式为

$$\mathrm{IF}(A_1 = I_1) \wedge (A_2 = I_2) \wedge \cdots \wedge (A_k = I_k)\,\mathrm{THEN}$$
$$(D_1 = J_1) \wedge (D_2 = J_2) \wedge \cdots \wedge (D_m = J_m)$$

式中: I_i、J_j 表示集合;" = "表示属于集合 I 或 J; k 为规则中特征属性的数目,它决定了规则是简单还是复杂,称为规则的长度。

（2）挖掘算法设计。

① 染色体编码设计。采用 Michigan 编码方法，即单个记录对应单条分类规则。参与进化的初始群体由同类个体组成，算法的一次运行得到一类个体对应的分类规则。参加预测特征属性的数目为 n，分别记为 $A_1,A_2,\cdots,A_n$，编码方案见表4-5。

表4-5　一个染色体的编码表示

A_1				…	A_i				…	A_n			
W_1	O_1	V_1	G_1	…	W_i	O_i	V_i	G_i	…	W_n	O_n	V_n	G_n

数据集中的一个记录编码成遗传的染色体，特征属性 A_i 编码成了基因，每个基因由 A_i、O_i、V_i 和 G_i 四个域构成。其中：W_i 为权值域，为特征属性上当前值的个体数占所有个体的百分比，可通过设置权值域的阈值生成变长的分类规则；O_i 为运算符，对离散属性而言，取"="和"≠"符号，对于连续属性，取"≤"和">"符号；V_i 为属性值域，采用二进制编码方法，对于离散属性，二进制的位数为属性的离散值的数目，对于连续值属性，则可以用直接连续值的二进制来表示；G_i 为属性的信息增益域，增益值在遗传算法执行前计算并存储在 G_i 中。

② 适应度设计。

对于前提 A，结论为 C 的分类规则，数据中存在四类不同的个体，见表4-6。

表4-6　数据库中的4类个体及数目

规　则	IF A THEN C	IF A THEN NOT C	IF NOT A THEN C	IF NOT A THEN NOT C
个体数目	pp	Pn	np	nn

为度量规则的准确性，进行如下定义：

规则的置信水平　$confidence = \dfrac{pp}{pp+pn}$

规则的覆盖水平　$complement = \dfrac{pp}{pp+np}$

规则的准确水平　$accuracy = confidence \times complement$

适应度函数　$fitness = accuracy$

③ 遗传操作设计。

选择规则：采用基于轮盘赌的选择，采用精英保留策略，具有最大适应度的个体将复制到下一代个体中。

交叉规则：按一定的杂交概率 p_c 随机地从经过选择的个体中选择两个个

体,采用两点交叉方法进行染色体交叉,即在区间[0,1]内随机地生成一个实数 r_c,如果 $r_c<p_c$,那么随机选择个体 a_j 和 a_k 进行交叉,重复上述过程 pop_size 次就产生 $p_c×$pop_size 个个体进行交叉操作。

变异规则:按一定的变异概率 p_m 对染色体中基因进行变异操作。即在区间 [0,1]内随机地生成一个实数 r_m,如果 $r_m>p_m$,那么随机选择个体 i 进行变异,变异可能发生在权值 W_i、操作算子域 Q_i、值域 V_i 和增益 G_i 中的任意一个或多个。

(3) 挖掘算法流程。

采用小生境遗传算法进行分类规则的算法流程如下:

① 确定分类所需特征属性和类属性,随机生成 M 个记录组成的训练数据集 T。

② 对 T 预处理,包括数据清理、将连续属性离散化、计算各特征属性的信息增益值,对数据进行编码,得到编码后的初始群体 $P(t)$。设置进化代数计数器 $t=0$,并求各个个体的适应度 $F_i(i=1,2,\cdots,M)$。

③ 按个体适应度降序排列,记忆前 $N(N<M)$ 个个体。

④ 选择运算。对群体 $P(t)$ 进行比例选择运算,得到 $P'(t)$。

⑤ 交叉运算。对选择出的个体集合 $P'(t)$ 做两点交叉运算,得到 $P''(t)$。

⑥ 小生境淘汰。将交叉运算得到的 M 个个体和所记忆的 N 个个体合并在一起,得到一个含有 $M+N$ 个个体的群体;对这个 $M+N$ 个体,求每两个个体 X_i 和 X_j 之间的相异度,适应度较低的个体处以罚函数。

⑦ 依据这 $M+N$ 个个体的新适应度对各个个体降序排列,记忆前 N 个个体。

⑧ 终止条件判断。若不满足终止条件,则更新进化代数计算器 $t=t+1$,并将步骤⑦排序中的前 M 个个体作为新的下一代群体 $P(t)$,转到步骤③;若满足终止条件,则输出适应度值最大分类规则,结束。

第5章　状态趋势预测

合理的技术状态识别,必须要建立在装备技术状态全寿命数据的基础上,一般情况下很难直接获得基础特征向量全寿命数据,此时根据已获得的特征数据或者融合后的技术状态综合值,对装备全寿命数据进行预测显得十分必要。只有对装备技术状态进行了较长时间甚至是全寿命的预测,才能够准确把握装备技术状态的变化规律,判断装备技术状态发生改变的时间,为装备技术状态的分类识别提供更为准确的信息。

5.1　预测概述

5.1.1　预测的概念

装备技术状态预测是指综合利用装备的各种数据信息(如监测的参数、使用状况、当前的环境和工作条件、早先的试验数据、历史经验等),并借助各种推理技术(如数学物理模型、人工智能等)对装备技术状况的发展趋势和未来状态进行估量的过程。装备技术状态的预测是状态维修的关键组成部分,通过对装备未来状态进行预测,并依据预测结果制定合理的维修策略,不仅能够大幅度降低维修费用,而且对于提高装备安全性、延长装备使用寿命都具有重大意义。

装备技术状态预测主要是趋势分析,即根据对装备技术状态监测所得的历史数据来确定它目前的运行状态,预测装备技术状况未来的发展趋势。装备状态预测的依据是装备的历史数据和当前运行数据,随着装备运行时间的增加,装备的劣化程度加剧,故障的征兆越来越明显,累积的状态数据越来越多,因而状态预测准确度不断提高。

5.1.2　预测的步骤

预测在不同领域的应用有各自的特点,但要遵循一定的程序。预测的基本步骤(图5-1)如下:

(1)确定预测对象,根据具体预测对象确定预测因子。确定预测对象,并分析影响预测对象变化规律的因素。能够反映预测对象变化规律的因素一般不是唯一的,选择最能表征预测对象变化规律的一个或几个影响因素作为预测因子。预测因子选择的优劣直接影响预测效果的好坏。

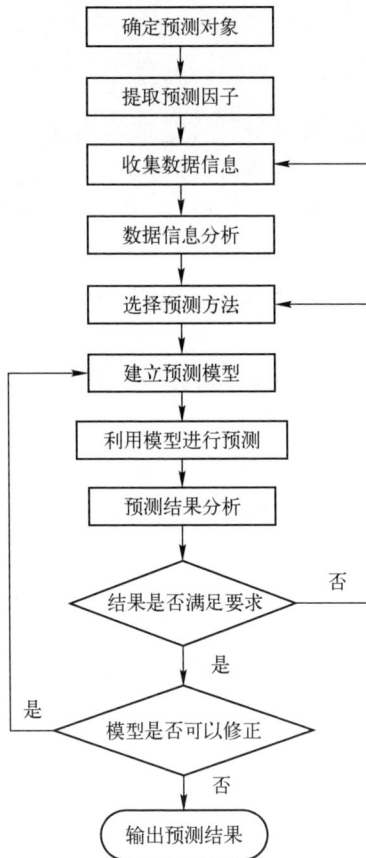

图 5-1　预测的基本步骤

（2）收集预测因子的历史和当前数据信息,对所收集的数据信息进行分析和处理。在预测因子数据信息用于预测前,需要对其进行预处理,如规范数据信息的格式,去除数据信息中的错误数据等,以提高数据信息的规范性和可信度。

（3）选择合适的预测方法,建立预测模型并进行预测。用于预测的方法有很多,目前常用的预测模型主要分为参数模型和非参数模型两种。参数模型有多项式曲线拟合外推、回归预测、灰色模型等。非参数模型有神经网络模型等。可以依据预测的时间序列选择合适的预测模型,并根据历史和当前的数据信息进行预测。

　　(4) 对预测结果进行分析,并对预测模型做出评价。建立好模型后,利用模型进行预测。根据确定的评价规则,对预测结果进行分析,评价所建立的预测模型预测能力的好坏。根据评价结果对原模型中的参数、结构等进行改进,以提高模型的预测能力。

5.1.3　预测精度的评价

　　预测精度是判定预测结果是否符合要求的指标。在进行预测时,有许多不同的预测模型可供选择,而模型的精度就成为人们关心的主要问题。人们制定了若干指标来衡量预测模型的预测精度,这些指标通常是利用预测误差来判断模型的预测精度。

　　假设 $x(n)(n=1,2,\cdots,N)$ 为实际观测值,$\hat{x}(n)$ 为 n 时刻的预测值,则:

预测误差为

$$\varepsilon(n)=x(n)-\hat{x}(n) \tag{5-1}$$

误差序列为

$$\begin{aligned}\boldsymbol{\varepsilon}&=\{\varepsilon(1),\varepsilon(2),\cdots,\varepsilon(N)\}\\&=\{x(1)-\hat{x}(1),x(2)-\hat{x}(2),\cdots,x(N)-\hat{x}(N)\}\end{aligned} \tag{5-2}$$

相对误差定义为

$$\Delta(k)=\left|\frac{\varepsilon(n)}{x(n)}\right|=\left|\frac{x(n)-\hat{x}(n)}{x(n)}\right| \tag{5-3}$$

相对误差序列为

$$\begin{aligned}\boldsymbol{\Delta}&=\{\Delta(1),\Delta(2),\cdots,\Delta(N)\}\\&=\left\{\left|\frac{\varepsilon(1)}{x(1)}\right|,\left|\frac{\varepsilon(2)}{x(2)}\right|,\cdots,\left|\frac{\varepsilon(N)}{x(N)}\right|\right\}\end{aligned} \tag{5-4}$$

　　目前,常用的模型精度指标有平均绝对误差(MAE)、均绝对百分误差(MAPE)、均方误差(MSE)、平均相对误差(MRE)和均方相对误差(MSRE)等。

平均绝对误差为

$$\text{MAE}=\frac{1}{N}\sum_{n=1}^{N}|\varepsilon(n)|=\frac{1}{N}\sum_{n=1}^{N}|x(n)-\hat{x}(n)| \tag{5-5}$$

平均绝对百分误差

$$\text{MAPE}=\left(\frac{100}{N}\right)\sum_{i=1}^{N}\left|\frac{\varepsilon(n)}{x(n)}\right|=\left(\frac{100}{N}\right)\sum_{i=1}^{N}\left|\frac{x(n)-\hat{x}(n)}{x(n)}\right| \tag{5-6}$$

均方误差为

$$\text{MSE}=\frac{1}{N}\sqrt{\sum_{n=1}^{N}[\varepsilon(n)]^2}=\frac{1}{N}\sqrt{\sum_{n=1}^{N}[x(n)-\hat{x}(n)]^2} \tag{5-7}$$

平均相对误差为

$$\text{MRE} = \frac{1}{N}\sum_{n=1}^{N} |\Delta(n)| = \frac{1}{N}\sum_{n=1}^{N}\left|\frac{x(n) - \hat{x}(n)}{x(n)}\right| \tag{5-8}$$

均方相对误差为

$$\text{MSRE} = \frac{1}{N}\sqrt{\sum_{n=1}^{N}\left[\Delta(n)\right]^2} = \frac{1}{N}\sqrt{\sum_{n=1}^{N}\left[\frac{x(n) - \hat{x}(n)}{x(n)}\right]^2} \tag{5-9}$$

5.2　常用趋势预测技术

5.2.1　灰色预测模型

1. 灰色系统理论和灰色模型

1）灰色系统理论

灰色系统是介于白色系统和黑箱系统之间的过渡系统,如果某一系统的全部信息已知为白色系统,全部信息未知为黑箱系统,部分信息已知,部分信息未知,那么这一系统就是灰箱系统。如果一个系统具有层次、结构关系的模糊性,动态变化的随机性,指标数据的不完备或不确定性,则称这些特性为灰色性,具有灰色性的系统称为灰色系统。

灰色系统理论是我国学者邓聚龙教授于 1982 年首次提出,它通过在分析少数据、少信息的表面特征,了解少数据、少信息的实际行为表现,探讨少数据、少信息的潜在机制,归纳少数据的、少信息外部现象,探究少数据、少信息的内在特性,揭示少数据、少信息背景下事物的演化规律。总而言之,灰色系统理论的核心内容就是在少数据、少信息的不确定性背景下,通过基于数据的处理、现象的分析,达到预测模型的建立,针对发展趋势预测、事务决策、系统控制与状态进行有效合理的评估。

2）灰色模型

在灰色系统理论中,利用较少或不确切的表示灰色系统行为特征的原始数据序列作生成变换后建立的,用以描述灰色系统内部事物连续变化过程的模型,称为灰色模型(Grey Model,GM)。灰色系统理论能够建立微分方程型的模型是基于下述概念、观点和方法:

(1) 灰色理论将随机变量当作是一定范围内变化的灰色变量,将随机过程当作是在一定范围、一定时区内变化的灰色过程。

(2) 灰色理论将无规律的原始数据经生成后,使其变为较有规律的生成数列再建模,所以 GM 模型实际上是生成数列模型。

（3）灰色理论按开集拓扑定义了数列的时间测度，进而定义了信息浓度，定义了灰导数与灰微分方程。

（4）灰色理论通过灰数的不同生成方式，数据的不同取舍以及参差的 GM 模型来调整、修正、提高精度。

（5）灰色理论模型基于关联度的概念及关联度收敛原理。

（6）灰色 GM 模型一般采用三种检验，即参差检验、关联度检验、后验差检验。参差检验是按点检验，关联度检验是建立的模型与指定函数之间近似性的检验，后验差检验是参差分布随机特性的检验。

（7）对于高阶系统建模，灰色理论是通过 GM(1,N)模型解决的。

（8）GM 模型所得数据必须经过逆生成还原后才能使用。

3）GM 模型的数学原理

灰色系统理论与方法的核心是灰色动态模型，其特点是生成函数和灰色微分方程。

灰色动态模型是以灰色生成函数概念为基础，以微分拟合为核心的建模方法，灰色系统理论认为，一切随机量都是在一定范围内、一定时段上变化的灰色量和灰色过程，对于灰色量的处理不是寻求它的统计规律和概率分布，而是将杂乱无章的原始数据列，通过一定的方法处理，变成比较有规律的时间序列数据，即以数找数的规律，再建立动态模型。对于原始数据以一定方法进行处理，有两个目的：一是为建立模型提供中间信息；二是将原始数据的波动性弱化。

若给定原始时间数据列 $X^{(0)} = \{X^{(0)}(1), X^{(0)}(2), \cdots, X^{(0)}(n)\}$。这些数据多为无规律的、随机的、有明显的摆动，若将原始数据列进行一次累加生成，获得新的数据列 $X^{(1)} = \{X^{(1)}(1), X^{(1)}(2), \cdots, X^{(1)}(n)\}$，其中

$$X^{(1)}(i) = \sum_{k=1}^{i} X^{(0)}(k), i = 1, 2, \cdots, n \qquad (5-10)$$

新生成的数据列为一条单调增长的曲线，增加了原始数据列的规律性，而弱化了波动性。

灰色系统建模思想是直接将时间序列转化为微分方程，从而建立抽象系统的发展变化动态模型（GM）。建立的 GM(h,n)模型是微分方程的时间连续函数模型，其中 h 表示方程的阶数，n 表示变量的个数。

4）灰色系统理论建模的基本思路

（1）定性分析是建模的前提，定量模型是定性分析的具体化，定性与定量紧密结合，相互补充。

（2）明确系统因素，弄清因素间的关系及因素与系统的关系是系统研究的核心。因素间的关系及因素与系统的关系不是绝对的而是相对的。

（3）因素分析不应停留在一种状态上,而应考虑到时间推移、状态变化,即系统行为的研究要动态化。

（4）为了将控制论中卓有成效的方法和成果推广到社会、经济、农业、生态等研究领域中,系统模型应控制化。

（5）要通过模型了解系统的基本控制性能,如是否可控,变化过程是否可观测等。要通过模型对系统进行诊断,搞清现状,揭示潜在的问题。

（6）应从模型获得尽可能多的信息,特别是发展变化信息。例如:系统是能够持续不断发展的,还是有限度的? 对于持续发展的系统,它是单调地发展,还是有波动地发展? 是迅猛地发展,还是缓慢地发展? 对于有一定发展限度的系统其极限值是多少? 它是单调地达到极限,还是有摆动地达到极限? 是迅速地达到极限,还是缓慢地达到极限? 系统发展过程中有没有冲击等。

（7）建立模型常用的数据有科学实验数据、经验数据、生产数据和决策数据。

（8）序列生成是建立灰色模型的基础数据。对于满足准光滑条件的序列,可以建立 GM 微分模型,一般非负序列累加生成后,可得到准光滑序列。

（9）模型精度可以通过灰数的不同生成方式、数据的取舍、序列的调整、修正以及不同级别的残差 GM 模型补充得到提高。

（10）灰色理论采用三种方法检验、判断模型的精度:一是残差大小检验,对模型值和实际值的误差进行逐点检验;二是关联度检验,通过考察模型值曲线与建模序列曲线的相似程度进行检验;三是后验差检验,对残差分布的统计特性进行检验。

5）灰色模型预测的优点

（1）不需要大量样本;

（2）样本不需要有规律性分布;

（3）计算工作量小;

（4）定量分析结果与定性分析结果不会不一致;

（5）可用于近期、短期、中长期预测;

（6）预测准确度高。

2. GM(1,1)模型

GM(1,1)模型是灰色系统理论中应用最为广泛的一种灰色动态预测模型,该模型由一个单变量的一阶微分方程构成。它主要用于复杂系统某一主导因素特征值的拟合和预测,以揭示主导因素变化规律和未来发展变化趋势。

邓聚龙教授对 GM(1,1)模型做了深入的研究,得到了 GM(1,1)模型的多种不同形式,其中较为常用的一种模型为

$$\frac{\mathrm{d}x^{(1)}}{\mathrm{d}t} + ax^{(1)} = u \tag{5-11}$$

设时序问题的原始数据序列为

$$X^{(0)} = \{x^{(0)}(1), x^{(0)}(2), \cdots, x^{(0)}(n)\}$$

进行一次累加生成(1-Accumulated Generating Operation,1-AGO)获得新的数据序列 $X^{(1)}$:

$$X^{(1)} = \{x^{(1)}(1), x^{(1)}(2), \cdots, x^{(1)}(n)\} \tag{5-12}$$

式中

$$x^{(1)}(k) = \sum_{i=1}^{k} x^{(0)}(i), i = 1, 2, \cdots, n$$

对于非负数据序列,累加生成,可以弱化随机性,增加规律性。然后,对 $X^{(1)}$ 再进行一次紧邻均值生成,获得序列 $Z^{(1)}$:

$$Z^{(1)} = \{z^{(1)}(2), z^{(1)}(3), \cdots, z^{(1)}(n)\} \tag{5-13}$$

式中

$$z^{(1)}(k) = \frac{1}{2}[x^{(1)}(k) + x^{(1)}(k-1)], k = 2, 3, \cdots, n$$

设微分方程系数 a 和 u 组成的向量为:

$$\hat{\boldsymbol{a}} = [a, u]^{\mathrm{T}} \tag{5-14}$$

按最小二乘法估计 $\hat{\boldsymbol{a}}$ 满足

$$\hat{\boldsymbol{a}} = [a, u]^{\mathrm{T}} = (\boldsymbol{B}^{\mathrm{T}}\boldsymbol{B})^{-1}\boldsymbol{B}^{\mathrm{T}}\boldsymbol{Y}_N \tag{5-15}$$

式中

$$\boldsymbol{B} = \begin{bmatrix} -z^{(1)}(2) & 1 \\ -z^{(1)}(3) & 1 \\ \vdots & \vdots \\ -z^{(1)}(n) & 1 \end{bmatrix} = \begin{bmatrix} -\frac{1}{2}[x^{(1)}(1) + x^{(1)}(2)] & 1 \\ -\frac{1}{2}[x^{(1)}(2) + x^{(1)}(3)] & 1 \\ \vdots & \vdots \\ -\frac{1}{2}[x^{(1)}(n-1) + x^{(1)}(n)] & 1 \end{bmatrix} \tag{5-16}$$

$$\boldsymbol{Y}_N = [x^{(0)}(2), x^{(0)}(3), \cdots, x^{(0)}(n)]^{\mathrm{T}} \tag{5-17}$$

GM(1,1)微分方程的解为

$$\hat{x}^{(1)}(k+1) = \left(x^{(0)}(1) - \frac{u}{a}\right)\mathrm{e}^{-ak} + \frac{u}{a} \tag{5-18}$$

原始数据序列的预测公式为

$$\hat{x}^{(0)}(k+1) = \hat{x}^{(1)}(k+1) - \hat{x}^{(1)}(k)$$

$$= \left(x^{(0)}(1) - \frac{u}{a}\right)e^{-ak} - \left(x^{(0)}(1) - \frac{u}{a}\right)e^{-a(k-1)} \tag{5-19}$$

$$= \left(x^{(0)}(1) - \frac{u}{a}\right)(1 - e^{a})e^{-ak}$$

3. 非等时距 GM(1,1) 预测模型

在历史状态数据收集过程中,由于各种原因可能致使原始数据不完整,数据多属于非等间隔期的状态数据,而目前的预测模型大都是基于等间隔序列的,因此建立非等间隔期的 GM(1,1) 模型具有广泛的现实意义。对于数据非等间隔状态预测问题的处理主要有两种思路:一是对非等间隔使数据处理使之等间隔,如线性插值的方法,再用传统的等间隔方法建模,最后把数据还原;二是直接利用非等间隔的数据建模,对于非等间隔的灰色模型可考虑通过重构背景值来建模,如对原始序列做一次累加生成(1-AGO)时考虑序列的时间间隔,并将其作为乘子来建模。

非等间隔序列模型的建模过程如下:

(1) 设状态数据延时序列 $X^{(0)}(t_i) = \{x^{(0)}(t_1), x^{(0)}(t_2), \cdots, x^{(0)}(t_n)\}$,状态数据原始序列的时间间距 $\Delta t = t_k - t_{k-1} \neq$ 常数, $k = 2, 3, \cdots, n$。

(2) 对原始序列 $X(t)$ 构造一次累加生成(1-AGO)序列,可得

$$X^{(1)}(t_i) = \{x^{(1)}(t_1), x^{(1)}(t_2), \cdots, x^{(1)}(t_n)\} \tag{5-20}$$

规定 $x^{(1)}(t_1) = x^{(0)}(t_1)$ 为模型的初值,式中

$$x^{(1)}(t_i) = \sum_{k=1}^{i} x^{(0)}(t_k)\Delta t_k, i = 2, 3, \cdots, n$$

(3) 由生成的 $X^{(1)}(t_i)$ 序列建立白化形式的微分方程为

$$\frac{dx^{(1)}}{dt} + ax^{(1)}(t) = ut \tag{5-21}$$

式中: a 为发展系数,用以控制灰色系统发展态势的大小; u 用以反映数据变化的不确切关系,又称为灰色作用量; $x^{(1)}(t)$ 为 $dx^{(1)}/dt$ 的背景值。

对式(5-21) 在区间 $[t_{i-1}, t_i]$ 上积分,可得

$$x^{(0)}(t_i)\Delta t_i + az^{(1)}(t_i) = u\Delta t_i \tag{5-22}$$

式中

$$z^{(1)}(t_i) = \int_{t_{i-1}}^{t_i} x^{(1)}(t)dt \tag{5-23}$$

式中: $z^{(1)}(t_i)$ 为 $X^{(1)}(t_i)$ 在区间 $[t_{i-1}, t_i]$ 上的背景值。

（4）可采用最小二乘法求解式（5-21）中参数 a、u。

$$\hat{a} = [a, u]^{T} = (B^{T}B)^{-1}B^{T}Y \tag{5-24}$$

式中

$$B = \begin{bmatrix} -z^{(1)}(t_2) & \Delta t_2 \\ -z^{(1)}(t_3) & \Delta t_3 \\ \vdots & \vdots \\ -z^{(1)}(t_n) & \Delta t_n \end{bmatrix} \tag{5-25}$$

$$Y = [x^{(0)}(t_2)\Delta t_2, x^{(0)}(t_3)\Delta t_3, \cdots, x^{(0)}(t_n)\Delta t_n]^{T} \tag{5-26}$$

（5）若规定 $x^{(1)}(t_1) = x^{(0)}(t_1)$，则式（5-19）的时间响应函数为

$$\hat{x}^{(1)}(t_i) = \left(x^{(0)}(t_1) - \frac{u}{a}\right)e^{-a(t_i - t_1)} + \frac{u}{a} \tag{5-27}$$

再由式（5-13）逆生成还原响应函数，令 $\hat{x}^{(0)}(t_1) = x^{(0)}(t_1)$，并代入得到拟合原始序列 $X^{(0)}(t_i)$ 的 GM（1,1）非等时距模型为

$$\hat{x}^{(0)}(t_i) = \frac{\hat{x}^{(1)}(t_i) - \hat{x}^{(1)}(t_{i-1})}{\Delta t_i} = \frac{1 - e^{a\Delta t_i}}{\Delta t_i}\left(x^{(0)}(t_1) - \frac{u}{a}\right)e^{-a(t_i - t_1)} \tag{5-28}$$

4. 基于残差修正的非等时距 GM（1,1）预测模型

非等时距的灰色预测具有要求预测数据少、不考虑分布规律、不考虑变化趋势、运算方便、短期预测精度高、易于检验等优点，因此得到广泛应用。但与其他预测方法相比，灰色预测模型也存在局限性，主要表现在两个方面：一是数据离散程度越大，预测精度越差；二是长期预测精度不高，模型虽然可以作为长期预测模型，但真正具有实际意义、精度高的预测值，仅仅是最近的一两个数据，而其他更远的数据只反映一个大概趋势。对以上非等时隔可以进行如下改进，使其更贴近实际，以减小误差，提高预测精度。

1）改进初始条件

装备技术状态的变化是渐变与突变两个过程的统一，其技术状态的变化具有阶段性，在各个不同的时期会按照不同的规律变化，如果将所有的历史数据不加区分地用来建模，就会掩盖装备技术状态变化的真实规律，难以得到准确的预测值。因此建立模型时，应从原始数据中取出一部分数据，进行部分数据建模。

在状态预测过程中，状态监测时间序列的历史数值距离预测点越远，这点的数值对当前装备的状态影响程度越小，而 GM 预测模型建模一般以时间序列 $X^{(0)}(t_i)$ 的第一个分量作为模型的初始条件，可能会造成对新信息利用不够充分，影响灰色模型的精度。根据灰色系统理论的新信息优先原理，在建模过程中

应该对新信息应充分利用,采用新陈代谢的策略,对 GM 预测模型进行改进,即先将原始序列 $X^{(0)}(t_i)$ 的最新的一个分量作为灰色模型的初始条件进行预测,得到下一步的预测值。在预测未来一步的值时,将这一预测值视为已知的历史数据,去除历史数据的第一点值,以保持用于预测数据的个数不变。该方法保持了数据的实时性和可靠性,可将不断进入系统的扰动因素加入预测模型中,以提高预测的精度。

2) 优化背景值

GM(1,1) 非等时距模型的拟合精度与参数 a 和 u 相关,而 a 和 u 的取值又依赖于原始序列和背景值的构造形式。为减小背景值的构造误差,可采用如下方法构造非等时距 GM(1,1) 模型的背景值。

因为方程的解为指数形式,所以 $X^{(1)}(t)$ 可以表示为

$$X^{(1)}(t) = ce^{rt} \tag{5-29}$$

式中: c 、r 为待定系数。

又 $(t_{i-1}, x^{(1)}(t_{i-1}))$, $(t_i, x^{(1)}(t_i))$ 为预测数据序列中两个相邻的点,则有

$$x^{(1)}(t_i) = ce^{rt_i}$$

$$x^{(1)}(t_{i+1}) = ce^{rt_{i+1}}$$

令

$$\frac{x^{(1)}(t_i)}{x^{(1)}(t_{i-1})} = \frac{ce^{rt_i}}{ce^{rt_{i-1}}} = e^{r\Delta t_i}$$

对上式两边同时取对数并整理,可得

$$r = \frac{\ln x^{(1)}(t_i) - \ln x^{(1)}(t_{i-1})}{\Delta t_i} \tag{5-30}$$

将式(5-30)代入式(5-29),可得

$$c = \frac{\left[x^{(1)}(t_i)\right]^{\frac{t_i}{\Delta t_i}}}{\left[x^{(1)}(t_{i-1})\right]^{\frac{t_{i-1}}{\Delta t_i}}} \tag{5-31}$$

将式(5-30)和式(5-31)代入式(5-23)后整理,可构造出背景值,即

$$z^{(1)}(t_i) = \int_{t_{i-1}}^{t_i} x^{(1)}(t)\,\mathrm{d}t = \frac{(x^{(1)}(t_i) - x^{(1)}(t_{i-1}))\Delta t_i}{\ln x^{(1)}(t_i) - \ln x^{(1)}(t_{i-1})} \tag{5-32}$$

3) 残差修正

基于 GM(1,1) 的特点是建模中的 1-AGO 弱化了数据的随机性,1-AGO 得到的预测序列忽略了数据分布的细部特征,导致模型精度低。当 GM(1,1) 非等时距模型的预测结果不满足精度要求时,应用最多、最有效的方法就是对残差序列进行修正。傅里叶变换提供了一个很好的数学工具,运用傅里叶变换对非等

时距的 GM(1,1)模型的预测残差进行修正,可补偿系统的随机误差,提高了预测精度。修正方法如下:

建立残差序列

$$e = \{ e(t_1), e(t_2), \cdots, e(t_i), \cdots, e(t_n) \} \tag{5-33}$$

式中:

$$e(t_i) = x^{(0)}(t_i) - \hat{x}^{(0)}(t_i) \tag{5-34}$$

利用傅里叶公式将残差序列近似表示为

$$\hat{e}(t_i) = \frac{1}{2} a_0 + \sum_{j=1}^{m} \left[a_n \cos(\omega j t_i) + b_n \sin(\omega j t_i) \right] \tag{5-35}$$

式中

$$\omega = \frac{2\pi}{t_n} \tag{5-36}$$

$$a_0 = \frac{1}{n} \sum_{i=1}^{n} | e(t_i) | \tag{5-37}$$

$$a_n = \frac{2}{n} \sum_{i=1}^{n} e(t_i) \cos(\omega t_i) \tag{5-38}$$

$$b_n = \frac{2}{n} \sum_{i=1}^{n} e(t_i) \sin(\omega t_i) \tag{5-39}$$

将实测数据代入式(5-36)~式(5-39),得到 ω、a_0、a_n 和 b_n 后再代入式(5-35),得到 $\hat{e}(t_i)$。经过 Matlab 对 j 反复取值运算,对应 j 的取值使得拟合值的累积残差最小原则。预测值的最终表达式为

$$\hat{X}(t_i) = \hat{x}^{(0)}(t_i) + \hat{e}(t_i) = \hat{x}^{(0)}(t_i) + \frac{1}{2} a_0 + \sum_{j=1}^{m} \left[a_n \cos(\omega j t_i) + b_n \sin(\omega j t_i) \right]$$

$$\tag{5-40}$$

5. 灰色非等时距的 GM(1,1)模型的适用范围

灰色非等时距的 GM(1,1)模型可用于对于装备状态数据少以及数据不全面的情况进行预测,也被证明了有比较高的预测精度,但任何模型都有一定的适用范围。一般预测模型发展系数 $| a | < 2$ 时,预测模型才有实际意义。根据 a 的取值不同,模型的预测效果不同。上述模型适应的条件如下:

(1) 当 $a \leqslant 0.3$ 时,非等时距的 GM(1,1)模型可用于中长期预测;

(2) 当 $0.3 < a \leqslant 0.5$ 时,非等时距的 GM(1,1)模型可用于短期预测,中长期预测慎用;

(3) 当 $0.5 < a \leqslant 0.8$ 时,非等时距的 GM(1,1)模型做短期预测时应慎用。

5.2.2　基于主成分分析的预测模型

当用原始状态数据进行预测时,状态参数往往不是唯一的,当状态参数的维数较高时,计算量偏大,效率比较低。如果对 p 个状态参数的值都进行预测后,再根据每个参数的预测值得到装备的技术状态值,不仅麻烦,而且预测值的累积误差会比较大。为解决这一问题,最好的办法是进行降维处理,即用较少的几个综合参数代替原来较多的状态参数。

主成分分析方法通过对多维变量进行合理的线性组合,做中心化和正交化变换,从而实现降维的目的。在进行主成分分析后,利用互不相关的主成分来解释多变量的方差–协方差结构,而由原变量的线性组合组成的主成分消除了各变量相关性带来的信息重叠,最大限度地保留了原来参数的信息。主成分分析方法实现了将问题从高维空间到低维空间的转化,并最大程度地保留了原始变量的信息,从而使问题变得简单、直观。

1. 主成分分析法的数学模型

假定有 n 个样本,每个样本共有 p 个状态参数描述,这样就构成了一个 $n \times p$ 阶的样本数据矩阵:

$$\boldsymbol{X} = \begin{pmatrix} x_{11} & \cdots & x_{1p} \\ \vdots & & \vdots \\ x_{n1} & \cdots & x_{np} \end{pmatrix} = (X_1, X_2, \cdots, X_i, \cdots, X_p) \qquad (5\text{-}41)$$

式中

$$X_i = \begin{pmatrix} x_{1i} \\ \vdots \\ x_{ni} \end{pmatrix}, i = 1, \cdots, p \qquad (5\text{-}42)$$

如果原来的状态参数记为 $X_1, X_2, \cdots, X_i, \cdots, X_p$,它们线性组合后的新状态参数记为 $Y_1, Y_2, \cdots, Y_i, \cdots, Y_m (m \leqslant p)$,则有

$$\begin{cases} Y_1 = a_{11}X_1 + a_{21}X_2 + \cdots + a_{p1}X_p \\ \quad\quad\quad\quad \vdots \\ Y_i = a_{1i}X_1 + a_{2i}X_2 + \cdots + a_{pi}X_p \\ \quad\quad\quad\quad \vdots \\ Y_m = a_{1p}X_1 + a_{2p}X_2 + \cdots + a_{pp}X_p \end{cases} \qquad (5\text{-}43)$$

式中,系数 a_{ij} 由以下原则确定:

(1) Y_i 与 $Y_j (i \neq j, i, j = 1, \cdots, m)$ 互不相关。

(2) Y_1 为 $X_1, X_2, \cdots, X_p$ 的一切线性组合中方差最大者;Y_2 为与 Y_1 不相关的

$X_1, X_2, \cdots, X_p$的一切线性组合中方差最大者；$\cdots$；Y_m为与$Y_1, Y_2, \cdots, Y_{m-1}$都不相关的$X_1, X_2, \cdots, X_p$的所有线性组合中方差最大者。

这样得出的新状态参数$Y_1, Y_2, \cdots, Y_m$分别称为原状态参数$X_1, X_2, \cdots, X_p$的第一，第二，$\cdots$，第m主成分。其中Y_1在总方差中占比例最大，$Y_2, Y_3, \cdots, Y_m$的方差依次递增。在实际问题分析中，往往只选用所有m个中前几个最大的主成分，以达到降维的目的。比较常用的主成分选取方法有最大主成分法、百分比法等。

最大主成分法只利用最大主成分Y_1做计算。统计学家肯德尔认为，最大主成分能够最大程度地反映样本间的差异，是概括差异信息的最佳线性函数。当利用m个主成分时，公式为

$$y = a_1 Y_1 + a_2 Y_2 + \cdots + a_m Y_m = b_1 X_1 + b_2 X_2 + \cdots + b_p X_p \tag{5-44}$$

则y仍为$X_1, X_2, \cdots, X_p$的一个线性组合。而$Y_1 = a_{11} X_1 + a_{21} X_2 + \cdots + a_{p1} X_p$为$X_1, X_2, \cdots, X_p$的一切线性组合中方差最大者，则$y$的方差不大于$\lambda_1$，则$y$综合$X_1, X_2, \cdots, X_p$的能力不强于最大主成分$Y_1$，即最大主成分综合原始数据的信息量最大。

2. 预测参数的确定

下面将利用主成分分析法从装备的多个技术状态参数中提取预测参数，计算步骤如下：

（1）数据辨识与修复。状态监测异常数据一般明显偏离正常值，它可能是由于仪器故障、操作与记录时的过失、采样不规范等原因造成的。目前异常数据辨识的常用方法有基于统计的方法、基于距离的方法、基于偏差的方法等。在判别这类数据时，一般首先通过图形的形式进行初步检查，当发现可疑现象时，进行详细检查这些数据记录，发现原因，再具体运用上述异常数据判别方法进行排除。异常数据点确认后，通常可以直接删除或者根据散点变化趋势进行处理，保证预测模型数据的有效性。

（2）数据归一化处理。由于不同的技术状态参数量纲可能不同，其属性值也可能不在同一数量级，因此在计算相关系数矩阵之前应先进行归一化处理，并统一变化趋势，以保证所有特征参数全部是逐渐下降或者升高。

对于属性值越大越好的参数，其归一化公式为

$$r_{ij} = \frac{x_{ij} - x_j^{\min}}{x_j^{\max} - x_j^{\min}} \cdot \alpha + (1-\alpha) \quad (i=1,2,\cdots,m; j=1,2,\cdots,n) \tag{5-45}$$

式中：x_{ij}为第i个样本中，第j项参数的属性值；$x_j^{\max}$为所有样本中，第j项参数的最大值；$x_j^{\min}$为所有样本中，第j项参数的最小值；α为平衡因子，通常取0.9。

对于属性值越小越好的参数,其归一化公式为

$$r_{ij} = \frac{x_j^{\max} - x_{ij}}{x_j^{\max} - x_j^{\min}} \cdot \alpha + (1-\alpha) \quad (i=1,2,\cdots,m;j=1,2,\cdots,n) \qquad (5-46)$$

（3）计算协方差矩阵:

$$\boldsymbol{R} = \begin{pmatrix} r_{11} & \cdots & r_{1p} \\ \vdots & & \vdots \\ r_{p1} & \cdots & r_{pp} \end{pmatrix} \qquad (5-47)$$

式中: $r_{ij}(i,j=1,2,\cdots,p)$ 为原变量 x_i 与 x_j 的相关系数,且有

$$r_{ij} = \frac{\sum_{k=1}^{n} (x_{ki} - \bar{x}_i)(x_{kj} - \bar{x}_j)}{\sqrt{\sum_{k=1}^{n} (x_{ki} - \bar{x}_i)^2 (x_{kj} - \bar{x}_j)^2}} \quad (i,j=1,2,\cdots,p) \qquad (5-48)$$

（4）计算特征值与特征向量。根据相关矩阵 $\boldsymbol{R}$,求解特征方程 $|\lambda_i - \boldsymbol{R}| = 0$,得到特征值 $\lambda_i(i=1,2,\cdots,p)$ 并使其按大小顺序排列,即 $\lambda_1 \geqslant \lambda_2 \geqslant \lambda_3 \geqslant \cdots \geqslant \lambda_p > 0$;然后分别求出对应于特征值 λ_i 的特征向量 $e_i(i=1,2,\cdots,p)$。

（5）计算主成分贡献率。根据谱分解定理可知,原变量 $X_i(i=1,2,\cdots,p)$ 在主成分 $Y_i(i=1,2,\cdots,p)$ 上的系数 $a_i = (a_{1i}, a_{2i},\cdots,a_{pi})$ 为数据矩阵 $\boldsymbol{X}$ 的协方差阵 $\boldsymbol{\Sigma}$ 的第 i 个特征根 λ_i 的特征向量,且 Y_i 的方差 $\mathrm{var}(F_i)$ 恰好等于相应的特征根 λ_i。

主成分 Y_i 的贡献率为

$$w_i = \lambda_i \Big/ \sum_{k=1}^{p} \lambda_k, \quad i=1,2,\cdots,p \qquad (5-49)$$

当最大主成分贡献率超过 80% 时,该最大主成分实际上几乎包含了所有数据的信息量,因此可以将该分量与各参数的乘积作为预测参数。

5.2.3 人工神经网络预测模型

装备的运行状态受多种因素的影响,诸多影响因素之间是一种多变量、强耦合、严重非线性的关系,同时这种关系具有动态性。针对这些特点,可采用动态神经网络建立装备运行状态预测模型进行趋势预测。

1. 人工神经网络和 BP 网络

1）人工神经网络

人工神经网络也称为神经网络或连接模型,人工神经网络是模拟人脑组织结构和人类认知过程的信息处理过程,具有强大的自学能力和数据处理功能,能映射高度非线性的输入、输出功能。神经网络依靠系统的复杂程度,通过调整内

部大量节点之间相互连接的关系,达到处理信息的目的。目前已经有近 40 种神经网络模型,在模式识别、智能机器人、自动控制、预测估计、生物、医学、经济等领域已经成功地解决了许多现代计算机难以解决的问题。

人工神经网络是由大量处理单元互联组成的非线性、自适应信息处理系统。神经网络的基本模式由输入层、隐含层和输出层三层神经元组成。输入层接收外部世界的信号与数据;输出层实现系统处理结果的输出;隐含层是处在输入层和输出层之间,不能由系统外部观察到。神经元间的连接权值反映了各层间的连接强度,信息的表示和处理体现在网络处理单元的连接关系中。人工神经网络是一种非程序化、适应性、大脑风格的信息处理,其本质是通过网络的变换和动力学行为得到一种并行分布式的信息处理功能,并在不同程度和层次上模仿人脑神经系统的信息处理功能。

人工神经网络是并行分布式系统,采用了与传统人工智能和信息处理技术完全不同的机理,克服了传统的基于逻辑符号的人工智能在处理直觉、非结构化信息方面的缺陷,具有自适应、自组织和实时学习的特点。

2) BP 网络

人工神经网络无须事先确定输入与输出之间映射关系的数学方程,仅通过自身的训练,学习某种规则,在给定输入值时得到最接近期望输出值的结果。

BP 网络由 Rumelhart 和 McCelland 为首的科学家小组于 1986 年提出,是一种按误差逆传播算法训练的多层前馈网络,是应用最广泛的神经网络模型之一。

BP 网络能学习和存储大量的输入−输出模式映射关系,而无须事前揭示描述这种映射关系的数学方程。它的学习规则是使用最速下降法,通过反向传播来不断调整网络的权值和阈值,使网络的误差平方和最小,系统解决了多层神经网络隐含层连接权学习问题。

基本 BP 算法包括信号的前向传播和误差的反向传播两个过程。计算误差输出时按从输入到输出的方向进行,而调整权值和阈值则从输出到输入的方向进行。正向传播时,输入信号通过隐含层作用于输出节点,经过非线性变换,产生输出信号,若实际输出与期望输出不相符,则转入误差的反向传播过程。误差反传是将输出误差通过隐含层向输入层逐层反传,并将误差分摊给各层所有单元,以从各层获得的误差信号作为调整各单元权值的依据。通过调整输入节点与隐层节点的连接强度和隐层节点与输出节点的连接强度以及阈值,使误差沿梯度方向下降,经过反复学习训练,确定与最小误差相对应的网络参数(权值和阈值),训练即告停止。此时,经过训练的神经网络即能对类似样本的输入信息,自行处理输出误差最小的经过非线性转换的信息。

2. Elman 动态神经网络

1）Elman 神经网络结构

BP 神经网络突出优点是具有很强的非线性映射能力和柔性的网络结构,但存在学习速度慢、容易陷入局部极小值、网络推广能力有限等问题。Elman 动态神经网络是在 BP 网络基本结构的基础上,通过存储内部状态使其具备映射动态特性的功能,从而使系统具有适用于时变特性的能力。

Elman 神经网络一般分为四层:输入层、隐含层、承接层和输出层。其输入层、隐含层和输出层的连接类似于前馈网络。输入层的单元仅起到信号传输作用,输出层单元起到加权作用。隐含层单元有线性和非线性两类激励函数,通常激励函数取 Signmoid 非线性函数。而承接层则用来记忆隐层单元前一时刻的输出值,可以认为是一个有一步迟延的延时算子。隐含层的输出通过承接层的延迟与存储,自联到隐层的输入,这种自联方式使其对历史数据具有敏感性,内部反馈网络的加入增加了网络本身处理动态信息的能力,从而达到动态建模的目的。其结构图如图 5-2 所示。

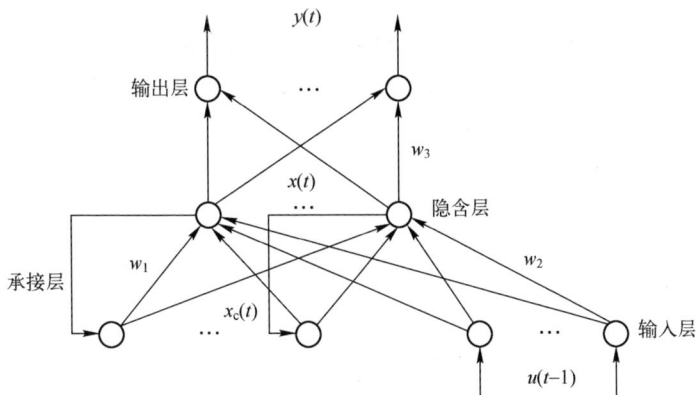

图 5-2　Elman 神经网络结构

其网络的数学表达式为

$$\begin{cases} y(k) = g(w_3 \boldsymbol{x}(k)) \\ \boldsymbol{x}(k) = f(w_1 \boldsymbol{x}_c(k) + w_2(\boldsymbol{u}(k-1))) \\ \boldsymbol{x}_c(k) = \boldsymbol{x}(k-1) \end{cases} \tag{5-50}$$

式中:$\boldsymbol{y}$ 为 m 维输出节点向量;$\boldsymbol{x}$ 为 n 维中间层节点单元向量;$\boldsymbol{u}$ 为 r 维输入向量;$\boldsymbol{x}_c$ 为 n 维反馈状态向量;w_3 为中间层到输出层连接权值;w_2 为输入层到中间层连接权值;w_1 为承接层到中间层连接权值;$g(\ )$ 为输出神经元的传递函数,是中间层输出的线性组合;$f(\ )$ 为中间层神经元的传递函数,常采用 S 函数。

Elman 网络也采用 BP 算法进行权值修正,学习指标函数采用误差平方和函数:

$$E(w) = \sum_{k=1}^{n} \left[y_k(w) - \bar{\boldsymbol{y}}(w) \right]^2 \tag{5-51}$$

式中:$\bar{\boldsymbol{y}}(w)$ 为目标输出向量。

该过程可通过 Matlab 调用神经网络工具箱实现。

2) Elman 神经网络建模步骤

运用 Elman 神经网络技术构建装备状态预测模型的建模步骤如下:

(1) 收集复杂装备某一状态变量历史数据,按时间序列要求将数据进行整理。

(2) 选取最优延时常数 τ 及嵌入维数 m。

(3) 对原时间序列进行相空间重构。

(4) 构建动态神经网络预测模型。

(5) 进行网络训练,从原始数据中选取部分数据,直到训练达到要求为止,记录此时的网络参数,若不满足训练目标,则返回步骤(4)。

(6) 根据步骤(5)所得参数,从原始数据中选取测试样本,若达到要求,即可进入步骤(1)进行预测,如测试误差较大,返回步骤(5)重新训练,或返回步骤(4)重新设计网络结构。

(7) 选取预测时间点,应用前面建立的模型进行预测。

3. 模型扩展——新陈代谢法

新陈代谢模型的思想是将新得到的数据加入,而将老数据舍弃,使建模序列更能够反映系统目前的特征。在任何一个系统的发展过程中,随着时间的推移,将会不断地有一些随机扰动或驱动因素进入系统,使系统的发展相继受到影响。因此,在实际应用中必须不断考虑随着时间的推移相继进入系统的扰动或驱动因素,随时将每一个新得到的数据置入序列中,建立新的模型。同时,随着系统的发展,老数据的意义将逐步降低,在不断补充新信息的同时,及时去掉老数据,建模序列更能反映系统目前的特征。尤其是系统随着量变的积累,发生质的飞跃或突变时,与过去的系统相比,已是面目全非,去掉根本不可能反映系统目前特征的老数据,不仅是合理的,而且是必要的。

4. 基于神经网络的装备状态预测

这里重点介绍装备运行状态的相空间重构,即可以利用相空间重构技术确定神经网络模型的输入,从而建立基于神经网络的装备状态预测模型。

运行状态是装备系统特征在一维空间的反映,它所对应的装备具有复杂的结构,因而在认识上存在两个基本困难:一是装备系统本身的复杂性;二是只能通过某种"观测器"采集到系统某一状态的时间序列。这样,就需要一种技术,它可以在很大程度上通过系统整体行为的一维"投影"来"还原"系统的整体行为。相空间重构技术能够很好地解决这一问题。

相空间重构的基本方法是通过一维时间序列,选择适当的嵌入空间,将原始的一维时间序列转化为多维空间中的一个点序列,然后求出高维空间中所得到的点序列的相关分形维数,进而寻找系统在高维空间的奇异吸引子。根据奇异吸引子的形状可得到系统相空间的最小维数。这样就可以构造出系统所固有的多维相空间。由此可根据系统的其他特征就可以建立起系统运行的一个与实际比较吻合的模型。

装备运行状态观测序列为 $x(t)$,则相空间任何一点可表示为 $X(t) = [x(t), x(t+\tau), \cdots, x(t+(m-1)\tau)]^{\mathrm{T}}$,其中 m 为嵌入维,τ 为延迟时间。考察 m 维相空间中的一对相点 (X_i, X_j),取它们的欧几里得距离 $r_{ij}(m)$,显然 $r_{ij}(m)$ 为相空间维数的函数,且

$$r_{ij}(m) = |X_i - X_j| \tag{5-52}$$

给定一临界距离 r(r 为一个数),检查有多少对相点之间的距离小于 r,并把小于 r 的"点对"在所有"点对"中所占的比例记为

$$C(r,m) = \frac{1}{N^2} \sum_{i,j=1}^{N} \theta(r - |X_i - X_j|), i \neq j \tag{5-53}$$

式中:θ 是 Heaviside 函数,当 $Z > 0$ 时,$\theta(Z) = 1$,当 $Z \leqslant 0$ 时,$\theta(Z) = 0$;N 为总点数。

可以证明,当 r 充分小时,$C(r,m) = r^D$,即

$$D = \lim_{r \to 0} \frac{\ln C(r,m)}{\ln r} \tag{5-54}$$

式(5-54)所定义的 D 就是关联维。

按式(5-54)算得的 D 显然与所嵌入的相空间的维数 m 有关。一般作出 $\ln r - \ln C(r,m)$ 曲线,找出无标度区的斜率就是 D。考察 D 随相空间维数 m 的变化。当随着 m 的增大,D 处于一个极限值,则该时间序列描述的系统具有吸引子,到达极限值的 D 是该吸引子的分维数,相应的 m 即为描述该动力系统至少需要的状态变量个数,即饱和嵌入维数。

当 D 为分数时,说明该观测时间序列存在着混沌因素。

相点 $X(t)$ 运动到 $X(t+\tau)$ 状态基本可由 $X(t)$ 及其以前的已知相点决定,可以建立如下函数关系:

$$X(t+\tau) = F(X(t)) \tag{5-55}$$

因此,如果能找到函数 F,就可以得到一个预测模型,实现延迟时间为 τ 的

预测。

利用相空间重构技术得到式(5-55)的预测模型后,剩下的问题就是利用神经网络自适应、自学习的特点,用训练样本训练神经网络,则可以模拟函数 F,从而进行预测。

5.2.4　分阶段组合预测模型

装备技术状态的变化十分复杂,难以找到统一的规律,这导致单一预测方法往往只在一定条件下或一定时间范围内具有有效性。一旦超过了这一时间或条件改变,预测的精度就会大幅度降低,甚至不再具有适用性。组合预测是 Bates 和 Granger 在 1969 年首次提出的预测方法。另外,装备的状态虽然是一个连续的变化过程,但是可以按照一定规则将过程划分为几个阶段,同一阶段的变化规律和特点大致相同,易于选择适合的预测方法,从而减小预测误差。在不同阶段采用不同的预测方法,用不同的预测方法进行组合来减小预测误差是解决上述问题的一种有效途径。

1. 相关理论

1) 延迟时间概念

延迟时间概念是由 Christer 教授首先提出的,延迟时间是指从缺陷发生时刻到其完全劣化成为功能故障所经历的时间(相当于 P-F 时间)。

2) 两阶段及其模型

通过延迟时间概念,可以将装备的寿命划分为正常运行和缺陷运行两个阶段:从装备开始运行时刻到缺陷发生点 u 之间的阶段为正常状态,在这一阶段装备运行状态平稳;从缺陷发生点 u 到故障发生点 t_f 之间的时段为缺陷状态,这个阶段装备状态劣化趋势急剧增加。两阶段模型如图 5-3 所示。

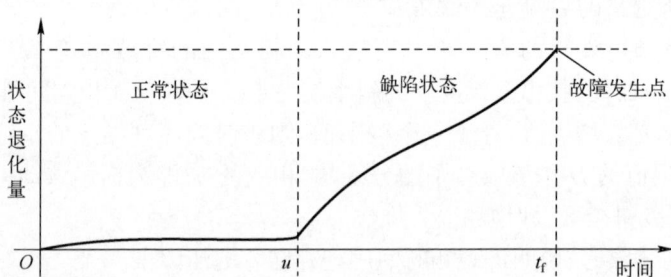

图 5-3　两阶段模型

3) 三阶段划分

结合状态劣化规律和延迟时间理论的两阶段寿命模型,将装备的运行过程

划分为三个阶段,各个运行阶段的特点如下:

(1) 开始运行阶段:指装备运行的初期,此时装备处于磨合阶段,该阶段装备技术状态参数变化较为缓慢,但是不能排除导致装备状态参数突然急剧变化的意外情况;由于装备刚刚开始运行,检测数据较少,给研究技术状态参数变化特点和技术状态参数预测带来一定困难。

(2) 平稳运行阶段:在运行一段时间后,装备磨合基本结束,技术状态参数变化趋于平稳。此时装备检测数据也已经有了一定的积累,是全面了解技术状态参数变化规律的最佳时期。

(3) 缺陷运行阶段:在度过了一段平稳运行的时期后,由于磨损、腐蚀、部分零件老化等,装备的技术状态参数发生急剧劣化,并且变化速度快、幅度大。此时需要提高预测精度,及时地掌握技术状态参数的变化。

技术状态参数是连续变化的,需要按照规则划分运行阶段。对于一些特殊的状态参数,可以利用一些既定规则,结合上述阶段变化特点划分运行阶段,从而实现技术状态参数的多阶段组合预测。

4) 分阶段组合预测模型

组合预测是由 Bates 和 Granger 提出的预测方法,该方法通过把不同的预测模型结合起来,综合利用各种方法所提供的信息,以适当的加权平均形式得到组合预测模型。

根据不同阶段状态参数变化的特点,在不同阶段采用不同预测方法的分段预测模型,称为分阶段组合预测模型。其数学表达式为

$$\hat{x}(t) = \begin{cases} f_1(t), t \in T_1 \\ f_2(t), t \in T_2 \\ \quad \vdots \\ f_i(t), t \in T_i \\ \quad \vdots \\ f_n(t), t \in T_n \end{cases} \quad (5-56)$$

式中:$\hat{x}(t)$ 为预测结果;$T_i(i=1,2,\cdots,n)$ 表示不同的阶段;$f_i(t)$ 为第 i 个阶段所选用的预测方法。

2. 预测方法选择

1) 开始运行阶段

开始运行阶段掌握数据较少,需要在较少样本的情况下进行预测,针对该特点,可选择灰色预测为该阶段的预测方法。GM(1,1) 预测的主要步骤见5.2.1 节。

2) 平稳运行阶段

平稳运行阶段装备运行稳定,技术状态参数变化平稳,同时已经积累了一定检测数据作为样本数据,该阶段要求全面掌握装备技术状态参数的变化规律。根据上述特点和要求,可以选择回归预测为该阶段的预测方法,参见 2.3.2 节。

3) 缺陷运行阶段

缺陷运行阶段装备性能急剧劣化,技术状态参数快速变化。此阶段要求准确、及时地预测参数的变化趋势,保证装备正常运行。针对这一特点,可选择 Elman 人工神经网络的方法。

5.2.5　基于装备劣化向量的预测模型

对于经过历史数据融合和预测的装备技术状态综合值,大多数情况下与时间经历并不是线性关系。如果两者间非线性关系明显,将为后续的技术状态分类带来困难。为了弥补技术状态综合值计算方法存在的这一不足,介绍一种新的技术状态综合变量——装备劣化度,构建劣化度向量,进行寿命预测。

1. 装备劣化度

装备技术状态变化过程实质上是各种特征值不断劣化的过程,因此定义装备的技术状态劣化度 s,表示装备的劣化程度,$s=0$ 表示完好状态,$s=1$ 表示劣化极限状态。装备劣化度 s 由单变量函数 $s=f(q)$ 计算得到,q 为各种功能参数或者各种状态参数融合得到的综合特征参数。

装备劣化度 s 与综合特征参数 q 之间最简单的情况为线性关系,即 $\hat{s}=\beta_0+\beta_1\hat{q}$。在实际应用中,当 s 与 q 之间的线性关系不明显时,采用一元非线性回归描述劣化度 s 与综合特征参数 q 之间的关系,通过样本数据求解回归方程的相关参数。回归方程的求解步骤(图 5-4)如下:

(1) 构造样本数据。选择某类装备整个寿命周期中的 n 个时刻,统计其状态监测数据,统计时,应尽可能使 n 个时刻的使用时间均匀分布在整个寿命中。将 n 组数据进行数据融合,计算得到综合特征参数数据序列 $(q_{y1},q_{y2},\cdots,q_{yn})$。

将 $(q_{y1},q_{y2},\cdots,q_{yn})$ 所对应的装备,采取专家打分方式进行技术状态评估,由多名专家直接给出该类装备在 n 个时刻的劣化值,并求同一时刻的劣化值平均值,构成劣化度序列 $(s_{y1},s_{y2},\cdots,s_{yn})$,其中 $0 \leq s_i \leq 1$,$i=1,2,\cdots,n$,$s=0$ 表示完好状态,$s=1$ 表示劣化极限状态,则构造了劣化度样本数据序列 $((q_{y1},s_{y1}),(q_{y2},s_{y2}),\cdots,(q_{yn},s_{yn}))$。

(2) 对样本数据对进行分析,以 q 为 x 轴、s 为 y 轴画出数据的散点图,确定可能的函数关系。

非线性函数相对比较复杂,选取可以化作线性函数的非线性函数讨论,常用的函数有双曲线函数 $1/y=a+b/x$,幂函数 $y=ax^b$、$y=a+b\sqrt{x}$,指数函数 $y=ae^{bx}$,对数函数 $y=a+b\ln x$,S 型函数 $y=1/(a+be^{-x})$ 等。对比由样本数据得到的散点图与各种函数的曲线,选择变化趋势相似的曲线。

(3)对确定的函数关系进行变量变换,使新变量之间具有线性关系。

(4)利用变换后的样本数据选取的函数分别进行计算,选取判定系数 R^2 最大均方差误差最小的函数模型。

判定系数 R^2 可以解释为 $y_1,y_2,\cdots,y_n$ 的总变差平方和被线性回归方程描述的比例。R^2 越大,说明该回归方程描述因变量总变化量的比例越大,即拟合效果越好,反映了回归方程对数据的拟合程度。

回归方程为

$$\hat{y}=f(x) \tag{5-57}$$

模型平方和为

$$SSM = \sum_{i=1}^{n} (y_i - \hat{y})^2 \tag{5-58}$$

总变差平方和为

$$SST = \sum_{i=1}^{n} (y_i - \bar{y})^2 \tag{5-59}$$

式中

$$\bar{y} = \frac{1}{n} \sum_{i=1}^{n} y_i \tag{5-60}$$

则判定系数为

$$R^2 = \frac{SSM}{SST} = \frac{\sum_{i=1}^{n} (\hat{y}_i - \hat{y})^2}{\sum_{i=1}^{n} (y_i - \bar{y})^2} \tag{5-61}$$

均方根误差为

$$r = \sqrt{\frac{1}{n} \sum_{i=1}^{n} (y_i - \hat{y}_i)^2} \tag{5-62}$$

(5)根据变换后的样本数据,确定函数的相关参数;根据对应的线性化方法还原线性函数,最终得到装备劣化度与综合特征参数之间的函数关系为

$$\hat{s}=f(q) \tag{5-63}$$

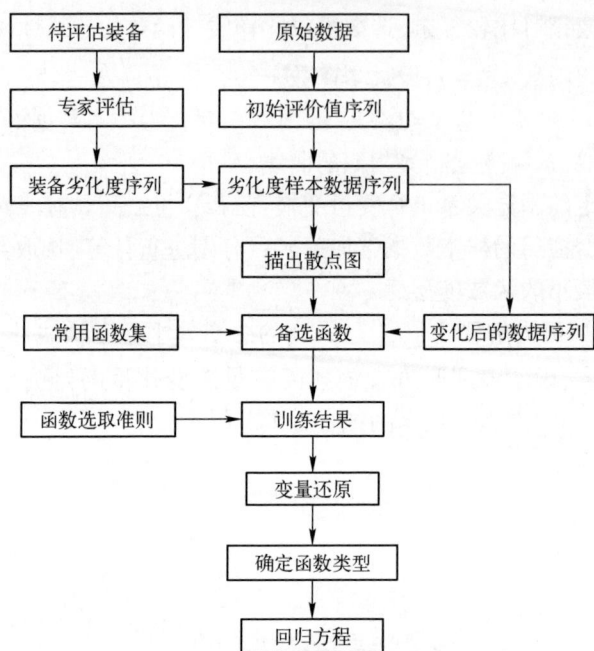

图5-4　回归方程的求解步骤

2. 装备劣化趋势

以装备的综合特征参数 q 为横坐标、以装备劣化度 s 为纵坐标定义平面直角坐标系,其中,装备综合特征参数 q 与装备劣化度 s 的关系可由式(5-63)得到。定义直角坐标系中的两点 (q,s)、(q_k,s_k)。其中:(q,s) 由实际使用过程中装备当前使用时间为 t 时的综合特征参数 q 和对应的装备劣化度 s 组成;(q_k,s_k) 由距离装备当前使用时间 t 最近前一个监测点 t_k 计算得到的装备综合特征参数 q_k 与对应的装备劣化度 s_k 组成,且有 $t>t_k$。定义状态劣化趋势 β,描述装备劣化度随综合特征参数的变化状况。装备在 (q,s) 点处,即装备使用时间为 t 的状态劣化趋势为

$$\beta = \frac{s-s_k}{|q-q_k|} \tag{5-64}$$

即平面内经过点 (q,s)、(q_k,s_k) 的直线的斜率。

对于通过预测所获得的装备全寿命样本数据序列 $((q_{y1},s_{y1}),(q_{y2},s_{y2}),\cdots,(q_{yn},s_{yn}))$,由式(5-64)可以计算出装备总的劣化趋势,即装备在寿命周期上总的劣化趋势:

$$\beta_a = \frac{s_{yn}-s_{y1}}{|q_{yn}-q_{y1}|} \tag{5-65}$$

3. 装备劣化速率

以装备使用时间 t 为横坐标、以装备劣化度 s 为纵坐标定义平面直角坐标系,装备劣化度 s 可由装备当前使用时间 t 时的装备综合特征参数 q 计算得到。定义两点 (t,s) 和 (t_k,s_k)。其中: (t,s) 由装备当前使用时间 t 与对应的装备劣化度 s 组成; (t_k,s_k) 由距离装备当前使用时间 t 最近前一个监测点 t_k 与对应的装备劣化度 s_k 组成,且有 $t>t_k$。定义状态劣化速率 v,描述装备劣化度随装备运行时间的变化速度。装备状态劣化速率为

$$v = \frac{s-s_k}{t-t_k} \tag{5-66}$$

即平面内经过点 (t,s) 、 (t_k,s_k) 的直线的斜率。

装备状态平均劣化速率为

$$v_\mathrm{m} = \frac{1}{T_\mathrm{L}} \tag{5-67}$$

式中: T_L 为装备寿命(h)。

不同装备个体由于制造过程、运行环境、目标任务的不同,相应的寿命也不相同,则不同装备的平均劣化速率也不相同。根据装备劣化速率,把装备技术状态变化分为渐变过程和突发过程。

渐变过程主要特征是在给定的时间段内,技术状态恶化的程度和发生故障的概率与产品已经工作过的时间有关,产品使用的时间越长,发生故障的概率就越高。大部分机械产品的技术状态变化都符合这一过程。变化的速度与材料的磨损、腐蚀、疲劳及蠕变等过程有密切关系。

突变过程是指装备技术状态变化过程是各种不利因素以及偶然的外界影响共同作用的结果,这种作用已超出了产品所能承受的限度,最终导致故障发生。突发性故障的主要特征是在给定的时间段内,发生故障的概率与产品已使用时间无关。这类故障的例子有:润滑油中断使零件产生热变形裂纹;机器使用不当或出现超负荷现象而引起零件折断,各项参数都达到极端值(载荷最大,而材料硬度低,温度较高等)而引起的零件变形和断裂。突发性故障往往是突然发生的,事先无任何征兆。

需要指出的是,只有渐变过程的技术状态变化才能进行有效的状态监测,开展状态维修。大多数机械产品的技术状态变化过程都符合这一特点。对于大多数电子设备而言,故障大都属于突发性故障,状态监测很难发现此类故障的发展趋势并进行预防。采取嵌入式检测系统,迅速发现故障零件,缩短故障的排除时间,是电子产品诊断技术的发展趋势。

4. 装备劣化度向量表示

在装备运行的任一时刻 t，装备劣化度可用向量 $\boldsymbol{L}=(s,\beta,v)$ 表示，三个分量分别由式(5-63)、式(5-64)和式(5-66)计算得出，其中装备劣化度 s 反映装备在某一时刻静态技术状态，状态劣化趋势 β 反映装备在一段时间内对综合特征参数的敏感程度，状态劣化速率 v 反映装备在某一时间段内状态劣化的快慢。与单一以装备劣化度描述装备技术状态的方法相比，向量描述方法提供了装备技术状态变化的动态信息，解决了静态评估中的信息丢失问题，为维修决策提供了更多信息。当不同装备的劣化度相同或相近时，向量表示方法可以通过比较状态劣化趋势和状态劣化速率，得出装备技术状态的差别，从动态的角度为维修决策提供依据。

5.3　装备技术状态趋势预测示例

5.3.1　基于残差修正的非等时距 GM(1,1) 预测模型预测

定期采集发动机润滑油的油液样本，分析油液的污染程度及光谱特征，可通过计算的油液监测数据融合值对发动机的磨损状态发展趋势进行预测。表 5-1 列出了某发动机油液监测数据及融合值，油液采集时间为装备月保养时进行，油液采集间隔期表现为非等时距的特征。其中，融合值是综合油液中 Fe、Pb、Cu、Al、Si 元素对发动机状态影响的权重等因素确定的。

表 5-1　某发动机油液监测数据及融合值列表

工作时间/摩托小时	油液中所测元素含量/(mg/kg)					融合值
	Fe	Pb	Cu	Al	Si	
0	7.84	1.01	2.75	3.42	2.96	5.97
46	10.1	1.53	3.79	3.45	3.71	7.67
68	15.9	1.73	4.31	4.81	5.95	11.98
105	32.9	2.15	6.1	5.93	7.23	23.12
132	52.9	2.56	8.94	7.54	7.78	36.02
168	57.6	2.67	10.6	9.38	9.27	39.53
189	60.3	3.32	12.3	12.6	10.5	41.72
204	63.6	3.8	14.5	16.4	11.8	44.37
339	79.4	9.0	14.9	23.3	24.6	57.97
425	96.8	17.7	18.9	28.9	41.1	73.90

工作时间 /摩托小时	油液中所测元素含量/(mg/kg)					融合值
	Fe	Pb	Cu	Al	Si	
537	145.1	29.1	23.4	30.8	50.6	107.3
583	160.3	35.7	24.2	33.3	62.1	120.2

当建模数据点大于 10 时,相应的预测误差并无很大地减小。因此,确定使用 10 个历史数据求解灰色模型的参数。利用第 1~10 个数据,计算第 11 个数据的预测值,再依次新陈代谢计算第 12 个数据的预测值。

1. 1-AGO

由 10 个数据组成的预测序列为

$$X^{(0)} = \{x^{(0)}(0), x^{(0)}(46), x^{(0)}(68), x^{(0)}(105), x^{(0)}(132), x^{(0)}(168),$$
$$x^{(0)}(189), x^{(0)}(204), x^{(0)}(339),$$
$$x^{(0)}(425)\} = \{5.97, 7.67, 11.98, 23.12, 36.02, 39.53, 41.72,$$
$$44.37, 57.97, 73.90\}$$

将该时间序列数据代入式(5-28)可得

$$X^{(1)} = \{x^{(0)}(0), x^{(0)}(46), x^{(0)}(68), x^{(0)}(105), x^{(0)}(132), x^{(0)}(168),$$
$$x^{(0)}(189), x^{(0)}(204), x^{(0)}(339), x^{(0)}(425)\}$$
$$= \{5.97, 27.1562, 61.0637, 120.7605, 169.8095, 195.9741,$$
$$202.5761, 250.0991, 304.0001, 324.8990\}$$

2. 估计模型中的背景值

将所得的数据代入式(5-25)可得

$$\boldsymbol{B} = \begin{bmatrix} -z^{(1)}(t_2) & \Delta t_2 \\ -z^{(1)}(t_3) & \Delta t_3 \\ \vdots & \vdots \\ -z^{(1)}(t_n) & \Delta t_n \end{bmatrix} = \begin{bmatrix} -342.4 & 59.0 \\ -2301.5 & 55.0 \\ -6215.8 & 71.0 \\ -7050.8 & 49.0 \\ -4491.5 & 24.6 \\ -1076.0 & 5.4 \\ -6765.1 & 30.0 \\ -8285.2 & 30.0 \\ -34577 & 11.0 \end{bmatrix}$$

代入式(5-26)可得

$$Y = [x^{(0)}(t_2)\Delta t_2, x^{(0)}(t_3)\Delta t_3, \cdots, x^{(0)}(t_n)\Delta t_n]^{\mathrm{T}}$$
$$= [26.8922, 33.9075, 59.6968, 49.0490, 26.1646, 6.6020,$$
$$47.5230, 53.9010, 20.8989]$$

将 B、Y 代入式(5-24)可得

$$\hat{a} = [a, u]^{\mathrm{T}} = (B^{\mathrm{T}}B)^{-1}B^{\mathrm{T}}Y = \begin{bmatrix} -0.0047 \\ 0.4136 \end{bmatrix}$$

3. 求响应函数

将 $x^{(1)}(t_{10})$、$\hat{a}$ 代入式(5-27)可得

$$\hat{x}^{(1)}(t_i) = \left(x^{(1)}(t_n) - \frac{u}{a}\right)e^{-a(t_i - t_n)} + \frac{u}{a} = 413.0911e^{0.0047(t_i - 381)} - 88.1921$$

于是，根据 $\hat{x}^{(1)}(t_i)$ 还原序列，可得

$$\hat{x}^{(0)}(t_i) = \frac{\hat{x}^{(1)}(t_i) - \hat{x}^{(1)}(t_{i-1})}{\Delta t_i}$$
$$= \frac{1 - e^{a\Delta t_i}}{\Delta t_i} \cdot \left(x^{(1)}(t_n) - \frac{u}{a}\right)e^{-a(t_i - t_n)}$$
$$= 413.0911 \times \frac{1 - e^{-0.0047\Delta t_i}}{\Delta t_i} \times e^{0.0047(t_i - 381)}$$

计算得到预测的序列为

$$\hat{x}^{(0)}(t_i) = \{0.4017, 0.4638, 0.605, 0.8154, 1.0778, 1.2787,$$
$$1.3712, 1.4911, 1.7163, 1.8882, 2.0262\}$$

4. 傅里叶残差修正

残差序列为

$$e(t_i) = \{-0.1377, -0.0080, 0.0108, 0.0254, -0.0768, -0.2151, -0.1486,$$
$$0.0930, 0.0804, 0.0117\}$$

根据式(5-36)~式(5-39)计算可得

$$\omega = 0.0165, a_0 = 0.0808, a_n = -0.0162, b_n = 0.0465$$

将上述参数代入式(5-35)，从而得到傅里叶残差修正为

$$\hat{e}(t_i) = 0.0404 + \sum_{j=1}^{m} [-0.0162\cos(0.0165jt_i) + b_n\sin(0.0165jt_i)]$$

预测公式为

$$\hat{x}^{(0)}(t_i) = 413.0911 \times \frac{1 - e^{-0.0047\Delta t_i}}{\Delta t_i} \times e^{0.0047(t_i - 381)} + 0.0404 +$$

$$\sum_{j=1}^{m} \left[-0.0162\cos(0.0165jt_i) + b_n\sin(0.0165jt_i) \right]$$

真实值与预测值对比如表 5-2 所列。

表 5-2　真实值与预测值对比

工作时间/摩托小时	0	46	68	105	132	168
真实值	5.97	7.67	11.98	23.12	36.02	39.53
预测值	5.97	7.80	12.19	23.81	34.93	36.64
绝对误差/%	0	1.76	1.752	3.021	−7.67	−8.2
工作时间/摩托小时	189	204	339	425	537	583
真实值	41.72	44.37	57.97	73.09	107.3	120.2
预测值	43.89	46.97	60.56	73.52	108.17	120.4
绝对误差/%	5.2	5.871	4.475	0.616	0.82	0.191

真实值与预测值对比如图 5-5 所示。

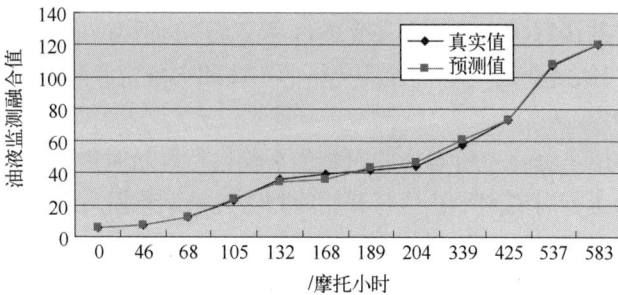

图 5-5　真实值与预测值对比

从上述预测结果分析可知,前 8 组数据的真实值与预测值的绝对误差大多在 9% 以内,说明模型对原始数据的变化规律有较好的再现能力;后 4 组数据预测值较为准确,说明模型改进初始条件、初始值新陈代谢和残差修正后的预测精度有所提高。总体而言,改进后的灰色非等时距预测模型预测值与真实值的绝对误差均小于 9%,预测效果较好,说明模型对装备磨损状态变化趋势有良好的预测能力。

5.3.2 装备状态分阶段组合预测

选取某装备发动机油液数据中有代表性的 Fe 元素作为预测参数进行研究,得到的数据如表 5-3 所列(该发动机 Fe 元素含量的报警值为 80mg/kg,报告值为 121mg/kg)。

表 5-3 Fe 元素含量变化

检测时间/摩托小时	Fe/(mg/kg)	检测时间/摩托小时	Fe/(mg/kg)
20	11.88	340	45.71
60	12.46	380	52.17
100	13.40	420	54.65
140	19.50	460	63.05
180	26.29	500	72.97
220	30.50	540	84.81
260	33.71	580	100.42
300	39.52	620	116.53

由于装备的运行状态是一个变化的过程,为了方便模型的建立,根据延迟时间概念和两阶段预测模型,结合油液分析的一些相关规定和经验积累,对阶段划分做出以下规定:

(1)报警值三分之二所对应的时刻为平稳运行开始时刻。

(2)开始运行时刻到平稳运行开始时刻为开始运行阶段。

(3)平稳运行开始时刻到缺陷发生点为平稳运行阶段。

(4)缺陷发生点到寿命终了时刻为缺陷运行阶段。

预测结果选用相对误差这一指标进行评价。相对误差定义为

$$\Delta(k) = \left| \frac{e_n}{x(n)} \right| = \left| \frac{x(n) - \hat{x}(n)}{x(n)} \right|$$

式中:$x(n)$ 为真实值;$\hat{x}(n)$ 为预测值。

可见,相对误差越小,预测精度越高。

1. 灰色预测

灰色预测最少需要 4 组数据,从第五组数据开始做预测,其结果如表 5-4 所列。

表 5-4　灰色预测拟合结果对比

检测时间/摩托小时	原 始 数 据	预 测 数 据	预测误差/%
180	26.29	26.12	0.64
220	30.50	30.95	1.48
260	33.71	34.85	3.39
300	39.52	41.46	4.91
340	45.71	47.74	3.79
380	52.17	54.09	3.67

2. 回归预测

当数据累积到一定程度以后,通过回归分析进行预测,可以在一定程度上为维修策略的实施提供支持。

通过回归分析,得到数据拟合曲线如图 5-6 所示。指数函数回归分析结果如表 5-5 所列。

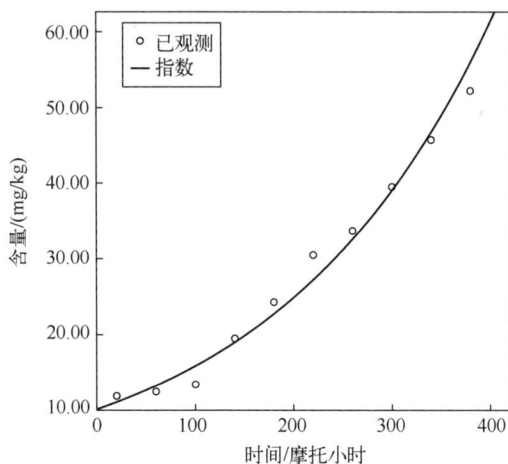

图 5-6　回归分析数据拟合曲线

表 5-5　指数函数回归分析结果

检 验 指 标			参数估计值	
R^2	F	r	a	b
0.977	345.423	0.989	0.004	10.119

由表 5-5 可以得出最终的拟合曲线为

$$y = 10.119\mathrm{e}^{0.004x}$$

通过回归分析得出的预测值与原始数据的对比见表 5-6。

表 5-6　回归预测拟合结果对比

检测时间/摩托小时	原 始 数 据	预 测 数 据	预测误差/%
420	54.65	54.29	0.65
460	63.05	63.71	1.05
500	72.97	74.77	2.47
540	84.81	87.74	3.46
580	100.42	102.97	2.54
620	116.53	120.83	3.69

3. Elman 神经网络预测

检测值一旦超出了报警值 u,所测对象的技术状态就开始极具劣化,需要通过神经网络预测对状态进行动态预测与诊断;同时,还要采取一些维修措施来应对。

(1) 将数据进行预处理,将所有数据除以 200,使它们都落到[0,1]的范围内,处理结果见表 5-7。

表 5-7　处理结果对比

原 始 数 据	处 理 结 果	原 始 数 据	处 理 结 果
11.88	0.0594	45.71	0.2286
12.46	0.0623	52.17	0.2609
13.40	0.0670	54.65	0.2733
19.50	0.0975	63.05	0.3153
26.29	0.1315	72.97	0.3649
30.50	0.1525	84.81	0.4241
33.71	0.1686	100.42	0.5021
39.52	0.1976	116.53	0.5827

(2) 在样本空间选取前 13 组数据作为样本,8 组数据作为输入量,得到的相空间重构数据见表 5-8。

表 5-8　相空间重构训练样本

输　入　向　量								输　出　向　量
P_1:0.0594　0.0623　0.0670　0.0975　0.1315　0.1525　0.1686　0.1976								T_1:0.2286
P_2:0.0623　0.0670　0.0975　0.1315　0.1525　0.1686　0.1976　0.2286								T_2:0.2609
P_2:0.0670　0.0975　0.1315　0.1525　0.1686　0.1976　0.2286　0.2609								T_2:0.2733

（3）Elman 神经网络预测建模。通过计算，可得输入层有 8 个神经元，输出层有 1 个神经元，隐含层的神经元个数根据经验设定为 30 个，创建一个 Elman 神经网络。

训练结果如图 5-7 所示。

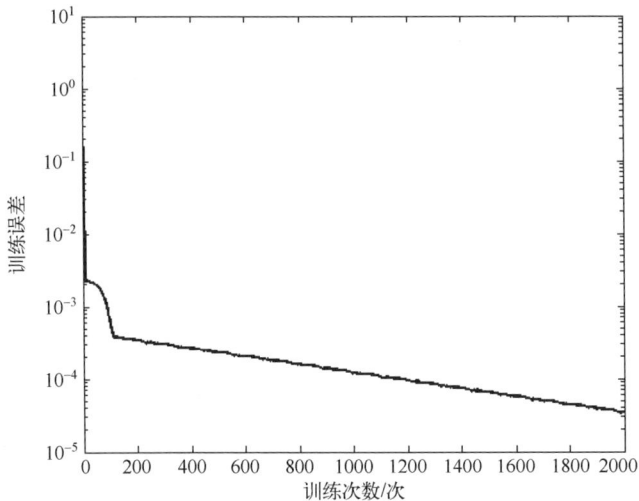

图 5-7　Elman 神经网络训练结果

可见，训练了 2000 次后，网络的训练误差为 3.38646×10^{-5}，可以接受训练结果。

（4）利用模型进行预测。将预测时刻前 8 个数据作为输入向量，可得 540 摩托小时的预测值为 0.4279，还原为含量数据是 85.58mg/kg，预测值的相对误差为 0.91%。

（5）多步预测。将预测值代入原模型进行训练，训练结果如表 5-9 所列。

表 5-9　神经网络预测拟合结果对比

检测时间/摩托小时	原 始 数 据	预 测 数 据	预测误差/%
540	84.81	85.58	0.91
580	100.42	98.54	1.87
620	116.53	113.42	2.67

预测的最终结果如图 5-8 所示。

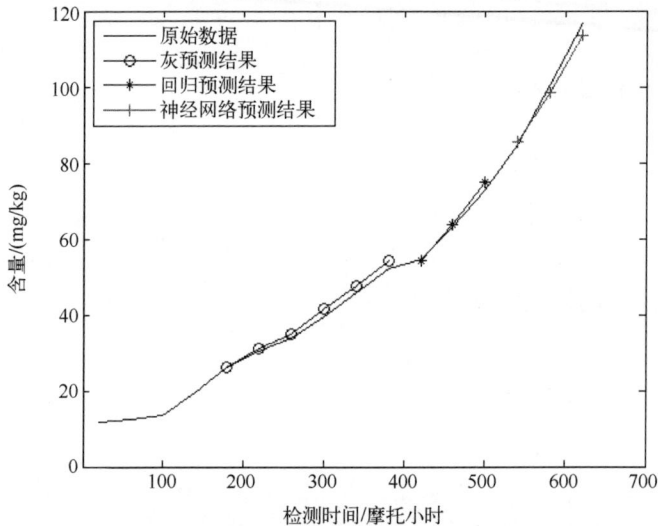

图 5-8　最终预测结果对比

由上可以看出,不同阶段的预测结果的误差均在可以接受的范围内。

(1) 灰色预测对数据要求较少的特点,使该方法可以在开始运行阶段发挥作用。适用于前期检测,主要是预测和诊断一些意外情况造成的故障,保持装备的平稳运行。

(2) 当检测数据累积到一定程度后,回归预测发挥作用。通过拟合的最优曲线,可以全面掌握装备的运行规律,预测变化趋势提供了有力支持。

(3) 神经网络预测为动态预测过程,并且数据更新速度快,可以根据更新数据提高预测精度,适用于缺陷运行阶段装备状态变化快的特点。

通过以上多阶段预测模型,可以在不同的运行阶段采用适用于该阶段装备状态变化特点的方法进行预测,预测精度高,效果明显。

5.3.3　基于装备劣化向量的预测

表 5-10 列出了某装备劣化样本数据,其中 q 是按照主成分分析法得到的技术状态综合值,s 为专家根据装备劣化度样本数据对发动机进行劣化度进行的评定值($s=0$ 表示完好状态,$s=1$ 表示劣化极限状态),实现装备技术状态综合值向装备劣化度的非线性映射。

表 5-10　某装备劣化度样本数据

工作时间/摩托小时	11	150	250	350	480	550
技术状态综合值 q	2.0712	1.5555	1.2184	1.1421	0.8405	0.8579
装备劣化度 s	0.05	0.36	0.45	0.68	0.85	0.90

为了更好地拟合函数,进行变量变换 $S=1-s$,得到变换后的数据序列为 $((2.0712,0.95),(1.5555,0.64),(1.2184,0.55),(1.1421,0.32),(0.8405,0.15),(0.8579,0.10))$。变换后的数据序列绘制成数据的散点图(图 5-9),并根据散点图形状,选取备选函数关系,如双曲线函数 $1/y=a+b/x$、对数函数 $y=a+b\ln x$、幂函数 $y=a+b\sqrt{x}$;进行变量变换,将得到的样本数据集导入 SAS 软件并利用软件对每种模型进行一元回归分析,得到结果如表 5-9 所列。

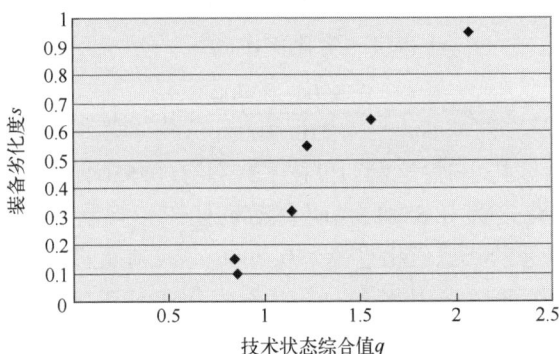

图 5-9　变量变换后数据的散点图

表 5-11 中,根据回归函数选取准则,选取判定系数 R^2 最大、均方根误差最小的模型,即表中第二列 $y=a+b\ln x$ 模型,该回归方法对数函数的判定系数最大,为 0.9647,同时均方根误差最小,为 0.0681,取对数函数为最终回归函数。对回归函数进行变量还原,最终确定的回归方程为

$$\hat{s}=1-(0.2722+0.9157\ln\hat{q}) \tag{5-68}$$

表 5-11　一元非线性回归分析结果

函 数 类 型	变量变换形式	回 归 方 程	判定系数 R^2	均方根误差
$1/y=a+b/x$	$r=1/y; u=1/x$	$r=-5.6959+11.2860u$	0.7882	1.8299
$y=a+b\ln x$	$w=\ln x$	$y=0.2722+0.9157w$	0.9647	0.0681
$y=a+b\sqrt{x}$	$z=\sqrt{x}$	$y=-1.3269+1.5921z$	0.9613	0.0713

根据表 5-10 所提供的样本数据,代入式(5-65)计算发动机的总劣化趋势为

$$\beta_a = \frac{s_n - s_1}{|q_n - q_1|} = \frac{0.90 - 0.05}{|0.8579 - 2.0712|} = 0.7006$$

已知发动机需要在 550 摩托小时进行更换,则根据式(5-66)可计算出发动机的平均劣化速率为

$$V_m = \frac{1}{T_{寿命}} = \frac{1}{550} = 0.0018$$

对于发动机为 270 摩托小时的当前监测点,它的技术状态劣化度为 $s_{270} = 0.5504$,发动机为 180 摩托小时为距离当前时刻最近的监测点,根据式(5-64)计算状态劣化趋势为

$$\beta = \frac{s - s_k}{|q - q_k|} = \frac{0.5504 - 0.4003}{|1.4300 - 1.2138|} = 0.6943$$

同理,根据式(5-66)计算状态劣化速率为

$$\nu = \frac{s - s_k}{t - t_k} = \frac{0.5504 - 0.4003}{270 - 180} = 0.0017$$

因此,在 270 摩托小时,该发动机技术状态为(0.5504,0.6947,0.0017)。发动机技术状态劣化度为 0.5504,说明发动机处于正常状态;状态劣化趋势为 0.6947,对比装备总的状态劣化趋势为 0.7006,说明在此阶段对评价值不敏感;状态劣化速率为 0.0017,相比装备总的状态劣化速率 0.0018,说明装备的状态劣化速率处于一般水平。从总体上看,此装备的技术状态处于正常水平。

第 6 章 状态评估与分类

状态评估与分类是用一套客观、特定的方法或步骤去测度研究对象所处的状态,通常根据需要构建各种分类器,实现技术状态信息向技术状态分类的映射,目的是满足维修决策需求。

6.1 状态分类及数学表示

6.1.1 状态分类结果

装备技术状态分类的结果,通常可采用是非制、等级制或者百分制。

1. 是非制

是非制将装备技术状态分为合格、不合格,或者达标、不达标两种对立状态,常用的判别装备状态正常与否,即可采用该分类方法。例如,工业制造领域通常采用产品性状判别生产线设备状态是否发生故障,一旦超出规定阈值,则立即停机检修,针对这类场景,即可采用是非制标识状态正常与否。这种方法分类简单、直观,容易理解,但分类相对粗糙。在实际的状态维修中,往往需要针对状态劣化的程度制定不同的维修策略,是非制无法满足此类要求。

2. 等级制

对于大多数装备或系统而言,其"正常"状态并不具有明确可辨的判别依据,很多时候,装备往往处在性能有所退化但仍能正常使用或者可以降级使用的状态,可采用等级制将装备技术状态的相对劣化程度表示为不同的状态等级。例如,装甲装备可依据其状态完好状态划分为"一类车""二类车""三类车""四类车"。根据装备自身状态特点和可选维修策略,装备状态可分为不同的等级,常用的有"三级制""四级制""五级制"和"七级制"等。如电力变压器的技术状态可分类为"优秀""良好""一般""注意""故障"五个等级,每个等级对应标识技术状态的特定变化范围。等级分类方法对装备状态进行归类细分,能够适应状态维修决策的需求,具有较好的解释意义,是非制是等级制的一种特例。

3. 百分制

百分制分类是采用 0～100 的分值来描述装备的技术状态,通常用 0 表示装备发生故障,必须立即维修,100 表示装备处于完好状态,其他情况下装备的状态分值介于 0～100 之间,分值越高,表明技术状态越好。与等级制相比,百分制进一步细化了装备技术状态分类,便于装备状态数字化管理。在实际应用中,百分制通常与等级分类法相结合,以状态等级作为状态维修决策的依据。

6.1.2　状态分类数学表示

分类的数学含义是给定一个特征数据集,$X = [x_1, x_2, \cdots, x_m] \in \mathbf{R}^{K \times M}$,构造一种分类算法,从而将 $\mathbf{R}^{K \times M}$ 维空间中的数据映射为 $\mathbf{R}^t (t \leqslant K \times M)$ 维空间中的数据,$Y = [y_1, y_2, \cdots, y_n] \in \mathbf{R}^t$。在状态维修领域,状态的分类是以维修决策为目标,通常将技术状态等级与维修策略进行一一对应,因此装备状态分类过程中,t 通常取 1,表示决策空间是一维的,技术状态分类结果用一维数值即可表示。

对于复杂装备来说,其状态通常由多维状态特征空间来表示,空间内各维度分别表示被监测参量的特征向量,由多维状态特征空间向状态分类空间进行向量映射的过程即为装备状态分类。

状态分类空间对系统技术状态进行有限的划分,可采用是非制、等级制或百分制,显然分类空间只有一维向量,可表示为 $Y:\{Y:y_1, y_2, y_3, \cdots\}$。

将状态劣化度、状态劣化趋势、状态劣化速度三类状态参数相融合,表示为技术状态综合值 q,可以综合多维度信息,对装备状态进行综合定量评价,$q \in [0,1]$,$q=0$ 表示完好状态,$q=1$ 表示劣化极限状态。通过对 q 值域进行划分可以确定状态等级的划分标准,表 6-1 为技术状态综合值 q 的一种技术状态等级划分标准示例。

表 6-1　装备技术状态等级划分标准示例

技术状态综合动态评估值 q	$[0, 0.10)$	$[0.10, 0.4)$	$[0.4, 0.6)$	$[0.6, 0.85)$	$[0.85, 1]$
技术状态等级	优秀	良好	中等	一般	差
解释说明	接近出厂值,状态良好	在最优值附近,远未达到注意值,劣化趋势和劣化速率不明显	介于最优值与注意值之间,有一定的劣化趋势和劣化速率	接近但没有超过注意值,有明显的劣化趋势和劣化速率	达到或者超过注意值;劣化趋势和劣化速率非常明显

表 6-1 中,按照装备技术状态综合动态评估值的高低,装备状态划分为 5 个等级,分别是“优秀”“良好”“中等”“一般”和“差”,表中对每个状态等级的含义进行了解释说明。对表 6-1 有两点需要进行说明:

（1）在解释说明中，出厂值为装备出厂刚投入使用时的状态参数监测值；最优值为装备经过一段时间的使用磨合，装备正常工作时的状态参数监测值；注意值为投入使用到一定阶段后，装备状态产生较明显的劣化趋势与劣化速率时的状态参数监测值。在实际监测中，这三个值需要结合具体装备进行确定，并且对经验依赖性较强。在明确出厂值、最优值、注意值的基础上，可参照历史数据确定劣化趋势、劣化速度参数的评价标准，将技术状态分类与常规的装备监测情况做对应。

（2）判断装备技术状态等级的依据是装备技术状态综合评估值 q，对于两个相邻状态等级，状态等级的判定标准可采取不同的策略。本例中采取了相对保守的策略，例如，当 $q = 0.6$ 时，装备实际的技术状态既有可能处于"中等"状态，也有可能处于"一般"状态，按照表中给定的划分准则，将装备此时的技术状态判定为"一般"状态，即两状态中更差的状态等级。因此，该策略通过保守的等级划分，防止装备技术进一步劣化，发生意外故障。

6.2　常用评估与分类方法

目前，多种评估方法已经在装备技术状态分类中得到了应用，下面介绍常用方法的基本程序和特点。

6.2.1　层次分析法

在装备状态评估中，层次分析法可确定装备状态特征向量的权重，通过状态特征向量的线性组合，对装备的综合状态进行量化评判。

层次分析法的基本思想：首先按问题要求建立一个描述系统功能或特征的内部独立的递进层次结构，通过两两比较因素（或目标、准则、方案）的相对重要性，构造上层某元素对下层相关元素的权重判断矩阵，以给出相关元素对某元素相对重要程度的定量度量。给定权重判断矩阵，该方法可用严密的数学计算方法求解，但权重判断矩阵主要受评判标准的支配，评判标准的客观程度决定了决策结果的正确程度。层次分析法主要采用特征向量法来确定各组成元素的权重，即通过求解比较判断矩阵的特征方程式的特征根，找出最大的特征根，得到它对应的特征向量，将特征向量归一化后即为相对权重向量。

1. 常用标度的含义

标度间关系如表 6-2 所列。

表6-2　层次分析法标度间关系

标度序号	标度名称	标度评语及对应值								
		相等	中间	稍微强	中间	比较强	中间	非常强	中间	绝对强
1	1-3标度	1	2	2	2	2	3	3	3	3
2	1-5标度	1	2	2	3	3	4	4	5	5
3	1-9标度	1	2	3	4	5	6	7	8	9
4	1-13标度	1	3	4	6	7	9	11	12	13
5	1-17标度	1	3	5	7	9	11	13	15	17
6	1-26标度	1	5	8	11	14	17	20	23	26
7	1-90标度	1	20	30	40	50	60	70	80	90
8	倒数标度	表示两元素 i,j 对比时,若 i 对 j 的相对标度值为 a_{ij},则 j 对 i 的相对标度值为 $1/a_{ij}$								

表6-2中数值为各种标度中,不同标度评语所对应的数值。一般来说,标度的选择受到分指标层次和数量的要求,分指标层次和数量越多,需要选取越大取值范围的标度;反之选择小取值范围的标度。

2. 判断矩阵的构建

根据装备状态评估指标体系层次和数量的因素,可选择不同标度作为评估标度。以"1-9标度"为例,在上层 A_k 的作用下,比较其子要素 B_i 和 B_j 的重要程度,在1-9标度下构建判断矩阵:

$$A(k) = \begin{bmatrix} A_k & B_1 & B_2 & \cdots & B_n \\ B_1 & a_{11} & a_{12} & \cdots & a_{1n} \\ B_2 & a_{21} & a_{22} & \cdots & a_{2n} \\ \vdots & \vdots & \vdots & & \vdots \\ B_n & a_{n1} & a_{n2} & \cdots & a_{nn} \end{bmatrix} \qquad (6-1)$$

判断矩阵可简写为

$$A = (a_{ij})_{n \times n} \qquad (6-2)$$

根据1-9标度的含义可知,指标体系确定矩阵具有如下性质:

$$\begin{cases} a_{ij} > 0 \\ a_{ij} = 1/a_{ij} \quad (i,j = 1,2,\cdots,n) \\ a_{ii} = 1 \end{cases} \qquad (6-3)$$

该判断矩阵属于自反矩阵。

3. 计算指标权值

假定 $w = (w_1, w_2, \cdots, w_n)^{\mathrm{T}}$ 是各子评估指标相对于上层评估指标的权重向

量,则式(6-1)可以改写为

$$
A = \begin{bmatrix} a_{11} & a_{12} & \cdots & a_{1n} \\ a_{21} & a_{22} & \cdots & a_{2n} \\ \vdots & \vdots & & \vdots \\ a_{n1} & a_{n2} & \cdots & a_{nn} \end{bmatrix} = \begin{bmatrix} \dfrac{w_1}{w_1} & \dfrac{w_1}{w_2} & \cdots & \dfrac{w_1}{w_n} \\ \dfrac{w_2}{w_1} & \dfrac{w_2}{w_2} & \cdots & \dfrac{w_2}{w_n} \\ \vdots & \vdots & & \vdots \\ \dfrac{w_n}{w_1} & \dfrac{w_n}{w_2} & \cdots & \dfrac{w_n}{w_n} \end{bmatrix} \tag{6-4}
$$

由于该矩阵为自反矩阵,其满足

$$
AW = nW \tag{6-5}
$$

式中:n 为状态评估指标体系确定过程中 A 的最大特征值;W 为所求评估指标体系对应的权重。

4. 进行统一性检验

理想情况下,指标的重要度具有可传性,满足

$$
a_{ik} = a_{ij}a_{jk} \tag{6-6}
$$

但是,实际上由于打分专家的喜好、认知不同,判断矩阵中各指标的得分之间存在或多或少的偏差,为了衡量这些偏差干扰计算结果的程度,需要进行指标计算和统一性检验。

为了检验评估结果的统一性,构建平均特征值为统一性指标:

$$
CI = \frac{\lambda_{max} - n}{n-1} \tag{6-7}
$$

当 CI=0 时,各位专家具有高度的统一性,专家之间发生歧义的概率最小,CI 越大,表示专家认识之间的统一性越差,发生歧义的概率越大。考虑到 CI 指标会随着专家人数的增加而变差,为了保证指标统一性不随专家数量的增加而影响整体结果,需要消除专家数量改变带来的影响。导入单位专家统一性指标 RI,则此随矩阵阶层的改变情况,见表6-3。

表 6-3　单个专家统一度

专家数量	1	6	8	10	17	23	27	45	37	⋯
RI	0	0.14	0.22	0.88	1.02	1.13	1.32	1.40	1.45	⋯

降低专家数量对统一性的干扰,得到比例统一性指标:

$$
CR = \frac{CI}{RI} \tag{6-8}
$$

一般来说,当 CR<0.1 时,认为这个矩阵的统一性可接受;否则,认为收集到数据存在较大的冲突,需重新选择专家来分析。

假定某装备的技术状态综合参数为 Y,其二级子指标体系为 $Y_i(i=1,2,\cdots,n)$,各二级子指标体系对应的三级子指标体系为 $x_{ij}(i=1,2,\cdots,n)$,根据装备技术状态评估的特点以及指标构建的原则,分别对各层次子指标体系应用 AHP 法,得到二级子指标体系相对于总指标体系的权重 $w_i(i=1,2,\cdots,n)$,三级子指标体系相对于其上层指标体系的权重 $w_{ij}=(w_{i1},w_{i2},\cdots,w_{im})$。

对于每一评价指标,须确定相应的评语集,评语集涵盖该指标所有可能出现的评估结果,可表示为 $V=\{v_1,v_2,\cdots,v_q\}$,其中 $v_f(f=1,2,\cdots,q)$ 是评估专家可能作出的某种评估结果。例如,对于发动机某一振动参数,其状态评语集可定义为 $V=\{优秀,良好,合格,不合格\}$,设三级子指标 u_{ij} 专家给出的评判结果 v_f 的隶属度为 $r_{ijf}(i=1,2,\cdots,n;j=1,2,\cdots,m;f=1,2,\cdots,1)$,三级子指标的模糊评语矩阵可表示为

$$\boldsymbol{R}_i=\begin{bmatrix} r_{i1} \\ r_{i2} \\ \vdots \\ r_{im} \end{bmatrix}=\begin{bmatrix} r_{i11} & r_{i12} & \cdots & r_{i1q} \\ r_{i21} & r_{i22} & \cdots & r_{i2q} \\ \vdots & \vdots & & \vdots \\ r_{im1} & r_{im2} & \cdots & r_{imq} \end{bmatrix} \tag{6-9}$$

根据 $M(*,+)$ 求解结果,可得

$$b_{if}=\sum_{j=1}^m w_{ij}r_{ij} \quad (i=1,2,\cdots,n;j=1,2,\cdots,m;f=1,2,\cdots,q) \tag{6-10}$$

则三级子指标体系评语为

$$B_i=w_iR_i=(b_{i1},b_{i2},\cdots,b_{if},\cdots,b_{in}) \tag{6-11}$$

二级模糊评语是在三级综合评判基础上得到的各指标的属性隶属,由三级子指标模糊评语矩阵可知,二级模糊评语矩阵为

$$\boldsymbol{R}=\begin{bmatrix} B \\ B_2 \\ \vdots \\ B_n \end{bmatrix}=\begin{bmatrix} w_1R_1 \\ w_2R_2 \\ \vdots \\ w_nR_n \end{bmatrix} \tag{6-12}$$

采用 $M(*,+)$ 计算:

$$B_{if}=\sum_{i=1}^n w_ir_{if},f=1,2,\cdots,q \tag{6-13}$$

模糊综合评判矩阵为

$$B = WR = [w_1, w_2, \cdots, w_n] \begin{bmatrix} w_1 R_1 \\ w_2 R_2 \\ \vdots \\ w_n R_n \end{bmatrix} = [B_1, B_2, \cdots, B_n] \quad (6\text{-}14)$$

根据隶属度准则,取向量中最大评判指标计算装备技术状态指标隶属,即可确定装备当前的技术状态等级。

6.2.2　模糊综合评判法

模糊数学是研究和处理模糊性现象的一门新兴数学分支,是用数学方法揭示模糊事物内部和模糊事物之间的数量关系。综合评判是指对多种因素所影响的事物或现象进行总的评价。

装备的技术状态是一个渐变的劣化过程,本质上并不存在严格的等级界定标准,可以认为技术状态的等级划分存在一定的模糊性,因此模糊理论适于进行状态等级评判。

模糊综合评判法的原理和主要步骤如下:

设 $U = \{U_1, U_2, \cdots, U_m\}$ 为 m 种因素(或指标), $V = \{V_1, V_2, \cdots, V_p\}$ 为 p 种评判,由于各种因素所处的地位不同,作用也不一样,自然权重也不相同,评判也就不同。人们对 p 种评判并不是绝对肯定或否定,综合评判应该是 V 上的一个模糊子集 B, $B = (b_1, b_2, \cdots, b_p) \in J(V)$,其中 $b_j(j = 1, 2, \cdots, p)$,反映了第 j 种评判 V_j 在综合评判中所占的地位(V_j 对模糊集 B 的隶属度), $B(V_j) = b_j$。综合评判 B 依赖于各个因素的权重,权重应该是 U 上的模糊子集 A, $A = (a_1, a_2, \cdots, a_m) \in J(U)$,且 $\sum_{i=1}^{m} a_i = 1$,其中, a_i 表示第 i 种因素的权重,因此,一旦给定权重 A,相应可得到一个综合评判 B。

需要建立一个从 U 到 V 的模糊变换 T,如果对每一个因素 U_i 单独做一个评判 $f(U_i)$,则可以看作 U 到 V 的模糊映射 f,即

$$f: U \to J(V), \qquad U_i \mid \to f(U_i) \in J(V)$$

由 f 可诱导出一个 U 到 V 的模糊线性变换 T_f,可以把 T_f 看作由权重 A 得到的综合评判 B 的数学模型。

从以上分析可以看出,模糊综合评判的数学模型由因素集、评价集和权重集三个要素组成,主要包括以下六个步骤:

(1) 确定因素集 U, $U = \{U_1, U_2, \cdots, U_m\}$, $U_i(i = 1, 2, \cdots, m)$ 为对被评判事物有影响的第 i 个因素。由于装备技术状况评估属多级模糊综合评判,因而在进行这一步时就要建立综合评估指标体系,即确定各级的指标和影响因素,上一级

的指标同时又是下一级的影响因素。

（2）确定评价集 V，$V=\{V_1,V_2,\cdots,V_p\}$，此处 $V_j(j=1,2,\cdots,p)$ 表示评价的第 j 个等级。模糊综合评判的目的就是在综合考虑所有影响因素基础上，从评价集中得出一个最佳的评判结果。例如，装备技术状态的评价集可采用 $V=\{$优、良、中、差$\}$。

（3）进行单因素评判，建立模糊矩阵 $\boldsymbol{R}$。从一个因素出发进行评判，以确定评判对象对备选元素的隶属程度，便称为单因素评判。通过单因素评判，确定每个因素对于各评价等级的隶属度。无论用什么方法进行单因素评判，都是要给出从 U 到 V 的一个模糊映射 $f:U\to J(V)$，$U_i\to(V_i)=R_i=(r_{i1},r_{i2},\cdots,r_{ip})\in J(V)$，$(i=1,2,\cdots,m)$，模糊映射 f 可导出模糊关系 $R_f\in J(U\times V)$，即 $R_f(U_i,V_j)=f(U_i)(V_j)=\boldsymbol{R}$。

R_f 可由模糊矩阵 $\boldsymbol{R}\in U_{m\times p}$ 表示：

$$\boldsymbol{R}=(R_1,R_2,\cdots,R_m)^{\mathrm{T}}=\begin{bmatrix} r_{11} & r_{12} & \cdots & r_{1p} \\ r_{21} & r_{22} & \cdots & r_{2p} \\ \vdots & \vdots & & \vdots \\ r_{m1} & r_{m2} & \cdots & r_{mp} \end{bmatrix}_{m\times p}$$

式中：$\boldsymbol{R}$ 为单因素判断矩阵；r_{ij} 为 U 中的因素 U_i 对应 V 中等级 V_j 的隶属关系，是该事物的第 i 个因素的单因素评判，它构成了模糊综合评判的基础。

（4）确定各因素的权重 $\boldsymbol{A}=(a_1,a_2,\cdots,a_m)\in J(U)$，$a_i$ 通常是由层次分析法得到的或者由专家确定，a_i 的取值越大，表明 U_i 相对于其他各因素的重要程度越高。

（5）选择合成算子，将 $\boldsymbol{A}$ 和 $\boldsymbol{R}$ 合成得到综合评判结果 $\boldsymbol{B}$。

$f:J(U)\to J(V)$，$\boldsymbol{A}\to f(\boldsymbol{A})=\boldsymbol{A}\circ\boldsymbol{R}=\boldsymbol{B}\in J(V)$，符号"$\circ$"表示广义的合成算子。

$$\boldsymbol{B}=[b_1,b_2,\cdots,b_p]=[a_1,a_2,\cdots,a_m]\circ\begin{bmatrix} r_{11} & r_{12} & \cdots & r_{1p} \\ r_{21} & r_{22} & \cdots & r_{2p} \\ \vdots & \vdots & & \vdots \\ r_{m1} & r_{m2} & \cdots & r_{mp} \end{bmatrix}_{m\times p}$$

多级模糊综合评判就是依次反复进行这种合成运算，直至得到最终结果。

从评判矩阵 $\boldsymbol{R}$ 可以看出，它是作为一个从 V 到 U 的模糊变换器，每输入一组权重 A，就可以得到相应的综合评判向量 $\boldsymbol{B}$。上述综合评价模型可以用图 6-1 表示。

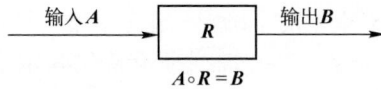

图 6-1　评判因素与评判结果对应示意图

（6）多级综合评判。多级综合评判是以它的上一级综合评判作为单因素评判。以每一个 U_i 作为一个元素，用 B_i 作为它的单因素评判，又可构成评判矩阵：

$$\boldsymbol{R} = \begin{bmatrix} B_1 \\ B_2 \\ \vdots \\ B_m \end{bmatrix} = \begin{bmatrix} b_{11} & b_{12} & \cdots & b_{1p} \\ b_{21} & b_{22} & \cdots & b_{2p} \\ \vdots & & & \vdots \\ b_{m1} & b_{m2} & \cdots & b_{mp} \end{bmatrix}_{m \times p}$$

$\boldsymbol{R}$ 是 $\{U_1, U_2, \cdots, U_m\}$ 的单因素评判矩阵，每个 U_i 作为 U 的指标，可按其重要程度给出权重分配，$\boldsymbol{A} = (a_1, a_2, \cdots, a_m)$；于是得到多级综合评判为 $\boldsymbol{B} = \boldsymbol{A} \cdot \boldsymbol{R}$。以二级综合评判为例，二级综合评判的单因素评判，应为相应的一级综合评判。

$$\boldsymbol{R} = \begin{bmatrix} B_1 \\ B_2 \\ \vdots \\ B_m \end{bmatrix} = \begin{bmatrix} A_1 & \cdots & R_1 \\ A_2 & \cdots & R_2 \\ & \vdots & \\ A_m & \cdots & R_m \end{bmatrix}$$

二级综合评判集为

$$\boldsymbol{B} = \boldsymbol{A} \cdot \boldsymbol{R} = \boldsymbol{A} \cdot \begin{bmatrix} A_1 & \cdots & R_1 \\ A_2 & \cdots & R_2 \\ & \vdots & \\ A_m & \cdots & R_m \end{bmatrix}$$

模糊综合评判法通常与其他权重确定方法结合使用，目前该方法在装备作战效能、状态评估等多领域得到了应用。

6.2.3　D-S 证据推理法

D-S 证据理论也称为 Dempster-Shafer 证据理论，是在 Arthur Dempster 于 20 世纪 60 年代后期提出的上、下概率及其合成规则的基础上，由 Glenn Shafer 于 1976 年在其专著《证据的数学理论》中正式建立并逐步发展起来的。它满足比概率论更弱的公理体系，并且能够处理由未知引起的不确定性，从而把不确定和未知区分开。证据是证据理论的核心，这里的"证据"不仅指通常意义上的实证据，而且是人们知识和经验的一部分，是人们对有关问题所做的观察和研究的结果，装备技术状态参数即可视为"证据"。

　　D-S 证据理论是一种重要的不确定性推理方法,其合成规则能够有效地利用不确定信息进行综合评价。D-S 证据理论首先确定出证据对每一命题的支持程度,再根据 D-S 理论中的证据合成规则计算出它们共同作用对每一命题的支持程度,从而进行命题推理。

　　证据理论建立在非空集合 Θ 上, Θ 称为识别框架,它由互斥且穷举的元素组成,是变量的所有可能的集合。

　　基本可信数定义:

　　2^{Θ} 是 Θ 的幂集,在 2^{Θ} 上定义基本概率赋值函数 $m:2^{\Theta}\rightarrow[0,1]$,满足

$$m(\phi) = 0 \text{ 且} \sum_{A\in\Theta} m(A) = 1 \tag{6-15}$$

则称 $m(A)$ 为框架 Θ 上的基本可信度分配, $m(A)$ 称为 A 的基本可信数。基本可信数反映了对 A 本身(而不去管它的任何真子集与前因后果)的信度大小。

　　信度函数定义:

　　$m:2^{\Theta}\rightarrow[0,1]$ 为框架 Θ 上的基本可信度分配,则可定义信度函数 Bel 如下:

$$\text{Bel}(A) = \sum_{B\in A} m(B), \forall A \in \Theta \tag{6-16}$$

该函数也称为下限函数,描述了对 A 的信任程度,表示命题成立的最小不确定性函数。所以可知 $\text{Bel}(\varnothing) = 0, \text{Bel}(\Theta) = 1$。

　　似真度函数定义:

　　设函数 $\text{Pls}:2^{\Theta}\rightarrow[0,1]$,可定义似真度函数如下:

$$\text{Pls}(A) = 1 - \text{Bel}(\bar{A}) = \sum_{B\cap A\neq\varnothing} m(B), \forall A \in \Theta \tag{6-17}$$

该函数也称为上限函数或不否定函数, $\text{Pls}(A)$ 描述了对 A 的似真度,其为所有与 A 相容的集合的基本可信度之和,表示不怀疑 A 的程度。

1. Dempster 合成法则

　　设 $\text{Bel}_1, \cdots, \text{Bel}_n$ 是同一识别框架 Θ 上的信度函数, $m_1, \cdots, m_n$ 分别是其对应的基本可信度分配,若 $\text{Bel}_1 + \cdots + \text{Bel}_n$ 存在且基本可信度分配为 m,则

$$m(A) = K \sum_{\substack{A_1\cdots A_n\in\Theta \\ A_1\cap\cdots\cap A_n=A}} m_1(A_1)\cdots m_n(A_n)(\forall A \in \Theta, A \neq \varnothing, A_1\cdots A_n \in \Theta)$$

$$\tag{6-18}$$

式中

$$K = \left[1 - \sum_{\substack{A_1\cdots A_n\in\Theta \\ A_1\cap\cdots\cap A_n=\varnothing}} m_1(A_1)\cdots m_n(A_n)\right]^{-1} = \left[\sum_{\substack{A_1\cdots A_n\in\Theta \\ A_1\cap\cdots\cap A_n\neq\varnothing}} m_1(A_1)\cdots m_n(A_n)\right]^{-1}$$

$$\tag{6-19}$$

该法则是反映证据联合作用的法则。给出同一框架下不同证据的信度函

数,如果证据不完全冲突,就可以用该法则计算出一个信度函数作为不同证据联合作用下的信度函数。

2. 决策概率函数的选择

设有阈值 ∂_1、∂_2,且有 $\forall A_X, A_Y \in \Theta$,则

$$
\begin{cases}
m(A_X) - m(A_Y) > \partial_1 \\
\quad m(\Theta) < \partial_2 \\
\quad m(A_X) > m(\Theta)
\end{cases}
\tag{6-20}
$$

式中

$$
\begin{cases}
\quad m(A_X) = \max\{m(A_i), A_i \in \Theta\} \\
m(A_Y) = \max\{m(A_j), A_j \in \Theta \text{ 且 } i \neq j\}
\end{cases}
\tag{6-21}
$$

如果在最后得出的基本可信度分配中满足式(6-20),那么 A_X 即为评价结果。

D-S 证据理论已经在舰船状态评估中得到了应用,D-S 证据理论能够有效地处理证据之间的冲突,在复杂系统状态评估中有着广泛的应用前景。

6.2.4　信息熵法

由上述分析可知,每种评估方法均具有各自的优势,但上述方法往往需要有较长的数据积累过程,才能建立相对可靠的评估模型。随着新装备的列装,其技术状态的变化规律很可能与老装备存在较大差异,而且新装备往往是小批量生产和列装,在小样本条件下,可以获得的装备状态信息较少,上述方法往往适用性不强。这里介绍信息熵法,挖掘小样本的内隐知识。

"熵"是热力学中微观状态多样性或不均匀性的一种度量,反映了系统微观状态的分布概率。将热力学概率扩展到系统各个信息源信号出现的概率就形成了信息熵。信息熵度量的是数据提供的有用信息量,某一参数的信息熵越小,说明该参数与其他参数相差较大,向决策者提供的信息更有用。目前,针对信息熵理论的研究主要是在信息概率的估计、系统综合分析和故障诊断等方面。

在装备状态评估中,已知多维技术状态数据集的前提下,信息熵能够表示各参数反映装备有效状态信息的多寡程度,根据各参数所提供的有效信息程度,可相应确定技术状态分类中各参数的权重。信息熵本身并不是表示状态参数在评估问题中重要程度的系数,而在装备状态参数确定的情况下,各参数表示装备技术状态时竞争意义上的相对激烈程度。在粗糙集理论的信息观点下,决策表中添加某个属性所引起的互信息的变化大小可以作为该属性重要性的度量。因此,根据信息熵确定权重系数,其本质是利用各参数包含信息的效用值来确定。

1. 信息熵相关概念

信息熵定义：

设 U 是论域，$X_1, X_2, \cdots, X_n$ 是 U 的一个划分，其上概率分布为

$$X = \begin{Bmatrix} X_1, X_2, \cdots, X_n \\ p_1, p_2, \cdots, p_n \end{Bmatrix} \tag{6-22}$$

$P(X_i) = p_i$，$\sum_{i=1}^{n} p_i = 1$，在概率近似空间 $[U, X, P]$ 中，系统 X 的不确定性可由 X 的信息熵表示，即

$$H(X) = - \sum_{i=1}^{n} p_i \log p_i \tag{6-23}$$

条件熵定义：

设 $X = \begin{Bmatrix} Y_1, Y_2, \cdots, Y_m \\ q_1, q_2, \cdots, q_m \end{Bmatrix}$ 是另一个信息源，即 $Y_1, Y_2, \cdots, Y_m$ 是 U 的另一个划分，$P(Y_j) = q_j$，$\sum_{j=1}^{n} q_j = 1$，则 X 对于 Y 的信息依赖程度可由条件熵来表示，即

$$H(Y \mid X) = \sum_{i=1}^{n} P(X_i) H(Y \mid X_i) \tag{6-24}$$

式中

$$H(Y \mid X_i) = - \sum_{j=1}^{m} P(Y_j \mid X_i) \log P(Y_j \mid X_i)$$

互信息量定义：

信息源 X 和 Y 的互信息量为

$$I(X; Y) = H(X) - H(X \mid Y) \tag{6-25}$$

它反映了一个信息源从另一个信息源获取的信息量。

2. 基于信息熵的技术状态评估过程

对于复杂的装备系统来说，当装备的技术状态参数较多时，各个参数反映装备技术状态变化的程度的客观度量就成为状态评估的关键，反映系统状态能力越强的参数，应在状态评估过程中占越大的权重。基于信息熵的技术状态评估就是参数权重确定的过程：以装备多维技术状态数据样本为输入，利用模糊聚类方法对各状态分类参数进行分类，并依次通过删除某评估参数后对论域中对象重新分类，分析各属性对状态数据样本分类的影响程度来度量其反映装备技术状态的能力，最后采用信息熵理论计算各个评估参数的权值。

1）确定决策矩阵

选取与装备技术状态变化密切相关的 n 个决策参数 $A = \{a_1, a_2, \cdots, a_n\}$，采

集了 m 组数据样本 $X=(X_1,X_2,\cdots,X_i,\cdots,X_m)$，从而得到装备的状态信息决策矩阵 $X=\{x_{ij}\}_{m\times n}$，其中 x_{ij} 表示样本 X_i 中 a_j 项参数的属性值。

2）数据归一化处理

由于不同的技术状态参数量纲不同，并且测得的样本值可能也不在一个数量级上，因此在数据模糊等价分类之前应先进行归一化处理。具体方法见式（5-45）和式（5-46）。

3）模糊等价分类

对于一个 $n\times n$ 模糊矩阵 $\boldsymbol{R}=(r_{ij})_{n\times n}$，若 $r_{ii}=1(1\leqslant i\leqslant n)$，则该模糊矩阵是自反的；若 $r_{ij}=r_{ji}$，则该模糊矩阵是对称的；若 $r_{ij}\geqslant\bigvee\limits_{k=1}^{n}(r_{ik}\wedge r_{kj})$，式中：$\vee$ 表示取大，$\wedge$ 表示取小，则该模糊矩阵是传递的。自反、对称的模糊矩阵称为模糊相似矩阵；传递的模糊相似矩阵称为模糊等价矩阵。

常用的模糊相似矩阵构造方法有海明距离法、绝对值倒数法、相关系数法、最大最小法等，这里以最大最小法为例介绍模糊相似矩阵计算过程。矩阵中元素计算公式为

$$r_{ij}=\frac{\sum\limits_{k=1}^{m}(x_{ik}\wedge x_{jk})}{\sum\limits_{k=1}^{m}(x_{ik}\vee x_{jk})} \tag{6-26}$$

在求得模糊相似矩阵后，即采用逐次平方法，求出传递闭包 $t(R)$，$\overline{R}=t(R)$ 即为模糊等价矩阵。

用适当的置信水平 λ_k 对模糊等价矩阵进行截集，由此得到截矩阵 $\boldsymbol{R}_{\lambda_k}$，此时 $\boldsymbol{R}_{\lambda_k}$ 将论域 U 划分为 r 个分类，记为 $U/R=(U_1,U_2,\cdots,U_r)$。

从全部技术状态参数中依次去除某一参数后再重复以上步骤，得到的各置信水平 λ_k 对应截矩阵 $\boldsymbol{S}_{\lambda_k}$ 的 S 个分类，记为 $U/S=(U_1,U_2,\cdots,U_s)$。

4）计算参数的互信息量

在某一置信水平 λ_k 下，对于从技术状态参数集 R 中导出的技术状态参数子集 S，被去除的参数对参数集 R 的重要度可用二者互信息量表示为

$$I_{\lambda_k}(R;S)=H_{\lambda_k}(R)-H_{\lambda_k}(R\mid S) \tag{6-27}$$

式中：$H_{\lambda_k}(R)$ 为参数集 R 的信息熵；$H_{\lambda_k}(S\mid R)$ 为已知参数集 R 时去除某一项参数的子集 S 的条件熵。$I_{\lambda_k}(R;S)$ 数值越大，表明去掉的参数越重要。

5）参数的信息量

计算某一项参数的信息量可表示为

$$T_j = \sum_{k=1}^{p} \lambda_k \cdot I_{\lambda_k}(R;S), j = 1, 2, \cdots, n \tag{6-28}$$

6）参数权重分配

根据各参数所含信息量相对大小进行归一化得到各参数的权重为

$$w_j = T_j / \sum_{j=1}^{n} T_j \tag{6-29}$$

7）技术状态分类

将参数权重乘以决策矩阵得到各样本的状态分类值为

$$q = \sum_{j=1}^{n} x_{ij} \cdot w_j \tag{6-30}$$

然后与经过统计分析得到的各技术状态等级下基准状态分类值比较，即可确定该样本装备的技术状态类别。

6.2.5　投影寻踪法

投影寻踪是用来分析和处理高维数据的一类统计方法。其基本思想是将高维数据通过某种组合，投影到低维子空间上（1~3维），并通过极小化某个投影指标，寻找出能够反映原高维数据结构或特征的投影，在低维空间上对数据结构进行分析，以达到研究和分析高维数据的目的。投影寻踪法以数据的线性投影为基础，但它找的是线性投影中的非线性结构，因此可以用来解决一定程度的非线性问题，如多元非线性回归。投影寻踪法能够排除与数据结构和特征无关，或关系很小的变量的干扰，为使用一维统计方法解决高维问题开辟了途径。

投影寻踪的出发点是度量投影分布所含信息的多少，寻求与正态分布差异最大的现行投影分布，即含信息最多的投影分布。投影寻踪的指标有方差、偏度、峰度、信息散度等。投影寻踪法可以与传统的回归分析、聚类分析、判别分析、时序分析和主成分分析等相结合。在装备状态评估中，即可采用投影寻踪聚类方法实现技术状态的分类。投影寻踪聚类（Projection Pursuit Classification，PPC）是以每一类内具有相对大的密集度，而各类之间具有相对大的散开度为目标来寻找最优一维投影方向，并根据相应的综合投影特征值对样本进行综合评估。

设系统技术状态共有 j 个参数，设第 i 个状态参数样本第 j 个指标为 $x_{ij}(i = 1, 2, \cdots, n; j = 1, 2, \cdots, m)$，$n$ 为样本个数，m 为指标个数，用投影寻踪技术建立投影寻踪聚类模型的步骤如下：

（1）样本指标数据归一化。由于各指标的量纲不尽相同或数值范围相差较大，因此在建模第一步对数据进行归一化处理为

$$x'_{ij} = x_{ij}/x_{j\max}$$

式中：$x_{j\max}$ 为第 j 个指标的样本最大值。

（2）线性投影。投影实质上是从不同角度观察数据，寻找最能充分挖掘数据特征的作为最优投影方向。可在单位超球面中随机抽取若干个初始投影方向 $a(a_1, a_2, \cdots, a_m)$，计算其投影指标的大小，根据指标选大的原则，最后确定最大指标对应的解为最优投影方向。

若 $a(a_1, a_2, \cdots, a_m)$ 为 m 维单位向量，则样本 i 在一维线性空间的投影特征值 z_i 的表达式为

$$z_i = \sum_{j=1}^{m} a_j x'_{ij}$$

（3）寻找目标函数。综合投影指标值时，要求投影值 z_i 的散布特征应为局部投影点尽可能密集，最好凝聚成若干个点团，而在整体上投影点团之间尽可能散开。故可将目标函数 Q_a 定义为类间距离 $s(a)$ 与类内密度 $d(a)$ 的乘积，即类间距离用样本序列的投影特征值方差计算：

$$s(a) = \Big[\sum_{i=1}^{n} (z_i - z_a)^2/n \Big]^{1/2}$$

式中：z_a 为序列 $\{z(i) \mid i = 1, 2, \cdots, n\}$ 的均值，$s(a)$ 越大，散布越开。

设投影特征值间的距离 $r_{ij} = |z_i - z_k| (i, k = 1, 2, \cdots, n)$，则

$$d(a) = \sum_{i=1}^{n} \sum_{k=1}^{n} (R - r_{ik}) f(R - r_{ik})$$

$f(t)$ 为一阶单位阶跃函数，$t \geq 0$ 时，其值为 1，$t < 0$ 时，其值为 0。在此

$$f(R - r_{ik}) = \begin{cases} 1, R \geq r_{ik} \\ 0, R < r_{ik} \end{cases}$$

R 为估计局部散点密度的窗宽参数，按宽度内至少包括一个散点的原则选定，其取值与样本数据结构有关，可基本确定它的合理取值范围为 $r_{\max} < R \leq 2m$，其中 $r_{\max} = \max(r_{ik}) (i, k = 1, 2, \cdots, n)$。类内密度 $d(a)$ 越大，分类越明显。

（4）优化投影方向。Q_a 取得最大值时所对应的投影方向就是所要寻找的最优投影方向。寻找最优投影方向的问题可转化为下列优化问题：

$$\begin{cases} \max Q(a) = s(a) \cdot d(a) \\ a = \sum_{j=1}^{m} a_j^2 = 1 \end{cases} \tag{6-31}$$

这是以 a_j 为优化变量的复杂非线性优化问题,可采用遗传算法、蚁群算法等智能优化算法求解。

(5) 综合评价聚类分析。根据最优投影方向,便可计算反映各评价指标综合信息的投影特征值 z_i 的差异水平,以 z_i 的差异水平对样本群进行聚类分析。在装备状态评估中,通过投影寻踪方向的优化即可确定各状态参数的评估权重,进而对样本评估值进行聚类分析,求得具体技术状态数据样本所对应的状态类别。

6.2.6 云重心评估法

云模型是一种实现定量数据和定性概念之间相互转换的转换模型,最早由我国学者李德毅院士提出。针对概率论和模糊数学在处理不确定性方面的不足,李德毅提出了云的概念,用"云模型"来统一刻画语言值中大量存在的随机、模糊性以及两者之间的关联性,把云模型作为用语言之描述的某个定性概念与其数值表示之间的不确定性转换模型。

云模型的数字特征有期望值 Ex、熵 En 和超熵 He,Ex 是表示云滴在论域空间分布的期望,En 是定性概念不确定性的度量,He 是描述熵不确定性的度量。云的生成算法称为云发生器,分为正向云发生器和逆向云发生器。

1. 云重心评估法的实施步骤

(1) 装备功能单元的技术状态可以通过云重心来描述:通过一个 p 维综合云重心的位置 T 表示装备功能单元的技术状态。T 是一个 p 维向量,即 $\boldsymbol{T} = (T_1, T_2, \cdots, T_p)$。假设在理想的技术状态下 p 维云的重心位置为 T^0,则 T^0 的位置由理想状态云重心位置向量 $\boldsymbol{a}^0 = (Ex_1^0, Ex_2^0, \cdots, Ex_p^0)$ 和云重心高度向量 $\boldsymbol{b} = (b_1, b_2, \cdots, b_p)$ 共同决定,即 $\boldsymbol{T}^0 = \boldsymbol{a}^0 \times \boldsymbol{b}^{\mathrm{T}}$。其中,$b = w \times 0.371$。重心位置 T 会随着技术状态的变化而改变。

(2) 利用加权偏离度 θ 对云重心位置 T 进行评价,求出装备功能单元技术状态值。设装备功能单元技术状态发生变化后,云重心位置向量变为 $\boldsymbol{a}^1 = (Ex_1^1, Ex_2^1, \cdots, Ex_p^1)$,云的重心变为 $\boldsymbol{T}^1 = \boldsymbol{a}^1 \times \boldsymbol{b}^{\mathrm{T}}$(云重心高度向量 $\boldsymbol{b}$ 不变)。比较 $\boldsymbol{T}^1$ 与 $\boldsymbol{T}^0$(可以将差值归一化得到一组向量 $\boldsymbol{T}^G = (T_1^G, T_2^G, \cdots, T_p^G)$ 进行比较),计算装备技术状态值。其中

$$T_i^G = \begin{cases} \dfrac{T_i - T_i^0}{T_i^0}, & T_i \leqslant T_i^0 \\ \dfrac{T_i - T_i^0}{T_i}, & T_i > T_i^0 \end{cases} \qquad (i = 1, 2, \cdots, p) \qquad (6\text{-}32)$$

最终,可得 θ 为

$$\theta = \sum_{i=1}^{p} w_i \cdot T_i^G \qquad (6-33)$$

通过计算云重心位置的变化评估装备功能单元技术状态的变化,此评估状态的方法称为云重心评估法。

2. 基于云重心评估法的装备技术状态评估

基于云重心评估法进行装备技术状态评估程序如下:

(1) 确定评估对象,建立完备的评估体系。在装备技术状态检测参数中进行优选,确定评估对象的评估指标体系。

(2) 确定各评估指标的权重值 w。采用层次分析法、熵值法等方法确定各评估指标的权重。

(3) 求解各评估指标的云模型。由于所掌握的装备功能单元技术状态参数往往只是一组数值,其隶属度往往难以求解,可通过逆向云算法等方法,求出评估指标的数字特征 (Ex, En, He)。

(4) 计算云重心 T 表示装备功能单元的技术状态,通过云重心的变化反映技术状态的变化。

(5) 计算加权偏离度 θ,得到技术状态值。

(6) 建立对应关系,输出最终结果。

根据等级分类法,采用 5 个评语组成的评语集,即

$$V = (优秀,良好,中等,一般,差) \qquad (6-34)$$

通过评估云发生器,可以将技术状态值转化为定性评语,输出最终评估结果,如图 6-2 所示。

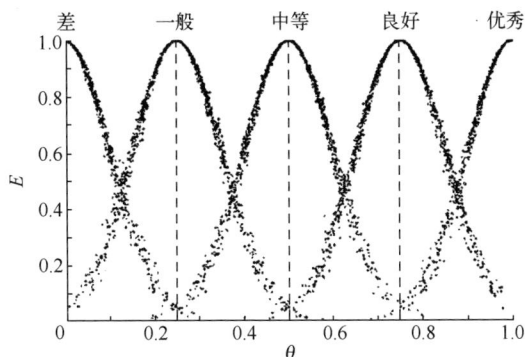

图 6-2　评估云发生器

6.2.7　人工神经网络法

神经网络的非线性映射能力使其能够很好地逼近状态特征信息到装备运行状态的复杂映射。从这一角度看,利用神经网络进行状态评估属于模式识别问题。

神经网络的基本模式由三层神经元组成,即输入层、隐含层和输出层。输入层接收输入数据,每个输入层节点分别接收某一状态参数的观测值;输出层节点输出相应的状态评估值或状态等级,由于神经网络的目的是实现对输入端多维技术状态参数的非线性加权,因此输入层神经元数量为技术状态参数的个数 r,输出层神经元数为1;隐含层神经元数量可变,该层的激活函数可采用线性或非线性函数,通常采用阶跃函数、分段线性函数或 S 型函数。神经网络状态评估模型的结构如图 6-3 所示。

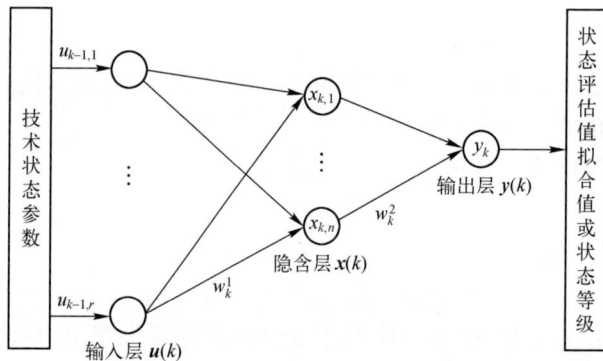

图 6-3　神经网络状态评估模型的结构

图 6-3 中,u 为 r 维输入向量,x 为 n 维中间层节点单元向量,y 为 m 维输出向量。w^1、w^2 分别表示输入层到隐含层、隐含层到输出层的连接权值向量,w^3 可表示为

$$w^3 = \begin{vmatrix} w_{11}^3 & w_{12}^3 & \cdots & w_{1m}^3 \\ w_{21}^3 & w_{22}^3 & \cdots & w_{2m}^3 \\ \vdots & \vdots & & \vdots \\ w_{n1}^3 & w_{n2}^3 & \cdots & w_{nm}^3 \end{vmatrix} \tag{6-35}$$

利用神经网络评估装备的技术状态实际上是网络各层节点之间连接权值的确定,从状态评估的角度,通常需要以已有的状态数据集为依据,即通过监督学习建立神经网络。目前,神经网络已经用于机械零部件、发电系统、液压系统的技术状态分类等,取得了较好的应用效果。

6.3　状态评估与分类方法应用示例

发动机是装备的重要部件,在实际运行过程中,由于操作不当或是使用时间的增加,会导致发动机拉缸、轴瓦烧结等故障,对装备的安全性、可靠性产生极其严重的影响。这里以某装备的发动机为例进行分析。

6.3.1　基于信息熵的技术状态评估

在某型装备柴油发动机原始监测数据中,选取与技术状态变化密切相关的 6 个状态参数的 10 组数据(表 6-4)作为样本,利用信息熵法进行技术状态评估与分类。

表 6-4　柴油发动机技术状态数据

装备编号	工作时间/摩托小时	$\hat{p}_{max}$/MPa	$\hat{t}_i/s$	$\hat{t}_d/s$	$\hat{V}_p/g$	$\hat{\theta}_{fd}/(°)$	$\hat{B}_m$/(mL/s)
1	11	2.8950	3.5005	1.3978	54.354	34.950	5.355
2	40	2.9444	3.8249	1.5134	48.786	30.976	3.059
3	59	2.8447	4.4012	1.5891	38.847	32.400	6.187
4	103	2.7928	4.4012	1.7782	49.899	32.446	3.695
5	150	2.7772	4.0993	1.7369	33.861	28.057	5.151
6	250	2.8136	5.2749	1.9369	31.350	31.914	7.592
7	300	2.7521	5.2254	1.9458	57.956	30.314	7.891
8	350	2.5730	5.5509	1.8546	35.787	28.011	6.479
9	480	2.6039	5.2802	1.9999	39.727	27.552	7.128
10	550	2.6429	5.7113	2.1404	50.858	25.885	5.949

汽缸压缩压力 $\hat{p}_{max}$ 是指发动机汽缸压缩终了时的最大压力,随着使用时间的延长,汽缸压缩压力总体在不断下降,其变化趋势有所区别。11~40 摩托小时,压力有一个短暂的上升趋势;103~250 摩托小时,汽缸压力保持一个相对稳定的状态;300 摩托小时后,压力显著下降。

加速时间 $\hat{t}_i$ 是指发动机在空负荷怠速的情况下,迅速将油门踏到底,使柴油机加速,计算从怠速加速到最高空转转速的时间。减速时间 $\hat{t}_d$ 是指柴油机在最高空转转速下运转时迅速停止供油,让发动机自然减速,计算从最高空转转速减速到转速为零的时间。随着发动机使用时间的增长,磨损增加,功率下降,加速时间将变长。熄火时间是稳定的递增趋势,这种稳定趋势在初始试用期、正常使用期和耗损期都不明显。

振动能量 $\hat{V}_{\mathrm{p}}$ 采用了三个振动加速度方向自功率谱之和,发动机机工作时,由于不平衡质量的存在,在运转中会出现不平衡惯性力和力矩,这些交变力和力矩将产生机械振动。随着使用时间的增加,各运动机构间的磨损将导致以上力和力矩的变化,通常振动能量变化基本符合"浴盆"曲线规律。

供油提前角 $\hat{\theta}_{\mathrm{fd}}$ 是喷油泵柱塞开始关闭进、回油孔的时刻到发油机上止点所经历的曲轴转角。供油提前角总体变化趋势为越来越小,但变化速率方面,11~40 摩托小时变化速率较大,40~300 摩托小时变化速率相对较小,300~550 摩托小时变化速率再次增加。

燃油流量 $\hat{B}_{\mathrm{m}}$ 是指某段测试时间内的平均燃油流量,单位时间内的燃油消耗量与发动机的使用时间有一定的相关性。11~40 摩托小时,燃油消耗量下降;40~250 摩托小时,燃油消耗量显示保持在一个稳定数值,然后缓慢升高,反映了发动机随使用时间磨损加剧,由于提前供油角等多因素变化,燃油效率越来越低的趋势;300 摩托小时以后,燃油消耗量下降,出现这一趋势的原因是高压柴油泵凸轮柱塞等机件的磨损加剧,喷油量有逐渐减少的趋势。

(1)确定决策矩阵。

利用评估参数的状态数据组成决策矩阵 X 见表6-4。

(2)数据归一化处理。

归一化处理后得到矩阵 R:

$$R = \begin{bmatrix} 0.8803 & 1.0000 & 1.0000 & 0.8782 & 1.0000 & 0.5723 \\ 1.0000 & 0.8679 & 0.8599 & 0.6898 & 0.6055 & 1.0000 \\ 0.7584 & 0.6333 & 0.7682 & 0.3536 & 0.7468 & 0.4174 \\ 0.6326 & 0.6333 & 0.5390 & 0.7275 & 0.7514 & 0.8817 \\ 0.5948 & 0.7562 & 0.5890 & 0.1849 & 0.3156 & 0.6103 \\ 0.6830 & 0.2777 & 0.3466 & 1.0000 & 0.6986 & 0.1556 \\ 0.5340 & 0.2978 & 0.3358 & 1.0000 & 0.5397 & 0.1000 \\ 0.1000 & 0.1653 & 0.4464 & 0.2501 & 0.3111 & 0.3630 \\ 0.1749 & 0.2755 & 0.2703 & 0.3834 & 0.2655 & 0.2421 \\ 0.2694 & 0.1000 & 0.1000 & 0.7599 & 0.1000 & 0.4616 \end{bmatrix}$$

(3)模糊等价分类。

采用最大最小法求得模糊相似矩阵 S:

$$S = \begin{bmatrix} 1.0000 & 0.7614 & 0.6899 & 0.6837 & 0.5612 & 0.4242 & 0.4925 & 0.3069 & 0.3023 & 0.3360 \\ 0.7614 & 1.0000 & 0.6848 & 0.7648 & 0.6074 & 0.4238 & 0.4682 & 0.3257 & 0.3208 & 0.3379 \\ 0.6899 & 0.6848 & 1.0000 & 0.7351 & 0.6849 & 0.6149 & 0.4998 & 0.4448 & 0.4267 & 0.3247 \\ 0.6837 & 0.7648 & 0.7351 & 1.0000 & 0.6634 & 0.5245 & 0.5712 & 0.3927 & 0.3869 & 0.4189 \\ 0.5612 & 0.6074 & 0.6849 & 0.6634 & 1.0000 & 0.5083 & 0.4323 & 0.5040 & 0.4349 & 0.3353 \\ 0.4242 & 0.4238 & 0.6149 & 0.5245 & 0.5083 & 1.0000 & 0.5932 & 0.4335 & 0.4719 & 0.2556 \\ 0.4925 & 0.4682 & 0.4998 & 0.5712 & 0.4323 & 0.5932 & 1.0000 & 0.3968 & 0.4982 & 0.4510 \\ 0.3069 & 0.3257 & 0.4448 & 0.3927 & 0.5040 & 0.4335 & 0.3968 & 1.0000 & 0.6618 & 0.4197 \\ 0.3023 & 0.3208 & 0.4267 & 0.3869 & 0.4349 & 0.4719 & 0.4982 & 0.6618 & 1.0000 & 0.4780 \\ 0.3360 & 0.3379 & 0.3247 & 0.4189 & 0.3353 & 0.2556 & 0.4510 & 0.4197 & 0.4780 & 1.0000 \end{bmatrix}$$

之后逐次平方得到模糊等价矩阵 $\overline{R}$：

$$\overline{R} = \begin{bmatrix} 1.0000 & 0.7614 & 0.7351 & 0.7614 & 0.6849 & 0.6149 & 0.5932 & 0.5040 & 0.5040 & 0.4780 \\ 0.7614 & 1.0000 & 0.7351 & 0.7648 & 0.6849 & 0.6149 & 0.5932 & 0.5040 & 0.5040 & 0.4780 \\ 0.7351 & 0.7351 & 1.0000 & 0.7351 & 0.6849 & 0.6149 & 0.5932 & 0.5040 & 0.5040 & 0.4780 \\ 0.7614 & 0.7648 & 0.7351 & 1.0000 & 0.6849 & 0.6149 & 0.5932 & 0.5040 & 0.5040 & 0.4780 \\ 0.6849 & 0.6849 & 0.6849 & 0.6849 & 1.0000 & 0.6149 & 0.5932 & 0.5040 & 0.5040 & 0.4780 \\ 0.6149 & 0.6149 & 0.6149 & 0.6149 & 0.6149 & 1.0000 & 0.5932 & 0.5040 & 0.5040 & 0.4780 \\ 0.5932 & 0.5932 & 0.5932 & 0.5932 & 0.5932 & 0.5932 & 1.0000 & 0.5040 & 0.5040 & 0.4780 \\ 0.5040 & 0.5040 & 0.5040 & 0.5040 & 0.5040 & 0.5040 & 0.5040 & 1.0000 & 0.6618 & 0.4780 \\ 0.5040 & 0.5040 & 0.5040 & 0.5040 & 0.5040 & 0.5040 & 0.5040 & 0.6618 & 1.0000 & 0.4780 \\ 0.4780 & 0.4780 & 0.4780 & 0.4780 & 0.4780 & 0.4780 & 0.4780 & 0.4780 & 0.4780 & 1.0000 \end{bmatrix}$$

取置信水平 λ_k 进行截取，从而得到不同置信水平下的截集分类如下：

当 $\lambda_1 = 0.5$ 时，分为两类：$\{1,2,3,4,5,6,7,8,9\}$，$\{10\}$

当 $\lambda_2 = 0.55$ 时，分为三类：$\{1,2,3,4,5,6,7\}$，$\{8,9\}$，$\{10\}$

当 $\lambda_3 = 0.6$ 时，分为四类：$\{1,2,3,4,5,6\}$，$\{7\}$，$\{7\}$，$\{10\}$

当 $\lambda_4 = 0.65$ 时，分为五类：$\{1,2,3,4,5\}$，$\{6\}$，$\{7\}$，$\{8,9\}$，$\{10\}$

当 $\lambda_5 = 0.7$ 时，分为七类：$\{1,2,3,4\}$，$\{5\}$，$\{6\}$，$\{7\}$，$\{8\}$，$\{9\}$，$\{10\}$

当 $\lambda_6 = 0.75$ 时，分为九类：$\{1,2\}$，$\{3\}$，$\{4\}$，$\{5\}$，$\{6\}$，$\{7\}$，$\{8\}$，$\{9\}$，$\{10\}$

在去除 p_{max} 后重复上面步骤得到截集分类如下：

当 $\lambda_1 = 0.5$ 时，分为两类：$\{1,2,3,4,5,6,7,8,9\}$，$\{10\}$

当 $\lambda_2 = 0.55$ 时，分为四类：$\{1,2,3,4,5,8,9\}$，$\{6\}$，$\{7\}$，$\{10\}$

当 $\lambda_3 = 0.6$ 时，分为五类：$\{1,2,3,4,5\}$，$\{6\}$，$\{7\}$，$\{8,9\}$，$\{10\}$

当 $\lambda_4 = 0.65$ 时，分为五类：$\{1,2,3,4,5\}$，$\{6\}$，$\{7\}$，$\{8,9\}$，$\{10\}$

当 $\lambda_5 = 0.7$ 时，分为七类：$\{1,2,3,4\}$，$\{6\}$，$\{7\}$，$\{8\}$，$\{9\}$，$\{10\}$

当 $\lambda_6 = 0.75$ 时,分为十类:$\{1\}$,$\{2\}$,$\{3\}$,$\{4\}$,$\{5\}$,$\{6\}$,$\{7\}$,$\{8\}$,$\{9\}$,$\{10\}$

（4）参数的互信息量计算。

由式（6-23）、式（6-24）分别求出各阈值下的信息熵和条件熵,由式（6-29）得到相应的互信息量。

（5）参数的信息量计算。

由式（6-29）得到参数的信息量 $T_1 = 0.1602$;同样重复上面的步骤,可得其他参数的信息量为 $T_2 = 0.1602$,$T_3 = 0.1711$,$T_4 = 0.837$,$T_5 = 0.1757$,$T_6 = 0.1711$。

（6）参数权重分配。

由式（6-31）可求得各参数的权重为 $\{W_1, W_2, W_3, W_4, W_5, W_6\} = \{0.1567, 0.1567, 0.1675, 0.1798, 0.1719, 0.1675\}$。

（7）技术状态分类。

在确定技术状态参数所有权重的基础上,即可将发动机技术状态表示为一维的评估值,为将评估值转化为状态等级,需要为各状态等级确定阈值。状态评估阈值的确定可采用实装试验、仿真运算等方法。在缺少足够试验样本的条件下,这里选择工作时间散布于0~550摩托小时（接近发动机大修期）的多台发动机进行了多台次的测试试验,而后采用 Bootstrap 统计方法对工作时间处于0~200摩托小时、200~350摩托小时、350~450摩托小时、450~550摩托小时等不同阶段的发动机状态特征量进行模拟统计,得到的各寿命阶段的状态参数均值作为各技术状态等级的基准值,见表6-5。

表6-5　发动机技术状态参数的基准值

特征参数 工作时间/摩托小时	$\hat{p}_{max}$ /MPa	$\hat{t}_i$/s	$\hat{t}_d$/s	$\hat{\theta}_{fd}$/°	$\hat{B}_m$ /(mL/s)	$\hat{V}_p$ /g
0~200	2.8833	4.8907	1.7817	34	4.4088	49.6296
200~350	2.8298	4.9821	1.8792	32	4.4591	39.7243
350~450	2.7751	5.1636	1.9496	30.5	5.2859	36.2686
450~550	2.6548	5.7331	2.0483	28	6.2324	33.0309

将技术状态参数的基准值归一化后加权得到各寿命阶段发动机的状态评估综合值为 $\{0.7013, 0.5594, 0.4403, 0.2464\}$。

为了评估发动机的技术状态,可按照从状态参数基准值得到的评估综合值将发动机技术状态分为优秀、良好、中等、一般、较差五个等级,分别对应0.7013~1、0.5594~0.7013、0.4403~0.5594、0.2464~0.4403、0~0.2464。从而得到各被试发动机技术状态分类的结果,如表6-6所列。

表6-6 基于信息熵的发动机技术状态分类结果

工作时间/摩托小时		11	40	59	103	150	250	300	350	480	550
技术状态等级	优秀		√	√							
	良好	√			√						
	中等					√	√				
	一般							√	√		
	较差									√	√

由表6-6可知,被试发动机中,工作时间在0~11摩托小时内的技术状态为"良好"(装备处于磨合期),工作时间在40~103摩托小时内为"优秀"或"良好",在150~350摩托小时内为"中等"或者"一般",在480~550摩托小时内为"较差"。从整体上看,表中评估结果反映了发动机技术状态随工作时间增加而逐渐劣化的统计规律,反映了发动机的实际技术状态。因此,应用信息熵进行技术状态评估,能够较好地判定装备或系统的技术状态等级,便于进行基于状态的维修。

6.3.2 基于投影寻踪算法的技术状态评估

以某型发动机油液中 Fe、Cu、Pb、Al、Si 元素的含量作为技术状态参数,这些参数从不同角度反映发动机内部机械磨损的程度,利用该型发动机的原始监测数据(表6-7),说明投影寻踪算法在装备技术状态评估中的应用方法和特点。

表6-7 某型发动机磨损监测结果

工作时间/摩托小时	装备编号	油液中所测元素含量/(mg/kg)				
		Fe	Pb	Cu	Al	Si
204	1	63.6	3.8	4.5	16.4	11.8
	2	26.4	6.0	5.8	5.1	19.4
339	1	79.4	9.0	14.9	23.3	24.6
	2	56.7	10.4	9.2	12.5	27.7
425	1	96.8	17.7	18.9	28.9	41.1
	2	80.2	18.3	13.2	15.7	62.6
537	1	145.1	29.1	23.4	30.8	50.6
	2	133.2	25.2	26.0	19.1	84.8
583	1	160.3	35.7	24.2	33.3	62.1
	2	159.0	29.7	35.2	28.7	108.6

（1）监测样本数据的构造。

已知该型发动机磨损监测标准如表6-8所列，该表将发动机技术状态分为三级，分别为正常、报警和报告。

表6-8　某型发动机磨损监测标准

状态分类	油液中所测元素含量/(mg/kg)				
	Fe	Pb	Cu	Al	Si
正常	0~166	0~40	0~25	0~34	0~88
报警	166~198	40~59	25~41	34~45	88~120
报告	>199	>60	>42	>46	>121

分别将状态分类的正常、报警、报告三个级别记为第0、1、2级，在每个级别范围内随机产生200个样本，为便于随机生成样本并能够满足实际需求，第3级（报告）的上限按照该级下限的2倍取值，共生成600个样本，每个样本包含5项影响指标和实际状态分类级别。

（2）最优投影方向的计算。

按照前面提出的投影寻踪法求解其最优投影方向，并编程计算，计算结果如图6-4所示。

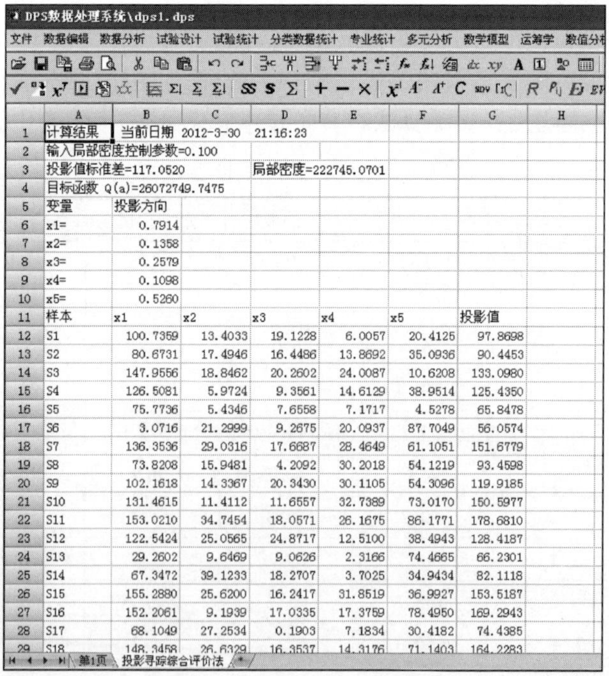

	A	B	C	D	E	F	G	H
1	计算结果	当前日期 2012-3-30		21:16:23				
2	输入局部密度控制参数=0.100							
3	投影值标准差=117.0520			局部密度=222745.0701				
4	目标函数 Q(a)=26072749.7475							
5	变量	投影方向						
6	x1=	0.7914						
7	x2=	0.1358						
8	x3=	0.2579						
9	x4=	0.1098						
10	x5=	0.5260						
11	样本	x1	x2	x3	x4	x5	投影值	
12	S1	100.7359	13.4033	19.1228	6.0057	20.4125	97.8698	
13	S2	80.6731	17.4946	16.4486	13.8692	35.0936	90.4453	
14	S3	147.9556	18.8462	20.2602	24.0087	10.6208	133.0980	
15	S4	126.5081	5.9724	9.3561	14.6129	38.9514	125.4350	
16	S5	75.7736	5.4346	7.6558	7.1717	4.5278	65.8478	
17	S6	3.0716	21.2999	9.2675	20.0937	87.7049	56.0574	
18	S7	136.3536	29.0316	17.6687	28.4649	61.1051	151.6779	
19	S8	73.8208	15.9481	4.2092	30.2018	54.1219	93.4598	
20	S9	102.1618	14.3367	20.3430	30.1105	54.3096	119.9185	
21	S10	131.4615	11.4112	11.6557	32.7389	73.0170	150.5977	
22	S11	153.0210	34.7454	18.0571	26.1675	86.1771	178.6810	
23	S12	122.5424	25.0565	24.8717	12.5100	38.4943	128.4187	
24	S13	29.2602	9.6469	9.0626	2.3166	74.4665	66.2301	
25	S14	67.3472	39.1233	18.2707	3.7025	34.9434	82.1118	
26	S15	155.2880	25.6200	16.2417	31.8519	36.9927	153.5187	
27	S16	152.2061	9.1939	17.0335	17.3759	78.4950	169.2943	
28	S17	68.1049	27.2534	0.1903	7.1834	30.4182	74.4385	
29	S18	148.3458	26.6329	16.3537	14.3176	71.1403	164.2283	

图6-4　投影寻踪法计算结果

按照投影寻踪模型,计算的最优投影方向向量为

$$a^* = (0.7914, 0.1358, 0.2579, 0.1098, 0.5260)$$

发动机磨损监测各元素的权重系数为

$$\omega = (0.6263, 0.0184, 0.0665, 0.0121, 0.2767)$$

权重系数图如图 6-5 所示,可知各元素按权重大小依次为 Fe、Cu、Pb、Al、Si。据此可得到投影综合值(监测数据融合值)的计算方法:

$$z_i = 0.6263 \text{ Fe} + 0.0184 \text{ Pb} + 0.0665 \text{ Cu} + 0.012 \text{ Al} + 0.2767 \text{Si}$$

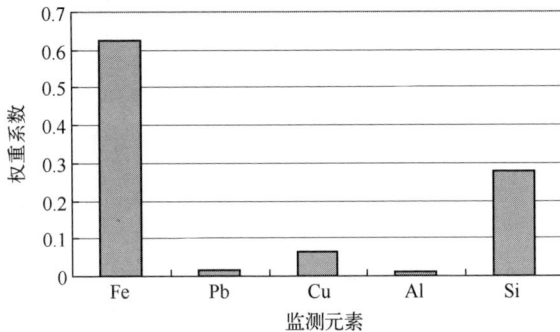

图 6-5 发动机磨损监测各元素的权重系数

(3)基于投影寻踪的技术状态识别标准。

将投影向量代入 z_i 的计算式得到 600 个油液样本的投影特征值,样本序列号与其对应的特征值如图 6-6 所示。

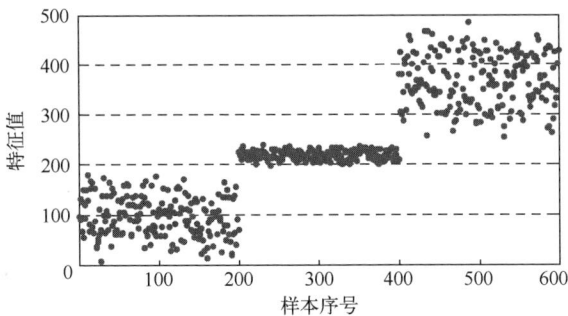

图 6-6 样本序号和特征值

从图 6-6 可以看出:根据投影值大小可以将样本分成三个级别,各级别对应的特征值变化区域见表 6-9。

表 6-9　某型发动机磨损监测投影特征值变化区域

级　别	状　态　分　类	特征值变化区域
第 0 级	正常	$[8.0994\quad178.6810]$
第 1 级	报警	$(178.6810\quad240.7042]$
第 2 级	报告	$(240.7042\quad485.0314]$

投影特征值越小,分类级别值越小,可以得到 600 个样本的分类级别与其实际级别完全相同。样本特征值与分类级别关系如图 6-7 所示。

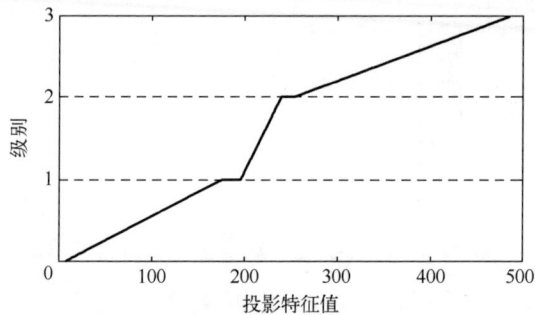

图 6-7　样本投影特征值与分类级别关系

（4）技术状态评估结果分析。

选取两台典型被试发动机对其技术状态进行评估和分析,将两台发动机分别标识为发动机 1 和发动机 2,根据各发动机在不同摩托小时的监测样本,可求得相应的投影特征值及分类级别判定结果,如表 6-10 所列。

表 6-10　某型发动机磨损监测投影特征值及分类级别

工作时间/摩托小时	发动机 1		发动机 2	
	投影特征值	分类级别	投影特征值	分类级别
204	44.37	0	33.968	0
339	57.97	0	64.600	0
425	73.90	0	104.011	0
537	107.3	0	162.244	0
583	120.2	0	199.218	1

从表 6-10 可以看出:随着发动机工作时间的增大,其状态监测数据的投影特征值随工作时间增加而增大,发动机 1 各样本的分类级别均为第 0 级,显示发动机为正常状态。而发动机 2 前 4 个样本的分类级别为第 0 级,发动机为正常

状态,但在 583 摩托小时,分类级别为第 1 级,处于报警状态,发动机 2 在前 3 个样本的投影特征值比发动机 1 的小,但增长较快,第 4、5 个样本的投影特征值超过了发动机 1。通过分析具体的元素含量的变化可知,发动机 2 油液中 Si 元素的浓度增长较快,导致了发动机 2 状态的加速劣化,其本质原因是两台发动机所处试验环境不同,发动机 2 的试验环境灰尘较大,导致了油液中 Si 元素含量的快速增加。

6.3.3　基于云重心评估法的技术状态评估

在相同工作条件下运行,定时对两辆同型号车辆(分别编号为 1 号车、2 号车)的发动机进行检测。采用 1 号车检测数据进行参数估计,2 号车进行状态评估。2 号车检测数据如表 6-11 所列。

表 6-11　2 号车发动机检测数据

工作时间/摩托小时	p_{max}/MPa	t_i/s	t_d/s	V_p/g	θ_{fd}/(°)	B_m/(mL/s)
50	2.902	3.934	1.554	49.975	33.401	3.243
100	2.853	4.103	1.688	39.864	31.463	4.044
150	2.816	4.478	1.745	35.737	30.773	5.362
200	2.802	4.505	1.794	35.142	30.874	5.217
250	2.774	4.687	1.831	34.412	30.664	5.693
300	2.753	5.234	1.909	33.856	30.318	5.891
350	2.703	5.771	1.946	30.023	28.157	6.474
400	2.659	6.214	2.047	29.421	27.456	6.441
450	2.625	6.645	2.013	28.433	27.154	6.328
500	2.587	6.964	2.147	27.014	26.347	6.742
550	2.521	7.314	2.343	26.056	25.032	6.944

(1) 根据统计结果和相关资料,该装备发动机各技术状态参数基准值如表 6-12 所列。

表 6-12　某装备发动机技术状态评价基准值

特征参数 状态等级	p_{max}/MPa	t_i/s	t_d/s	V_p/g	θ_{fd}/(°)	B_m/(mL/s)
优秀	2.8833	4.8907	1.7817	49.6296	34.000	4.4088
良好	2.8298	4.9821	1.8792	39.7243	32.000	4.4591
中等	2.7751	5.1636	1.9496	36.2686	30.500	5.2859

特征参数 状态等级	p_{max}/MPa	t_i/s	t_d/s	V_p/g	$\theta_{fd}/(°)$	$B_m/(mL/s)$
一般	2.6548	5.7331	2.0483	33.0309	28.000	6.2324
差	2.6152	7.2841	2.3433	26.8741	26.000	6.3035

（2）检测数据经过处理后，得到的最终评估数据如表6-13所列。

表6-13　最终评估数据

使用时间/摩托小时	$\hat{p}_{max}$	$\hat{t}_i$	$\hat{t}_d$	$\hat{V}_p$	$\hat{\theta}_{fd}$
50	0.980	0.990	0.953	0.999	0.989
100	0.861	0.941	0.837	0.578	0.778
150	0.771	0.832	0.787	0.406	0.431
200	0.737	0.825	0.744	0.381	0.469
250	0.668	0.772	0.712	0.351	0.344
300	0.617	0.613	0.644	0.327	0.292
350	0.495	0.458	0.612	0.168	0.138
400	0.388	0.329	0.524	0.143	0.147
450	0.305	0.204	0.554	0.101	0.177
500	0.212	0.112	0.437	0.042	0.068
550	0.051	0.010	0.267	0.002	0.015

（3）以300摩托小时发动机技术状态评估为例进行详细说明，评估数据如表6-14所列。

表6-14　300摩托小时发动机技术状态评估数据

使用时间/摩托小时	$\hat{p}_{max}$	$\hat{t}_i$	$\hat{t}_d$	$\hat{V}_p$	$\hat{\theta}_{fd}$
50	0.980	0.990	0.953	0.999	0.989
100	0.861	0.941	0.837	0.578	0.778
150	0.771	0.832	0.787	0.406	0.431
200	0.737	0.825	0.744	0.381	0.469
250	0.668	0.772	0.712	0.351	0.344
300	0.617	0.613	0.644	0.327	0.292

（4）使用正向云发生器，通过Matlab编程计算，可以得到6个评估指标的隶属云（取云滴数$N=1000$），如图6-8所示。

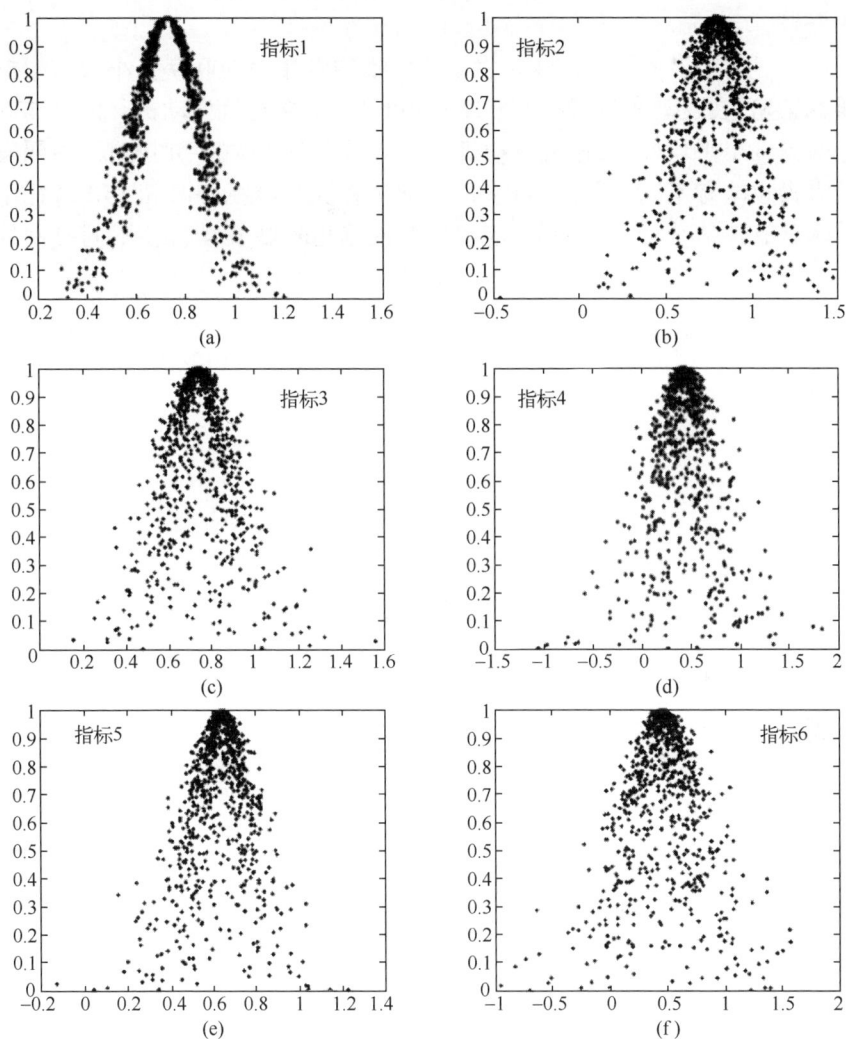

图 6-8　发动机技术状态参数隶属云图

（5）确定评估结果。根据加权偏离度 $\theta = -0.421$，即距离理想状态下的距离为 0.579，该结果可以激活"良好"和"中等"两个对象，并且激活"中等"程度大于"良好"的程度，于是技术状态评估结果为介于"良好"和"中等"之间，偏向于"中等"。

同理，可以求得 550 摩托小时技术状态的加权偏离度 $\theta = -0.724$，即距离理想状态下的距离为 0.276。可以激活"一般"和"差"两个对象，并且激活"差"程度大于"中等"的程度。于是技术状态评估结果为介于"一般"和"差"之间,偏向于"差"。

（6）评估结果分析。该装备发动机的平均寿命为 500 摩托小时。根据定时维修策略,在发动机运行了 500 摩托小时后,需要更换发动机。但是 500 摩托小时是一个平均标准,通常发动机实际寿命比 500 摩托小时略长,不同发动机的寿命也略有不同。所以,对于该发动机在 300 摩托小时和 550 摩托小时的技术状态评估符合实际情况,能够较为准确地反映发动机在不同时刻的技术状态。

第7章 状态维修决策

维修决策是状态维修最重要的阶段。对装备的技术状态进行评估和预测，最终目标是指导和优化装备的维修决策。状态维修决策目的是在保证装备安全性和可靠性的前提下，对成本和收益进行综合权衡，确定最佳的维修时机、维修任务和维修计划，实现及时、有效和经济的维修。

7.1 装备状态维修决策内容与过程

状态维修决策主要涉及状态监测、检测、维修等各种维修行为以及实施该措施的时机。维修行为主要包括两类：一是维修行为，包括正常使用、预防维修、事后维修等；二是检测和监测行为，包括定期检测、缩短检测间隔期等。

7.1.1 状态维修决策的数据结构

状态维修决策主要包括继续使用定期监测、继续使用缩短监测周期、停止使用进行维修等。因此，状态维修决策内容可采用如下数据结构：

$$\{维修行为\ d,维修实施时间\ T\}$$

确定可选状态维修行为是实施状态维修的基础。这里的维修行为是指根据装备当前的技术状态，以及未来一定时间内的技术状态，确定的当前最佳维修行为。可选的维修行为主要包括不采取维修措施和实施维修。不采取维修措施是指在该检测点不采取任何维修措施，到下一检测点再进行状态检测和维修决策。在这里，需要确定最佳的状态检测间隔期，即根据装备的技术状态劣化情况以及劣化趋势来确定合理的状态监测间隔期，以通过较低的维修保障费用使装备保持较高的可用度。实施维修是指在未出现故障或失效的条件下，采取预防性维修措施，包括调整、校正、应急维修、换件等。预防维修的结果是装备"修复如新"或"不完全"维修，装备"回到"初始时刻的技术状态或回收部分工作时间。

状态维修行为的实施时机主要包括预防性维修的实施时机、状态监测的时机等。状态监测是影响装备战备完好性的一个关键问题，适时地进行状态监测和检测是状态维修实施的关键。

对于状态劣化过程中的装备来说，随着状态劣化程度的增高，相应缩短状态监测间隔期是状态监测的基本思路。根据装备实时状态,如果当前故障风险可接受,可采用原来设定好的监测周期;如果状态不佳需要缩短监测周期,则需要计算出下一次状态监测的时间;状态劣化严重、故障风险过高时,其状态监测间隔期可直接赋值为0,在接受相应维修行为后,根据维修后的技术状态确定新的状态监测周期。

针对不同目标建立的间隔期模型,得到的目标函数不同,但建模过程基本相同。对于一旦出现故障可能造成严重后果的装备,应该以可靠度或者故障率为目标,以可接受的故障发生概率来确定最佳的状态检测间隔期。

对于装备系统来说,常用的维修行为主要包括正常使用、降级使用和预防性维修,将更新状态监测间隔期设定为每次状态监测之后的必选措施,状态维修决策可表示为二维向量集合: $\{D:(d_1,T_1)(d_2,T_2)(d_3,T_3)\}$ 。式中: d_1 表示继续正常使用; T_1 表示正常使用的监测间隔期; d_2 表示降级使用并缩短监测间隔期; T_2 表示到下一次监测的时间; d_3 表示不能使用,只能采取更换或维修; T_3 表示修竣后到下一次监测的时间。与技术状态分类结果相对应的状态维修决策结果如表7-1所列。

表 7-1　技术状态评估与维修决策的结果对应关系

技术状态分类	优秀	良好	中等	一般	差
维修策略	正常使用,正常监测	缩短监测间隔期		优先维修	立即安排维修
维修间隔期	原间隔期	缩短后的检测间隔期			0

7.1.2　状态维修决策过程

进行状态维修决策,首先要明确维修决策的目标,如保持战备完好性、控制使用维修费用等。不同的决策目标对状态维修决策优化结果有较大的影响,从建模优化的角度分析,单一的状态维修决策目标通常有给定的装备可靠性与安全性指标、单位时间内总的停机时间期望值最小、单位时间维修费用期望最小等。当装备的故障可能造成人员伤亡等安全性后果或环境性危害时,可以采用可靠性与安全性指标作为目标,如为故障率设定阈值等;当装备故障不会造成安全性影响但会影响任务完成时,可以选用期望可用度最大作为目标;当装备故障不会造成安全性或者任务性影响时,可以考虑装备故障可能造成的经济损失,此时可选用单位时间维修费用期望最小为目标。

从决策的角度看,状态维修决策的过程可以分为决策准备阶段和决策阶段,如图7-1所示。

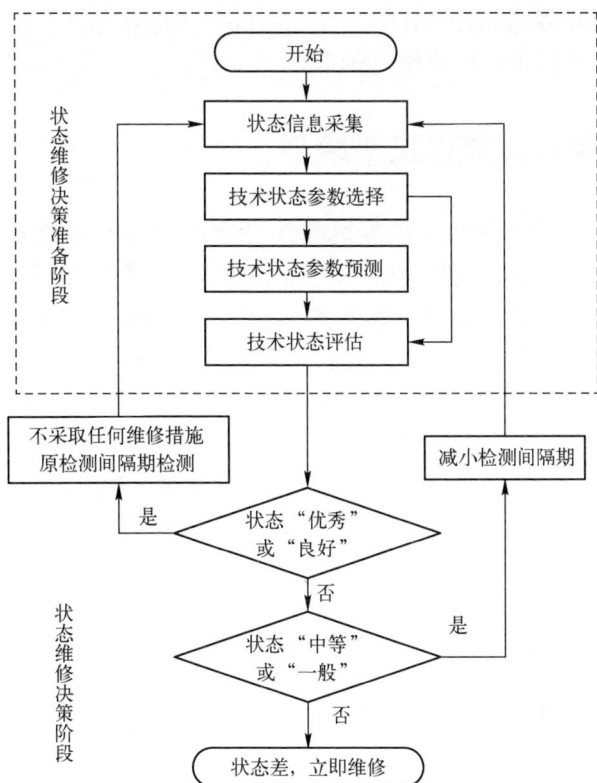

图 7-1　装备状态维修决策过程

1. CBM 决策准备阶段

该阶段主要完成 CBM 决策的前期准备,包括装备状态信息采集、技术状态参数提取、技术状态参数预测、技术状态评估等工作。

2. CBM 决策阶段

该阶段需要根据准备阶段的输出结果,进行维修决策,决定装备是否需要进行维修,以及得出装备的状态检测间隔期。

状态维修决策是一个对装备技术状态进行持续识别,并根据识别结果确定相应维修行为的迭代过程,技术状态为"优秀"或"良好"的装备,处于正常运行阶段,故障率随时间缓慢变化,只根据确定的周期对其状态进行监测。对于技术状态为"中等"或"一般"的装备,装备的技术状态劣化加快,装备可能已经处于潜在故障状态,此时应减小状态检测间隔期。如果不需要在当前监测点对装备采取任何维修措施,则需要确定最佳的状态检测间隔期,即根据装备的技术状态劣化程度以及劣化趋势来确定合理的状态检测间隔期,以通过较低的维修保障费用来使装备保持较高的可用度。对于技术状态为"差"的装备,已经不能满足要求,应该立即进行预防性维修。

7.2 状态检测间隔期决策模型

装备的状态检测间隔期的决策很重要,检测间隔期较短,有利于及时把握装备的技术状态,避免潜在故障发展成严重的功能故障;但是每一次状态检测都需要投入人力、物力和财力,频繁地检测必然会造成大量的资源浪费,尤其是检测费用比较高的情况下,在经济上可能是不现实的。如果检测间隔期较长,虽然节省了维修保障费用,但很可能造成漏检,导致故障的发生,以致影响装备的正常使用,甚至造成人员伤亡等安全事故。

针对不同目标建立的间隔期决策模型,其决策函数模型不同,但建模过程基本相同。建模的第一步是建立装备的可靠性或故障模型,随着各行业对产品可靠性要求的不断提高,各类可靠性分析理论和方法得到了充分的重视和发展,特别是基于寿命数据统计的可靠性模型已经发展成为统计学中的一类完善的研究分支。根据检测成本、故障风险、装备使用可用度等决策准则,可采用单一目标决策或多属性决策方法,求得最佳的状态检测间隔期。这里介绍几种典型的状态检测间隔期决策模型。

7.2.1 基于风险的检测间隔期决策模型

1. 比例故障率模型

比例故障率模型(Proportional Hazards Model,PHM)常用来确定状态维修的检测间隔期。比例故障率模型由 Cox 在 1972 年首先提出,该模型能够建立装备运行状态参数与可靠度之间的关系,实现从装备状态参数到装备故障率之间的映射,从故障率到检测间隔期之间的决策,由于比例故障率模型能够利用装备技术状态参数对装备寿命分布进行精确表示,并且故障率函数不要作特别的假定,近年来在状态检测间隔期决策中越来越受到重视。

比例风险模型的函数形式为

$$\lambda(t,X) = \lambda_0(t)\exp(\beta X) \tag{7-1}$$

式中:$\lambda(t,X)$ 为装备的比例风险函数值;$\lambda_0(t)$ 为仅与时间有关的基本风险函数,可以根据装备的实际情况取常用的可靠性分布函数;X 为装备运行过程中 t 时刻对应的状态值;β 为回归变量系数,反映装备状态值与失效风险之间的关系。

2. 威布尔比例风险模型

威布尔分布是可靠性领域中广泛应用的一类分布形式,它特别适于描述机电类产品的失效风险随磨损累积的变化过程。因此,比例故障率模型中基本风险函数取为威布尔分布形式,称为威布尔比例风险模型(Weibull Proportional Hazards Model,WPHM)。采用此模型描述系统状态与风险函数之间的关系。两参数威布尔分布的风险函数表达式为

$$\lambda_0(t) = \frac{\delta}{\alpha}\left(\frac{t}{\alpha}\right)^{\delta-1} \tag{7-2}$$

式中:$\alpha > 0$ 和 $\delta > 0$ 分别为尺度参数和形状参数。当 $\delta = 1$ 时,风险函数恒为常数,威布尔分布退化为指数分布;当 $\delta > 1$ 时,威布尔分布的风险函数单调递增;当 $\delta < 1$ 时,单调递减。

将式(7-1)代入式(7-2)得威布尔比例风险模型为

$$\lambda(t, X) = \frac{\delta}{\alpha}\left(\frac{t}{\alpha}\right)^{\delta-1} \exp(\beta X) \tag{7-3}$$

3. 极大似然参数估计

威布尔比例风险函数模型中含有未知参数 α、δ 和 β,对于特定的维修对象,必须先从装备的历史故障数据和装备运行的历史状态数据中估计出这些未知参数,确定函数的具体表达式,才能进行状态维修决策。在可靠性研究领域,常用的参数估计方法有最小无偏估计、最小二乘估计和极大似然估计等,当分布类型已知时,常采用极大似然法来进行参数估计。下面介绍利用极大似然法估计比例风险中模型参数的基本步骤。

假设:(1) 状态数据采集对象为同型装备,装备的使用环境相似、状态数据采集条件基本一致;

(2) 任意两个装备状态数据样本之间相互独立,服从同一分布;

(3) 在离散时刻采集装备状态数据样本。

n 表示被检测装备的台数;$R(T_j)$ 表示第 j 台装备的可靠度函数;$\lambda(T_i)$ 表示第 i 台装备的故障密度函数;T_i 表示第 i 个装备的寿命时间;k_i 表示第 i 台装备已进行的状态检测次数;$X_{i,k}$ 表示第 i 台装备在时刻 t_k 进行检测所获得的状态信息;q 表示寿命被观测到的装备的台数;m 表示寿命被观测到的装备的集合。

装备的联合概率密度函数为

$$L = \prod_{i=1}^{q} \lambda(T_i) \prod_{i=1}^{n} R(T_j) \tag{7-4}$$

根据式(7-1)在已知状态检测参数情况下装备的可靠度函数为

$$R(t \mid X) = \exp\left(-\int_0^t \lambda(t,X)\,\mathrm{d}s\right) = \exp\left(-\int_0^t \left(\frac{\delta}{\alpha}\left(\frac{s}{\alpha}\right)^{\delta-1}\exp(\beta X)\right)\mathrm{d}s\right)$$

$$(7-5)$$

将式(7-3)和式(7-5)代入式(7-4)可得

$$L(\delta,\alpha,\beta) = \prod_{i=1}^q \left(\frac{\delta}{\alpha}\left(\frac{s}{\alpha}\right)^{\delta-1}\exp(\beta X)\right)\prod_{i=1}^n \left(\exp\left(-\int_0^t \left(\frac{\delta}{\alpha}\left(\frac{s}{\alpha}\right)^{\delta-1}\exp(\beta X)\right)\mathrm{d}s\right)\right)$$

$$(7-6)$$

对式(7-6)取对数可得

$$\ln L = q\ln\left(\frac{\delta}{\alpha}\right) + \sum_{i=1}^q \ln\left[\left(\frac{s}{\alpha}\right)^{\delta-1}\right] + \sum_{i=1}^q \beta X - \sum_{i=1}^n \int_0^t \left(\frac{\delta}{\alpha}\left(\frac{s}{\alpha}\right)^{\delta-1}\exp(\beta X)\right)\mathrm{d}s$$

$$(7-7)$$

令

$$U = \int_0^{t_j}\left(\frac{\delta}{\alpha}\left(\frac{s}{\alpha}\right)^{\delta-1}\exp(\beta X)\right)\mathrm{d}s \qquad (7-8)$$

由于 X 为装备运行过程中与时间相关的状态值,可以假设只在时刻 $t_j(j=1,2,\cdots,m$ 的取值)发生变化,而在其他时间保持前一时刻的状态值作为常数,则式(7-8)可写为

$$U = \sum_{j=1}^m \int_{t_{j-1}}^{t_j}\left(\frac{\delta}{\alpha}\left(\frac{s}{\alpha}\right)^{\delta-1}\exp(\beta X)\right)\mathrm{d}s = \sum_{j=1}^m \exp[\beta X(t_j)]\left[\left(\frac{t_j}{\alpha}\right)^\delta - \left(\frac{t_{j-1}}{\alpha}\right)^\delta\right]$$

$$(7-9)$$

将式(7-9)代入式(7-7),并分别对 δ、α、β 求偏导数,可得

$$\frac{\partial \ln L}{\partial \delta} = q\frac{1}{\delta} + \sum_{i=1}^q \ln\left(\frac{s}{\alpha}\right) - \sum_{i=1}^n \sum_{j=1}^m \exp[\beta X(t_j)]\left[\left(\frac{t_j}{\alpha}\right)^\delta \ln\left(\frac{t_j}{\alpha}\right) - \left(\frac{t_{j-1}}{\alpha}\right)^\delta \ln\left(\frac{t_{j-1}}{\alpha}\right)\right]$$

$$(7-10)$$

$$\frac{\partial \ln L}{\partial \alpha} = -q\frac{1}{\alpha} + \sum_{i=1}^q (1-\delta)\frac{1}{\alpha} + \sum_{i=1}^n \sum_{j=1}^m \exp[\beta X(t_j)]\left[(t_j)^\delta 1 - (t_{j-1})^\delta\right]$$

$$(7-11)$$

$$\frac{\partial \ln(L)}{\partial \beta} = \sum_{i=1}^q X(t_i) - \sum_{j=1}^n UX(t_j) \qquad (7-12)$$

令式(7-10)~式(7-12)为 0,采用 Newton-Raphson 迭代算法,并用 Matlab 编程求解上述三个式子组成的非线性方程组,便可以得到使式(7-7)最大的参数 $\hat{\alpha}$、$\hat{\delta}$ 和 $\hat{\beta}$ 的估计值,即得到威布尔 PHM 模型中各参数的极大似然估计。

确定威布尔比例故障率模型参数后,即能根据装备工作时间 t 和装备运行过程中的状态值 X 求得各台装备的故障概率密度函数,进而建立基于装备实际

运行状态的检测间隔期决策模型。

4. 基于风险的检测间隔期决策模型

对于大型复杂装备来说,装备真实的故障风险可以采用条件故障函数来表示。即假定装备在工作时间为时刻进行检查且状态完好的条件下,则装备在下一个检测间隔期 Δt 内发生故障的风险可以表示为

$$r = F(T + \Delta T/T) = P(T < t + \Delta t \mid t > T) \tag{7-13}$$

式中:T 为装备的寿命。

由条件概率

$$
\begin{aligned}
r = P(T < t + \Delta T \mid T > t) &= \frac{P(T > t) - P(T > t + \Delta T)}{P(T > t)} \\
&= 1 - \frac{R(t + \Delta T)}{R(t)}
\end{aligned}
\tag{7-14}
$$

将式(7-5)代入式(7-14)可得

$$r = 1 - \exp\left(-\int_t^{t+\Delta T}\left(\frac{\delta}{\alpha}\left(\frac{s}{\alpha}\right)^{\delta-1}\exp(\beta X)\right)\mathrm{d}s\right) \tag{7-15}$$

式中:参数 α、δ、β 为威布尔比例风险模型的参数估计,与时间 t 无关的常量;X 为 t 时刻装备的状态值。

假设装备状态值在一个检测间隔期内不发生变化,在检测点时突变,则式(7-15)可简化为

$$r = 1 - \exp\left\{-\frac{\exp(\beta X)}{\alpha^\delta} \times \left[(t + \Delta T)^\delta - t^\delta\right]\right\} \tag{7-16}$$

t 时刻对装备进行状态检测,得到系统的状态为 X_t,若给定故障风险率 r,威布尔比例风险模型的参数估计 $\hat{\alpha}$、$\hat{\delta}$ 和 $\hat{\beta}$,求解式(7-16)就可以得到装备在给定故障风险约束下的检测间隔期,即

$$\Delta T = \left[t^{\hat{\delta}} - \frac{\ln(1-r)}{\exp(\hat{\beta}X)} \times \hat{\alpha}^{\hat{\delta}}\right]^{\frac{1}{\hat{\delta}}} - t \tag{7-17}$$

由于装备的技术状态根据每个检测点的状态数据动态更新,因此装备的状态检测间隔期也是根据装备技术状态变化动态更新的。

7.2.2 状态检测间隔期多属性决策模型

比例故障率模型虽然能够基于装备实际运行状态确定检测间隔期,但考虑因素较为单一,没有考虑维修费用、维修时间对装备可用度的影响等。这里,考虑多种与维修决策有关的因素,建立一种基于风险的多属性状态检测动态间隔

期模型,在给定可接受风险阈值的前提下,综合考虑维修费用、维修时间等其他影响装备使用的因素,使装备的检测间隔期决策模型得到进一步完善。

1. 多属性决策的基本概念

多属性决策(Multiple Attribute Decision Making,MADM)是指在具有相互冲突、不可公度性(没有统一的度量标准)的多属性的情况下,从事先拟定的有限方案集中进行选择的决策。多属性决策主要有四个特点:

1) 问题的属性多于两个

这里的属性是指伴随着决策事物或现象的某些特点、效能或性质,如装备的维修费用、维修时间、维修后的装备可用度等。属性水平的表示形式可以定性表示,即用语言来表达,也可以是定量的,即数字形式。多属性决策的关键就是在于同时考虑影响决策结果的多个属性,通过一定的权重取值,使决策结果的综合效益达到最优化。

2) 矛盾性

矛盾性表现在:如果用一种方案改进某一目标的值,那么可能使另一目标值变得不好。对于武器装备的维修而言,要使装备获得高的可靠性,那么其维修费用也可能是较高的。如果要使装备的维修费用保持在一定的范围内,那么装备的使用风险也可能同时有所上升。

3) 不可公度性

不可公度性是指不同的属性之间通常具有不同的量纲,具有不可比较性。如装备的维修费用通常以元或万元为单位,而维修时间通常以小时为单位。

4) 离散性

决策空间的离散性是指决策方案集不是连续的,不是区间决策。选择的余地也是有限的、已知的。约束条件隐含于准则之中,不起直接限制的作用。

由此可见,多属性决策问题的实质是根据已有的决策信息,并通过一定的方式对有限个备选的方案进行排序并择优,该过程可分为以下两个部分:

(1) 决策信息:主要包括属性的权重值和属性值。属性值有实数、区间数、语言和模糊数等形式。属性权重值的确定方法主要有客观赋权法、主观赋权法、交互式赋权法和组合赋权法。

(2) 排序和择优:在一定的准则之下,通过一定的方法对给定的决策信息进行处理,然后根据该结果对方案进行排序和择优。主要有加性加权平均法(AWA)、有序加权平均法(OWA)、TOPSIS法、LINMAP法、模糊折中法等。

2. 多属性模糊决策的基本原理

在多属性模糊决策问题中,设有限备选方案集为

$$P = \{p_1, p_2, \cdots, p_n\}, n \geq 2 \tag{7-18}$$

属性集为

$$C = \{c_1, c_2, \cdots, c_m\}, m \geq 2 \tag{7-19}$$

反映各属性相对重要程度的权重集为

$$W = \{w_1, w_2, \cdots, w_m\} \tag{7-20}$$

其中,关于属性指标和权值的表示方式可以是数字的、语言的,所涉及的数据结构可以是精确的,也可以是不精确的。所有语言的和不精确的属性指标、权值以及数据结构等都可以相应地表示成决策空间的模糊子集或模糊数。

评估矩阵 $\boldsymbol{R} = (r_{ij})_{m \times n}$,且 $r_{ij} \in K, r_{ij} = c_i(p_j)$ $(i = 1, 2, \cdots, m; j = 1, 2, \cdots, n)$ 表示方案 p_j 在属性 c_i 下的模糊属性值,其中 K 为模糊语言标度,则 m 个属性对 n 个方案的评价可用目标特征值矩阵表示:

$$\boldsymbol{R} = \begin{bmatrix} r_{11} & r_{12} & \cdots & r_{1m} \\ r_{21} & r_{22} & \cdots & r_{2m} \\ \vdots & \vdots & & \vdots \\ r_{n1} & r_{n2} & \cdots & r_{nm} \end{bmatrix} \tag{7-21}$$

采用广义模糊合成算子对模糊权向量和模糊指标值矩阵 $\boldsymbol{R}$ 进行变换,得到模糊决策向量矩阵 $\boldsymbol{G} = (g_{ij})_{m \times n}$,其中

$$g_{ij} = w_j \otimes f_{ij} \quad (i = 1, 2, \cdots, m; j = 1, 2, \cdots, n) \tag{7-22}$$

再通过适当的模糊排序方法对 $\boldsymbol{G}$ 中的元素进行比较,选出 $p_1, p_2, \cdots, p_n$ 中的最优方案。但是,如何选择适当的模糊集排序方法,是解决多属性模糊决策问题的关键。式(7-22)中的"$\otimes$"定义为两种模糊向量的计算规则。对于两个 L-R 型梯形模糊数分别为

$$Q = (a, b; \alpha, \beta), U = (c, d; \lambda, \mu)$$
$$Q \otimes U = (ac, bd; a\lambda + \alpha c - \alpha\lambda, b\mu + d\beta - \beta\mu)$$

近年来,国内外学者对多属性模糊决策问题进行了深入研究,并取得了一定的研究成果。主要有下面几种:

(1)采用海明距离为测度工具,以模糊理想解和模糊负理想解作为参照基准,根据方案属性指标与模糊理想解以及模糊负理想解的差异大小或由差异构成的相对贴近度值的大小来排序方案的优劣次序。

(2)以理想解向量与方案向量的差投影到权重向量上,根据投影系数的大小来排序方案的优劣次序。

(3)将区间数型的决策矩阵加权后的方案向量投影到理想点上,以投影的大小对方案进行排序。

(4)根据向量投影的思想,把加权后的方案向量投影到理想解上,负理想解投影到方案向量上,根据这两个投影构造方案与理想解的相对贴近度,通过贴近

度的大小排序来对方案的优劣次序进行排序。

3. 多属性模糊决策模型

从前面分析可知：给定不同的故障风险约束条件，便可得到不同的检测间隔期。一般情况下，故障风险约束条件为给定的故障率或失效风险阈值，由此求出的检测周期为满足故障风险的最大间隔期，小于此间隔期的均可满足风险要求。对于决策者来说，此时就需要综合考虑其他影响因素对装备状态检测间隔期进行综合决策。

以不同故障风险约束所对应的检测间隔期作为方案集，记为

$$P = \{p_1, p_2, \cdots, p_n\}, n \geqslant 2$$

建立包括维修时间、维修费用等因素在内的决策属性集，即

$$C = \{c_1, c_2, \cdots, c_m\}, m \geqslant 2$$

反映各属性相对重要程度的权重集为

$$W = \{w_1, w_2, \cdots, w_m\}$$

模糊加权投影折中决策模型是一种综合决策模型，该模型以模糊理想解和模糊负理想解为参照基准对各备选方案或解进行客观评价和综合决策。该模型中的模糊理想解是指各个属性值都达到各备选方案中的最好值，记为 x^+。模糊负理想解是指各个属性值都达到各备选方案中的最差值，记为 x^-。模糊加权投影折中决策模型的评价步骤如下：

第一步，根据决策方案集与属性集确定评估矩阵 $\boldsymbol{R} = (r_{ij})_{m \times n}$，并将其模糊化，得到模糊数矩阵，记为 $\boldsymbol{F} = (f_{ij})_{m \times n}$。由于属性值可以分为效益型指标和成本型指标，针对不同类型的属性有不同的模糊语言标度，通过相应的转换关系可以将不同的模糊语言转化为与其相应的模糊数，然后进行模糊决策的运算。由于 L-R 型模糊数具有良好的近似运算性质，此处将模糊属性值和模糊权重值表示为 L-R 型模糊数。具体的模糊评价语言与一般梯形模糊数、L-R 型模糊数的转换方式如表 7-2 所列。

表 7-2　模糊语言与量化指标的转化关系

一般梯形模糊数	L-R 型梯形模糊数	评价语言		
		成本类指标	收益类指标	权重
$(0,0,0,0.2)$	$(0,0;0,0.2)$	很高	很低	很不重要
$(0,0,0.1,0.3)$	$(0,0.1;0.1,0.2)$	高	低	不重要
$(0,0.2,0.2,0.4)$	$(0.2,0.2;0.2;0.2)$	较高	较低	较不重要
$(0.3,0.5,0.5,0.7)$	$(0.5,0.5;0.2,0.2)$	一般	一般	一般
$(0.6,0.8,0.8,1)$	$(0.8,0.8;0.2,0.2)$	较低	较高	较重要

续表

一般梯形模糊数	L-R 型梯形模糊数	评价语言		
		成本类指标	收益类指标	权重
$(0.7, 0.9, 1, 1)$	$(0.9, 1; 0.2, 0)$	低	高	重要
$(0.8, 1, 1, 1)$	$(1, 1; 0.2, 0)$	很低	很高	很重要

第二步,将模糊数矩阵 $\boldsymbol{F}$ 加权后得到矩阵 $\boldsymbol{G} = (g_{ij})_{m \times n}$,其中 $g_{ij} = w_j \otimes f_{ij}$,$(i = 1, 2, \cdots, m; j = 1, 2, \cdots, n)$。L-R 型模糊数运算方法采用 Bonissone 算法,Bonissone 算法的基本定义如下:

设有两个 L-R 型梯形模糊数分别为 $Q = (a, b; \alpha, \beta)$,$U = (c, d; \lambda, \mu)$,则有

$$Q \oplus U = (a+c, b+d; \alpha+\lambda, \beta+\mu) \tag{7-23}$$

$$Q \otimes U = (ac, bd; a\lambda + c\alpha - \alpha\lambda, b\mu + d\beta - \beta\mu) \tag{7-24}$$

$$\frac{Q}{U} = \left(\frac{a}{d}, \frac{b}{c}; \frac{a\mu + d\alpha}{d(d+\mu)}, \frac{b\lambda + c\beta}{c(c-\lambda)} \right) \tag{7-25}$$

第三步,求出方案集的理想解 x^+ 和负理想解 x^-,然后通过模糊向量投影等方法求出相对贴近度 $d(p_i)$。其中 $x^+ = \{x_1^{\max}, x_2^{\max}, \cdots, x_n^{\max}\}$,$x^- = \{x_1^{\min}, x_2^{\min}, \cdots, x_n^{\min}\}$,$x_j^{\max} = \max_i \{x_{ij}\}$,$x_j^{\min} = \min_i \{x_{ij}\}$。具体求解过程如下:

设有两个模糊向量分别为 $\boldsymbol{X} = \{x_1 x_2, \cdots x_n\}$,$\boldsymbol{Y} = \{y_1 y_2, \cdots y_n\}$,且它们的各分量均以 L-R 型模糊数 $q_i = (a_i, b_i; \alpha_i, \beta_i)$ 和 $u_i = (c_i, d_i; \lambda_i, \mu_i)$ 给出时,则 $L_Y(\boldsymbol{X})$ 称为 $\boldsymbol{X}$ 在 $\boldsymbol{Y}$ 上的投影,即

$$L_Y(\boldsymbol{X}) = \frac{\langle \boldsymbol{X}, \boldsymbol{Y} \rangle}{\langle \boldsymbol{Y}, \boldsymbol{Y} \rangle^{1/2}} \tag{7-26}$$

式中

$$\langle \boldsymbol{X}, \boldsymbol{Y} \rangle = \sum_{i=1}^{n} \left[\frac{1}{2}(a_i c_i + b_i d_i) + a_i \lambda_i + c_i \alpha_i - \alpha_i \lambda_i + b_i \mu_i + \beta_i d_i - \beta_i \mu_i \right] \tag{7-27}$$

由式(7-26)、式(7-27)并结合解析几何可知,$L_Y(\boldsymbol{X})$ 越大,则 $\boldsymbol{X}$ 和 $\boldsymbol{Y}$ 的差异越小;反之,则差异越大。

由于方案 p_i 与理想解 x^+ 之间的差异越小越好,而负理想解 x^- 与方案 p_i 之间的差异越大越好,所以可定义方案 p_i 与理想解 x^+ 的相对贴近度为

$$d(p_i) = \frac{L_{x^+}(p_i)}{L_{x^+}(p_i) + L_{p_i}(x^-)} \tag{7-28}$$

由式(7-28)可知,$d(p_i)$ 越大,$L_{x^+}(p_i)$ 越大,$L_{x^+}(p_i)$ 越大,说明方案 p_i 与理想解 x^+ 之间的差异越小。同理,$d(p_i)$ 越小,$L_{p_i}(x^-)$ 越小,$L_{p_i}(x^-)$ 小,说明负理想

解 x^- 与方案 p_i 之间的差异越大。

第四步,根据相对贴近度的大小排序确定方案的优劣次序,从而得到最优的决策方案。

7.3　状态检测间隔期决策示例

7.3.1　基于风险的检测间隔期确定

以某装备发动机为检测对象,假设该装备使用过程中所处的任务剖面大致相同,即其状态变化规律大致相同,状态检测数据服从同一分布。同时假设发动机的工作环境相同,通过对该发动机进行油液检测,采集到了 4 台发动机的寿命数据和每台发动机在寿命各阶段油液检测样本数据,表 7-3 列出了 4 台发动机的寿命数据,表 7-4 列出了 2 号发动机的 Fe 元素的含量值。

表 7-3　发动机的寿命数据

发动机编号	1	2	3	4
发动机寿命/摩托小时	610	702	785	482

表 7-4　发动机的状态检测数据

检测时间/摩托小时	0	40	80	110	140	180	220	260	300	320
Fe 元素含量/(mg/kg)	25.3	40.56	42.46	45.69	30.49	81.47	88.94	88.05	96.55	114.0
检测时间/摩托小时	360	400	440	480	520	560	600	640	702	
Fe 元素含量/(mg/kg)	123	129.2	139.1	153.7	199.1	197.4	196.4	214.3	212.4	

将收集到的发动机 2 的状态数据,代入式(7-10)~式(7-12)得到关于参数 α、δ 和 β 的方程组。利用 Matlab 进行编程计算,得到参数 α、δ 和 β 的极大似然估计值分别为

$$\hat{\alpha} = 863.2844, \hat{\delta} = 4.8436, \hat{\beta} = 0.0273$$

将上述估计值代入式(7-33),得到此型号发动机的故障密度函数为

$$\lambda(t) = \frac{4.8436}{863.2844}\left(\frac{t}{863.2844}\right)^{3.8436}\exp(0.0273X)$$
$$= 0.0056\left(\frac{t}{863.2844}\right)^{3.8436}\exp(0.0273X)$$

对同类型的其他发动机进行油液检测,在 $t = 192\mathrm{h}$ 时采集油样分析得到该发动机的状态信息值 $X_{192} = 104.96$。

以 $t = 192h$，$X_{192} = 104.96$ 为例，设定故障风险率分别为 0.05、0.10、0.15、0.20，先求解在这些故障风险率下的检测间隔期 ΔT。

当 $r = 0.05$ 时，有

$$\Delta T_{0.05} = \left[t^{\hat{\delta}} - \frac{\ln(1-r)}{\exp(\hat{\beta}X)} \times \hat{\alpha}^{\hat{\delta}} \right]^{\frac{1}{\hat{\delta}}} - t = \left[192^{4.8436} - \frac{\ln(1-0.05)}{\exp(0.0273 \times 104.96)} \times 863.2844^{4.8436} \right]^{\frac{1}{4.8436}} - 192$$

$$= 78.3382$$

同理，可得：

$r = 0.10$ 时，$\Delta T_{0.10} = 115.0553$；$r = 0.15$ 时，$\Delta T_{0.15} = 141.2522$；$r = 0.20$ 时，$\Delta T_{0.20} = 162.4017$。

7.3.2 模糊多属性检测间隔期确定

用前面 7.3.1 节中的数据，以不同的检测间隔期 ΔT 建立决策方案集：

$$P = \{p_1, p_2, p_3, p_4\} = \{\Delta T_{0.05}, \Delta T_{0.10}, \Delta T_{0.15}, \Delta T_{0.20}\}$$

综合考虑维修时间、维修费用、装备使用风险、装备可用度等因素建立决策属性集为

$$C = \{c_1, c_2, c_3, c_4\}$$

各属性的权重由专家打分法得出：

$$W = \{w_1, w_2, w_3, w_4\}$$

根据装备的实际运行状况以及任务需求情况进行评价，设各个属性的语言评价结果与 L-R 型模糊数的对应关系如表 7-5 所列。

表 7-5　不同方案的评价结果

方案集	属性集及其对应的 L-R 型模糊数评价结果			
	c_1	c_2	c_3	c_4
p_1	较高 (0.8,0.8;0.2,0.2)	较高 (0.2,0.2;0.2,0.2)	低 (0.9,1;0.2,0)	高 (0.9,1;0.2,0)
p_2	一般 (0.5,0.5;0.2,0.2)	一般 (0.5,0.5;0.2,0.2)	较低 (0.8,0.8;0.2,0.2)	较高 (0.8,0.8;0.2,0.2)
p_3	一般 (0.5,0.5;0.2,0.2)	一般 (0.5,0.5;0.2,0.2)	一般 (0.5,0.5;0.2,0.2)	一般 (0.5,0.5;0.2,0.2)
p_4	较低 (0.2,0.2;0.2,0.2)	较低 (0.8,0.8;0.2,0.2)	较高 (0.2,0.2;0.2,0.2)	较低 (0.2,0.2;0.2,0.2)
W	一般重要 (0.5,0.5;0.2,0.2)	一般重要 (0.5,0.5;0.2,0.2)	重要 (0.9,1;0.2,0)	较重要 (0.8,0.8;0.2,0.2)

根据表 7-5 进行加权，得到加权模糊数矩阵：

$$G=\begin{bmatrix} (0.4,0.4;0.22,0.22) & (0.1,0.1;0.1,0.1) & (0.81,1;0.32,0) & (0.72,0.8;0.3,0.2) \\ (0.25,0.25;0.16,0.16) & (0.25,0.25;0.16,0.16) & (0.72,0.8;0.3,0.2) & (0.64,0.64;0.28,0.28) \\ (0.25,0.25;0.16,0.16) & (0.25,0.25;0.16,0.16) & (0.45,0.5;0.24,0.2) & (0.4,0.4;0.22,0.22) \\ (0.1,0.1;0.1,0.1) & (0.4,0.4;0.22,0.22) & (0.18,0.2;0.18,0.2) & (0.16,0.156;0.16,0.16) \end{bmatrix}$$

在得出矩阵 G 后,可求出理想解和负理想解如下:

$$x^+ = \{(0.4,0.4;0.22,0.22),(0.4,0.4;0.22,0.22),(0.81,1;0.32,0),(0.72,0.8;0.3,0.2)\}$$
$$x^- = \{(0.1,0.1;0.1,0.1),(0.1,0.1;0.1,0.1),(0.18,0.2;0.18,0.2),(0.16,0.156;0.16,0.16)\}$$

根据模糊向量投影算法,即式(7−26)、式(7−27)求得 $L_{x^+}(p_i)$ 和 $L_{p_i}(x^-)$ 如下:

$$L_{x^+}(p_1) = 1.072306, L_{x^+}(p_2) = 1.060533, L_{x^+}(p_3) = 0.832964, L_{x^+}(p_4) = 0.605376$$
$$L_{p_1}(x^-) = 0.344032, L_{p_2}(x^-) = 0.321356, L_{p_3}(x^-) = 0.361053, L_{x^+}(p_4) = 0.326154$$

然后根据式(7−28)求解相对贴近度 $d(p_i)$ 如下:

$$d(p_1) = 0.757098, d(p_2) = 0.767455, d(p_3) = 0.697615, d(p_4) = 0.649873$$

由上可知,$d(p_2) > d(p_1) > d(p_3) > d(p_4)$。显然,当 $r = 0.10$, $\Delta T_{0.10} = 115.0553$ 时,是在综合考虑装备的维修费用、维修时间以及装备的使用风险和可用度前提下的最优决策结果。

第8章 装备状态维修的组织与实施

理想的状态维修的组织实施,是根据状态维修理论、方法与要求,在建立一整套状态维修体系后,规范化地组织实施。本章主要介绍装备状态维修实施程序和任务分工,以及开展状态维修应重点关注的工作,为状态维修实施奠定基础。

8.1 装备状态维修实施程序与任务分工

8.1.1 装备状态维修实施方案

1. 原则

装备实施 CBM 依据如下原则:

(1) CBM 工作并不能完全代替现有的维修工作。

(2) CBM 实施方案以现行制度为基础,确保设计方案确实可行。

2. 相关说明

制定 CBM 实施方案,对以下几点进行说明:

(1) 装备只针对特定的对象开展 CBM 活动,CBM 工作的对象就是第 2 章所确定的 CBM 对象。

(2) CBM 活动以准确掌握装备的技术状态为基础,状态检测为 CBM 活动的首要环节。

(3) 根据第 2 章的研究的结果,CBM 对象必定是装备的关键子系统或部件,这些系统或部件绝大部分采用先换件再后送集中修理的修理方式,这里只考虑旅(团)级部队的装备维修工作(包括本级可以开展的维修工作和可以申请上级支援的维修工作),假定确定的维修对象均采取换件的方法实施修理。

(4) 依托装备保养进行状态检测工作(结合装备的状态,制定状态检测工作计划),在装备运行后期需要缩短检测间隔期,可以根据检测间隔期决策结果,提高状态检测工作的频率。

(5) 根据规定,装备未达到规定修理时机,出现故障必须进行故障排除工作,由于 CBM 可以在故障发生前对装备展开维修、预防事故发生,因此 CBM 工作可减少部分事后修理工作。

（6）CBM 关键技术是 CBM 的重要支撑,状态数据的预处理、技术状态预测、技术状态评估以及维修决策、CBM 信息的存储等关键技术工作,可以通过专门的 CBM 信息系统完成。

（7）装备业务部门根据 CBM 决策建议(计算机的 CBM 决策结果)制定计划,组织 CBM 工作。

3. 方案设计

该方案的总体思想是以装备状态数据采集为首要工作,通过 CBM 信息系统完成信息处理、技术状态参数预测、技术状态评估和 CBM 决策等关键技术工作,装备业务部门以维修决策为基础实施 CBM。装备 CBM 实施方案如图 8-1 所示。

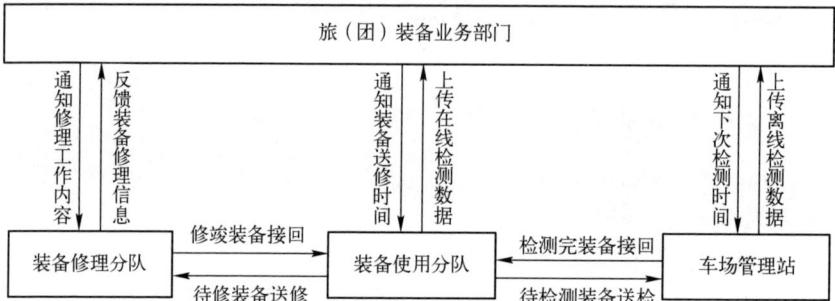

图 8-1　装备 CBM 实施方案

对图 8-1 所示的 CBM 实施方案做出如下说明:

（1）装备的状态数据分为两个部分,包括在线数据和离线数据。

在线数据是由装备自身装载的传感器采集,通过车内的数据总线进行传递,最终存储到车内的数据存储单元内的状态数据。在线数据的收集和上传由装备使用分队完成,每次动用装备后,将存储单元中状态数据存入本单位计算机中,并及时上传至装备业务部门。

离线数据需要使用特定的设备进行状态数据采集,离线数据检测工作由车场管理站完成。车场管理站指定专人在规定的状态检测时机,使用相关检测设备采集状态数据,并上报至装备业务部门。

（2）旅(团)装备业务部门配备相应的状态数据处理服务器,对收集的状态信息进行相应的处理,得出 CBM 决策结果。装备业务部门根据不同的决策结果,组织开展相应的 CBM 工作。

① 不采取维修措施,检测间隔期不变。装备正常使用,按照原定计划开展

下一次状态数据检测工作。

②　不采取维修措施,缩短检测间隔期。装备限制执行某些任务,通知装备使用分队限制范围;根据 CBM 检测间隔期决策的结果,确定下次状态检测时机。

③　立即维修。装备立即停机,制定相关的维修计划,通知装备修理分队组织修理工作。

8.1.2　装备状态检测流程

装备状态检测活动信息流,是指装备的状态信息在各机构之间的传递、流动。装备状态检测信息在信息化平台上平稳流动,是及时、有效地开展装备状态检测工作的关键。

根据装备 CBM 实施方案,装备状态检测任务由旅(团)级的相关机构完成,以装备状态检测活动中的信息流为主线,通过网络平台开展信息交流,建立装备状态检测实施流程。

1. 使用分队计算机终端

装备使用分队配备的计算机终端主要作用如下:

(1) 保存装备在线数据存储单元中的状态检测数据,并及时上传至装备业务部门;

(2) 受领装备业务部门下达的装备送检任务。

2. 车辆管理站计算机终端

车辆管理站配备的计算机终端主要作用如下:

(1) 存储离线数据,并及时上传;

(2) 受领装备业务部门下达的装备检测任务。

3. 装备业务部门状态信息处理服务器

装备业务部门配备的服务器主要作用如下:

(1) 存储由装备使用分队上传的装备在线检测数据、车场管理站上传的装备离线监测数据;

(2) 通过相应的计算机程序,完成状态数据预处理、技术状态参数预测、技术状态评估、CBM 决策等技术工作,得出维修决策结果;

(3) 及时下达装备检测任务。

4. 装备业务部门状态信息数据库

装备业务部门配备的数据库主要作用如下:

(1) 存储所有的状态检测数据;

(2) 记录状态信息处理服务器对状态数据的处理结果,包括状态数据预处理结果、技术状态参数预测结果、技术状态评估结果和维修决策结果,通过对比

分析,对程序进行更新;

（3）记录装备业务部门根据 CBM 决策结果开展的相应工作,包括状态检测活动,装备修理信息等内容,以备随时查询。

装备状态检测实施流程如图 8-2 所示。

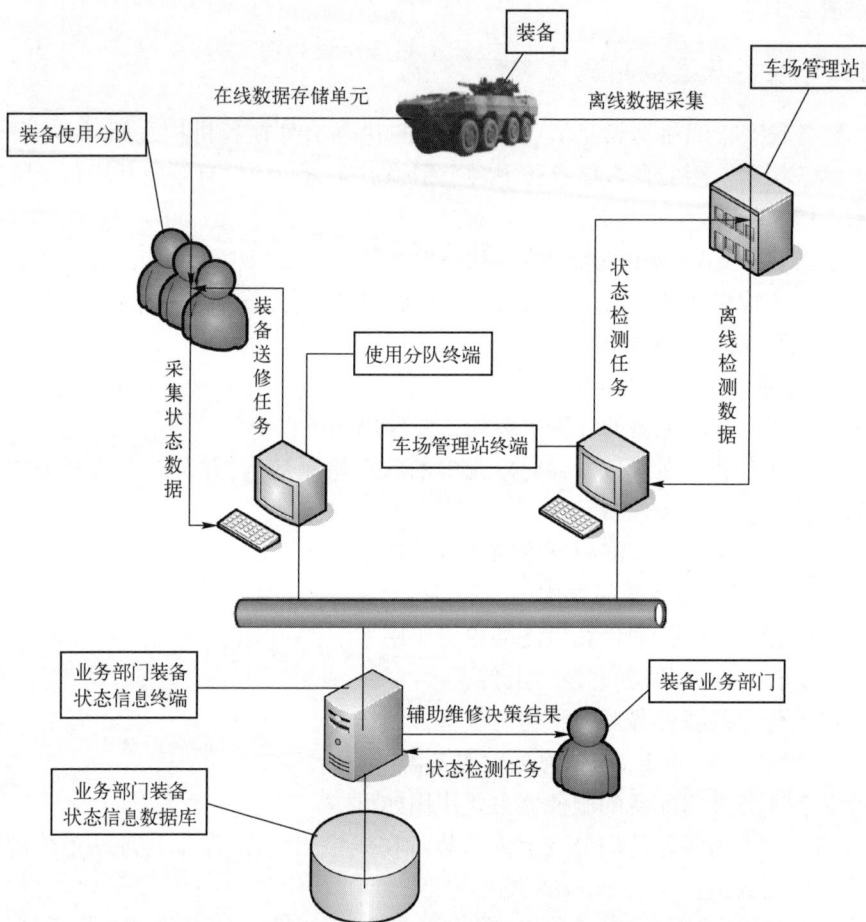

图 8-2　装备状态检测信息流程

8.1.3　装备状态维修任务分工

与部队装备 CBM 实施有关的主要机构有装备使用分队、车辆管理站(有的装备使用分队专设了维护检测分队,CBM 职能任务相近)、装备修理分队、装备业务部门。

1. 装备使用分队

（1）在装备动用前，依据规定的内容、程序、要求进行检查，及时掌握装备状况，做好装备使用前准备；

（2）在装备使用中，注意查看装备在线检测仪表，遇到异常及时、妥善处理，保证装备的正常使用；

（3）每次动用装备后，及时上报装备状态在线检测数据；

（4）装备开展保养活动时，配合车场管理站完成装备状态离线监测任务；

（5）根据装备业务部门的指示，及时送检待检测装备和送修待修装备；

（6）及时接回检测完的装备和修竣装备。

2. 车辆管理站

（1）在装备出场前、返场后进行检查，掌握装备的技术状况；

（2）在装备状态检测时机，对装备开展状态离线监测工作；

（3）及时将装备状态离线监测数据上传至装备业务部门。

3. 装备修理分队

（1）开展装备修理工作；

（2）向装备业务部门反馈修理信息；

（3）跟踪装备使用过程中的状态信息，做好修理准备。

4. 装备业务部门

（1）根据维修决策结果，组织开展 CBM 工作；

（2）制定状态检测计划，统计管理状态信息；

（3）制定装备修理计划；

（4）通知装备修理分队准备开展相关工作。

8.2　开展状态维修应重点关注的工作

8.2.1　从全寿命过程考虑状态维修工作

装备是否适用状态维修，如何更好地实施状态维修，需要从装备论证、研制、生产、使用直至退役的全寿命过程进行综合考虑。在装备论证研制的初期，就要对装备的可靠性和维修性、测试性等提出定性和定量的要求，并及时做好维修保障的规划，在全寿命过程对装备状态信息进行采集、处理、分析和利用等。

1. 提高装备的测试性

提高装备系统整体的测试性水平是状态维修广泛开展的基础性工作。根据测试性的基本理论可知，装备测试性水平主要取决于以下三个方面：

（1）通过设计赋予装备的测试性水平。测试性是装备的固有属性,主要通过装备设计获得,因此,设计阶段是装备测试性水平建立的重要时机。为促进装备状态维修的开展,在设计阶段,合理地划分装备功能与结构单元,使独立单元变得更易于检测,拥有较好的故障隔离能力;在测试点的安排上,统筹规划,使测试活动尽可能方便快捷,对于重要功能部件或关键系统提供完善的监控与报警功能;另外,结合装备特点,尽可能增加原位测试项目,解决测试兼容性的相关问题,使装备固有测试性水平尽可能高。

（2）通过资源规划与保障赋予装备的测试性水平。对于通过设计仍不能兼顾的测试性要求或效费比过低的问题,要尽可能通过保障资源的配套进行解决,为装备技术状态监测与检测提供配套的测试系统或仪器设备,或在设计阶段同步规划未来装备开展 CBM 所必需的测试体系。通过测试设备配套建设进一步提高装备测试性水平,重点发展综合性的智能 ATE 设备,使装备测试过程简化,减少状态参数获取过程中对装备的重复检测。

（3）通过技术状态变化规律研究赋予装备的测试性水平。装备状态维修决策过程的重要依据是装备技术状态参数及依据判据所做出的状态认定结论。当前,受装备自身的测试性水平、保障资源等制约,获取的装备技术状态参数的一致性、重复性和稳定性差别较大,虚警率高,故障检测与隔离率低,状态认定的结果与实际状态仍存在较大差距,这些问题都反映了装备技术状态变化规律的研究不完善,判据标准不科学等一系列问题。因此,在提高装备测试性水平以外,还应大力开展装备技术状态变化规律的研究,准确找到装备潜在故障点,科学设定状态判据,从评判和决策依据的方面提高装备测试性水平。

2. 加强全寿命装备状态监控

实施装备状态维修的基础是要获得能够表达装备技术状态的关键信息,而评价或表征装备技术状态变化规律的各类信息与装备的生产制造、试验、储存、使用、维护、修理等活动紧密结合在一起。为此,必须建立起始于装备生产制造与试验阶段的技术状态监控基线。合理分配各阶段监控目标、时机、监控者,确定监控的方式与各类数据信息等的收集处理过程,并明确最终监控结果的归口方和信息的传递流程。从而形成关于装备全寿命过程的状态维修监控体系,各阶段的划分与工作如表 8-1 所列。

表 8-1　装备状态维修信息监控体系划分与工作

阶　　段	状态维修信息监控要点	监控实施者
生产制造	生产监控基线、技术状态标准、随装生产制造特异信息	生产与质量责任人
试验	试验环境监控基线、试验参数指标、实装试验参数信息与结论、特异信息	试验人

阶　　段	状态维修信息监控要点	监控实施者
运输	运输环境条件基线、运输过程状态参数、特异信息	承运人
试用	试用背景基线、全部技术状态参数、特异信息	试用方及生产方代表
储存/战备	储存环境条件基线、储存状态监控参数、特异信息	装备使用方责任人
训练使用	训练背景基线、全部技术状态参数、特异信息	装备使用方责任人
维护修理	维护背景基线、修理背景基线、全部技术状态参数、特异信息	维护修理方责任人

在装备全寿命过程各阶段依据不同的状态监控要求和内容开展相应的技术状态监控,从生产制造到维护修理的各阶段内部信息流转时以电子信息传递形式或纸介形式进行流转,由监控环节流转给各自的信息管理机构,并根据图 8-3 所示方向传递。各环节由监控实施者将本阶段监控信息向上级专设状态维修管理机构传递时,信息以经过标识的电子信息按单装逐台进行传递,必要时实时更新。从运输环节至维护修理环节,所获得的技术状态信息除了向上级专设机构传递以外,还应向对应的装备使用单位维修决策部门传递,其中包括使用监控方向本单位修理机构的传递。装备科研生产、教学训练机构可以通过调研协作过程向各级装备维修机构决策部门收集各阶段分类的装备技术状态信息,也可向上级专设状态维修管理机构收集信息,但信息收集需经过授权。

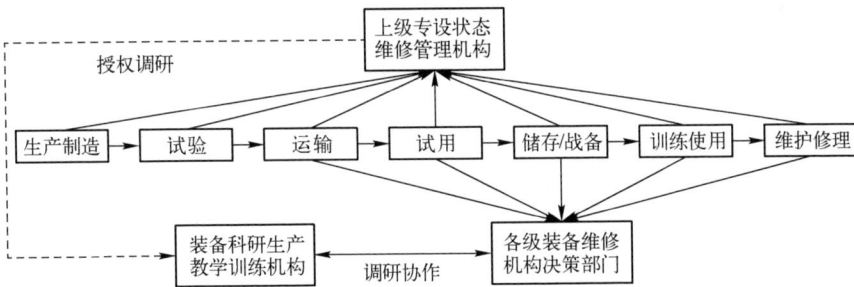

图 8-3　装备状态维修信息流转过程

通过对装备全寿命过程的状态维修各类信息的监控,以获得能够表征技术状态真实变化规律的基础数据,为剩余寿命评估和维修决策提供充分的信息支持。

针对新研制、正在研制等尚未定型的装备,要在装备论证阶段就同步开始 CBM 应用方面的配套工作,为装备开展状态维修打下技术基础、数据支持基础和硬件基础。主要工作包括:

(1) 在装备的论证阶段,就通过研究确定实施状态维修需要测试的数据类型。对于只能通过内部连续采集的数据,要预留加装传感器的位置,设计好数据在装备内部的传输路线,为机内测试(Built-in Test,BIT)和状态的连续监测打下基础。对于可以通过外部离散测试采集的数据,要预留好检查窗的位置,方便数据采集。

(2) 从装备论证阶段开始,就要收集与装备有关的所有信息,包括装备设计研发信息、装备可靠性信息、装备生产制造信息等。即从论证阶段开始,要组织收集装备全寿命周期的所有信息,为维修决策提供有力的信息支持。

(3) 在装备生产定型阶段,就同步开始支持 CBM 实施的相关配套设备的研制。做到战斗装备和保障资源同步生产,同步配发,为尽快形成战斗能力和保障能力提供硬件支持。

针对已经生产定型的装备,可以首先从适用性和有效性两个方面同步论证是否需要实施 CBM。对于有必要实施 CBM 的装备,首先要在关键部件上开展状态监测,作为维修决策的数据支持。但是,在对这一类装备开展 CBM 时要注意以下三个问题:

(1) 监测的数据类型要经过严格的论证,保证监测参数既可以充分表征装备的技术状态,又适于实施 CBM 工作。

(2) 为监测状态需要加装传感器,一定要保证测试设备不破坏已成型结构,不影响原装备的战术技术性能,在此基础上研究传感器的布置位置和类型选择等。

(3) 确保决策的维修措施和维修间隔期在该装备上是可行的,一定要根据装备本身的特点做出合理的维修决策。

由于不具备完全实施 CBM 的实施条件,可以逐步向 CBM 维修过渡。如美军实施的基于单个装备质量差异监控的维修,这种装备技术状态数据同历史信息结合综合评估单个装备质量,最后进行维修决策的维修理念,为已定型装备的综合维修策略提供了新的方向。

在装备的使用与保障过程中,开展装备技术状态监控、状态信息采集,是部队装备使用与保障人员的重要职责。装备使用与保障过程中的监控主要基于两种信息获取方式:一方面通过装备嵌入式检测装置获取装备技术状态信息,主要实施者一般为装备使用人员,由于状态监控的要求与装备一般使用要求不完全一样,因此,需对如何开展状态监控进行培训,并配套相关的管理制度与机制;另一方面可以通过配套或改造适用的装备技术状态检测系统,获取各类详细状态信息主要实施者一般为装备管理人员或专业保障人员,对于何时实施专业级的状态监控,以及监控程序与要求,也需要相应的制度与机制来保证。

8.2.2　加强检测仪器设备配套

状态监测与检测仪器设备是状态维修有效实施的重要物质基础,因此,在提高装备测试性水平、在装备上内嵌监测系统应用的同时,注意开展以下三个方面建设。

1. 加强使用过程中的状态监测与检测设备配套

根据状态维修的要求,明确新型装备使用过程中的状态监测与检测任务、范围和各类参数标准,区分不同级别装备系统和监测活动,建立必要的使用过程检测仪器设备体系。

当前,装备使用过程中检测仪器配套存在以下主要问题:一是使用过程中,利用维修检测设备进行状态检查、测量与控制的业务活动较少,不规范、不系统,配套需求不明确;二是使用阶段,传统的工作模式更多地依据人员的主观判断进行决策,尚未形成成熟稳定的工作流程和机制;三是可用于使用过程的检测设备种类少、缺乏统一规划、体系性设计与配套差,使得长期以来,部队开展使用过程的装备技术状态监测遇到的困难较多。

加强使用过程中的状态监测与检测设备配套,最直接方法是大幅度提高新型装备使用过程仪器设备配套比例。为此,一是解决针对 CBM 的使用过程检测仪器设备顶层规划,明确不同装备使用阶段状态维修工作内容与监测范围,确保仪器设备整体配套、适度前瞻、略有冗余;二是积极加强资源条件建设,采用市场竞争、合同商保障、技术协作或转让等方式,使先进技术逐步广泛应用,减少军内自研自产仪器设备比例,从而为状态维修提供更多、更全面、选择性更强的状态监测与检测仪器设备;三是应加强装备使用人员的专业培训,在提高正确操作使用装备技能的同时,提高装备健康管理的意识与能力,加强装备状态监测与检测仪器设备的使用,以及装备状态信息采集、处理与应用,提高状态监测与检测与技术状态管理能力。

开展使用过程仪器设备配套的显著标志,是在以状态监控为目标的装备日常使用与管理活动中,能够形成以状态监测与检测数据为依据,以可观测和可再现的事实为基础,提高装备使用、管理与保障的科学性。目前,有的装备使用分队编配了专职的装备管理与保障人员,为装备使用分队配套状态监测与检测仪器设备,实施 CBM 奠定了良好基础。

2. 加强维修实施过程中检测仪器设备的配套

维修仪器设备是装备 CBM 的物质基础,在使用分队或车辆管理站配套装备状态监测与检测仪器设备的同时,加强装备修理分队的装备检测设备和相应的软件系统的配套,提高 CBM 能力。配套时,可吸取相关行业的成功经验,制定装备 CBM 应用所需的设备清单,为了减小风险,可以采取分批逐年投入的方法,并在流程执行过程中不断调整仪器、设备清单,最终配套最佳的维修检测设备。

开展基于装备技术状态变化趋势与剩余寿命的维修,要依据装备技术状态监测体系的有效运行,而仪器设备配套在状态监测中起着至关重要的作用。在传统的定期维修工作中,由于维修内容相对固定,计划性较强,不过多地考虑技术状态对维修决策的影响,在维修活动中所使用的仪器设备种类和数量均较少,应用的领域也较窄。仪器设备比较集中在底盘系统的鉴定、修后性能试验以及上装系统的故障诊断与定位中,服务于维修决策活动的仪器较少。而采用状态维修模式后,装备各系统、部件的维修决策在很大程度上取决于其实际的技术状态和下一阶段工作能力的预期上,因此需要配套的技术手段,这使检测仪器设备与装备的结合更加紧密,针对性更强。

加强装备维修实施过程中的检测仪器设备配套,一方面是要加大检测仪器设备在装备各技术系统的覆盖率和使用率,使检测设备作为必要条件出现在维修工作中,提高维修的科学性、针对性、准确性;另一方面是尽可能提高所配套的仪器设备的技术性能和操作方便性,其功能、性能好,对状态信息的采集、处理能力强,操作方便,有利于在操作现场的使用,更符合实际技术活动需求。

3. 注重检测仪器设备的计量

当前,随着装备技术复杂程度的不断提升,配套的检测仪器设备越来越多,应用也越来越广。但存在着重使用、轻计量的问题,对仪器本身的计量关注不够,经长期使用后出现漂移、失真、技术性能下降,甚至发生故障等问题,对准确获取装备技术状态产生了一定程度的影响,这对依据装备技术状态来进行维修决策的 CBM 来说,将导致技术状态的检测出现失误,对装备潜在问题的检测将出现截然不同的结果,进而导致决策错误,使状态维修活动失败或效益严重下降。因此,仪器设备作为开展装备状态维修的基础,其计量工作必须高度重视。目前,也建立了一些仪器设备的计量检定机构,并开展了计量工作,还存在着一些问题,主要有以下三个方面:

(1)计量体系不够完善,计量检定机构检定范围窄,不能覆盖仪器设备计量检定需求。

(2)计量的强制性不够,计量法规制度和机制不够完善,很多仪器设备长期未经计量检定,仍在使用,潜在的风险较大。

(3)由于计量行业的特殊性,人员培训与技术能力建设不足,不能满足计量需要,影响计量效益发挥。

因此,要高度重视计量工作,建立健全计量体系,完善计量制度机制,加强人员培训与配套建设,开展好仪器设备的计量工作。同时,依托军地合作,应用范围小、数量少、计量要求高、经费需求量大的仪器设备计量工作可依托社会力量开展。

8.2.3　加强状态维修信息系统建设

信息是开展状态维修的基础,大量涉及各层级的装备技术参数、判据、标准等信息必须相互融合,共同发挥作用,才能提高决策的实时性、准确性、规律性。随着信息的快速处理、智能分析、管理决策和远程支持等需求的出现,需要信息系统对信息进行采集、处理、分析、存储、传输。因此,开展状态维修信息系统建设,并充分利用信息环境,开展大数据管理、云端备份、云计算、远程支持等工作,将显著提升状态维修的质量和效益。

围绕开展状态维修工作,各相关单位在业务工作中安排相关的状态维修信息处理工作项目,并通过制度机制使此项业务工作得到固化。一方面,管理本级的状态维修工作和数据信息处理与决策活动;另一方面,依托状态维修信息处理系统,完成装备信息的采集、处理、分析、存储和传输。

状态维修信息系统建设的主要项目包括以下六项:

(1) 装备状态维修数据库建设。构建基本的装备状态维修数据与信息服务基础平台,汇集装备全寿命过程状态信息,并对外提供综合查询支持。

(2) 装备状态维修系统服务器建设。建立面向各级用户的装备状态维修信息数据处理的服务端系统,沟通信息传输、存储和备份的渠道,提供各级决策机构对数据信息的综合应用服务。

(3) 装备状态维修系统客户端建设。面向基层维修决策机构,开发状态维修信息数据库的客户端平台,在部队装备维修决策部门、装备使用单位、保障单位部署,为不同用户提供不同权限的应用接口。

(4) 状态维修数据处理与决策模型研究。为满足不同用户装备维修决策的需求,应建立对应的装备技术状态判定标准。为此需要开展数据汇总、信息提取、策略生成等所需的模型研究,以提高信息服务的智能化水平。

(5) 状态维修数据信息业务管理制度机制研究。在全军范围内建立装备状态维修服务数据库和服务系统后,应开展配套业务工作内容规划、机构建设、管理模式、制度机制等的研究和应用,确保形成便捷、可靠、权威、安全的状态维修信息服务工作。

(6) 状态维修数据信息体系研究。开展 CBM,必须确定所需各类信息的内容、格式、范围、类别、来源、含义、相互关系等,因此应对上述内容开展专项研究,从而为构建全面、科学、综合的数据库和服务功能奠定信息基础。

8.2.4　加强维修器材保障

维修器材是实施装备状态维修的基本物质条件,维修器材保障主要包括器材的筹措、储存、供应等。下面主要根据状态维修的需要,探讨建立状态维修需求、信息联动的装备维修器材供应模式。即在器材供应上,应根据维修决策结果信息,动态获取器材保障需求,通过提高响应速度,增加请领频次,加快供应速度,满足状态维修器材保障需要。

1. 建立维修需求快速响应机制

在维修器材需求确定时,对传统的低值易耗件、维修必换件,仍通过消耗定额来确定消耗需求,同时结合训练任务、维修需求、使用环境等情况调整需求预测;而通过监测、检测所确定实施状态维修所需的机械类装备部组件、总成,以及光电系统(含指控系统)的模件、板卡等随机性强的器材,要结合在线监测、换季普查、定期检测及日常管理所掌握装备技术状态和维修需求,以装备完好率为前提,预测器材实际消耗情况,确定维修器材消耗需求,并结合维修实际情况,不断调整、完善,形成器材消耗标准,根据装备总数及其使用情况,对于消耗规律不明确、价值高、储存要求高、储存年限短的器材优先在基地级建立库存,而一般器材在部队级建立库存。

当部队开展状态维修时,出现消耗规律不明确,价值高、储存要求高、储存年限短这类器材保障需求时,就需向上级请领,上级对部队需求的响应速度必须加快才能满足部队对器材的需求。因此,加强区域临时供应能力,这样既可以及时满足部队维修需求,又可以缩短器材周转周期,减少部队器材库存量,提高器材需求的满足率。

同时,要综合考虑小批量、多批次器材供应时的物流成本和作业成本问题,不能对所有器材采取这种供应方式,要对器材进行分类并采取不同的措施:一是对于需求准确的,无论价值高低,以部队级储存为主,保证年度供应,基地级少量存储,以防应急需求;二是对于需求不确定、价值较低的器材,部队级适量存储,尽量形成一定规模的批量供应,同时又要防止积压;三是对于需求不确定、价值高的器材,尽量基地级存储,采取临时供应的方法,需要强调的是这类器材的物流成本相对器材本身价值而言比例应当较低。

2. 加强器材直达供应

直达供应,一是减少了器材中转环节,缩短了物流时间(数据),提高了保障时效性;二是减少了器材倒运损失,确保器材质量和包装完好率,提高了保障效益;三是降低器材储备总体规模,提高器材利用率;四是防止流通中间环节超规模储备,而基层部队器材短缺的现象。直达供应方式能够大大增强器材保障整体能力。依托统一调度、资源共享的一体化储备结构和信息管理系统,实行点对端的直达供应,可以减少保障层次,把部队器材保障的中间环节减少到最低限度,提高器材保障的时效性。

3. 改善器材供应的补充方式和频次

采用直达供应和快速响应机制后,总体库存压缩了,为完成年度保障任务,需要各级库存之间的协调供应来完成,各级库存之间补货方式和补货频率调整就显得尤为重要。一是对于经常消耗、规律相对比较确定的维修器材,根据消耗定额和库存标准,每年 1~2 次库存补充,实现批量供应,做到精确而高效。二是对于消耗规律不准确的器材,特别是价值高、储存时限短、储存要求高的器材,通过年度供应、批量供应,往往部分器材缺货率高,另外一部分器材又积压严重。这类器材,对于基地级仓库来讲,保持一定的库存量,保证零时供应需求,同时采取多频次、小批量订购方式;对于部队级仓库来讲,要根据实际需求,提高供应频次,既减少贵重器材、大项器材及存储期短、保管要求高的器材库存量,又降低器材缺货率,提高保障效率。

4. 实施周转器材调剂制度

由于状态维修器材消耗的不稳定性,各级器材保障机构现有器材在品种和数量上都会或多或少地出现积压或短缺现象。要解决这些问题,应建立和完善器材调剂制度,通过经常化的调剂活动,对器材进行调整优化、资源重组、集约配置,可以避免器材的重复购置,减少器材积压,加速器材周转,形成本级资源与下级资源的整体保障优势,提高保障效率,在一定程度上还可以弥补装备保障经费的不足。

8.2.5　加强人员培训

状态维修是一个融合多个专业技能的综合性学科,其实施涉及多个专业领域,能否在装备成功应用关键之一是人的问题。在合理编配维修保障人员的基础上,培训是维修保障人员素质提高的有效途径,也是实施装备状态维修的基础性工作。

1. 开展针对性的培训

根据装备使用人员、状态检测人员、维修管理决策人员、装备维修作业人员在实施状态维修过程中所担负的任务需要,开展针对性的保障训练,提高装备状态监测、检测、评估、维修决策、维修作业等相关能力,决定着装备状态维修实施的效果。状态维修相关人员,除了应共同具备信息素养,注重培养装备状态信息采集、处理、利用、汇总上报等能力外,各类人员培训也应有所侧重。

装备使用人员,通常也是装备的维护人员,主要是在装备使用前检查、使用过程中监测装备技术状态、使用后保养,及时发现和处理异常现象并上报状态数据,在装备定期维护过程中,配合车场管理站完成装备状态检测及一般故障排除,在实施状态维修过程中发挥着重要作用。因此,在熟悉装备的构造与原理、正确操作使用与维护的基础上,还应重点加强装备在线监测仪器仪表使用、运行过程中状态监控、状态信息采集与记录、异常状态初步分析与应急处理等方法措施内容的培训,提高装备状态监控能力和状态信息采集能力。

车辆管理站装备技术状态检查人员,在实施状态维修过程中,主要是利用装备检测线或便携式检测仪器设备,对装备的技术状态检测,并将采集到的状态信息、初步的状态识别信息及时上报。因此,在掌握装备的战术技术性能、构造原理、性能检查检测、装备分类基础上,应重点加强装备检测线及检测仪器设备工具的使用与维护、装备状态信息检测方法、装备状态识别与分析判断等内容培训,提高装备状态检测与识别能力。

装备修理人员在实施状态维修过程中,一方面能够到装备现场对装备实施巡检巡修,另一方面依据状态维修决策方案,对待修装备实施修理,同时及时向装备业务部门反馈装备检查、修理信息。因此,装备修理人员在具备一般的修理能力基础上,重点加强装备故障分析判断、隔离定位与排除,检测仪器设备使用维护与计量等内容培训,提高装备的巡检巡修、维修作业能力。

装备业务部门维修管理人员在实施状态维修过程中,主要是综合装备状态信息、历史数据及预测结果进行状态维修决策,指导装备的正确使用、检测与维修,协调解决装备使用、检测与维修中的问题。因此,应加强装备状态维修的理论与方法,装备状态检测、识别与预测等内容的培训,提高实施状态维修的决策能力、组织协调能力。

2. 加强培训配套条件建设

加强培训条件建设,提高实施状态维修的培训能力。一是完善保障训练培训内容。将状态维修理论与方法、装备状态监测检测、故障分析判断、维修检测仪器设备使用与维护等内容纳入装备保障专业技术军官、专业士官的课程体系(或教学内容),使其建立状态维修、精确维修的理念,掌握状态维修的一般程序与方法,具备组织实施装备 CBM 的技能,并通过教材、教范、作业指导书等形式体现装备状态维修训练内容。二是完善院校、训练机构教学保障配套建设。着眼加强实施状态维修教学需要,依据"理论、模拟、实装""部组件、分系统、整装综合"逐次递进、逐级合成的要求,大力推进院校与训练机构专修室、实验室配套建设,重点突出新装备及部组件、状态维修检测仪器设备、有关模拟训练系统、虚拟训练系统等配套建设,满足 CBM 教学的需要。三是加强实施 CBM 教学的教员与教练员队伍建设。实施状态维修对装备维修保障教员提出了更高要求,一方面加强院校、训练基地的教员队伍建设,培养一支精通状态维修理论与方法技术教学的教员队伍;另一方面,加强装备状态维修部队教练员队伍建设,以保障分队的技术军官、高中级专业士官为主体,以聘请院校、训练机构相关人员为补充手段,形成相对稳定的教练员队伍,利用实装及配发的维修检测仪器设备、状态维修决策系统,以在岗培训为主要训练方式,逐步形成满足部队开展装备状态维修训练需要的动态补充、持续生长的教练员队伍。

参 考 文 献

[1] 甘茂治,康建设,高崎. 军用装备维修工程[M]. 北京:国防工业出版社,1999.

[2] 周林,赵杰,冯广飞. 装备故障预测与健康管理技术[M]. 北京:国防工业出版社,2015.

[3] 柳迎春,李明. 军用航空发动机状态监控与故障诊断技术[M]. 北京:国防工业出版社,2015.

[4] 王江萍. 机械故障诊断技术及应用[M]. 西安:西北工业大学出版社,2010.

[5] 张凤鸣,惠晓滨. 航空装备故障诊断学[M]. 北京:国防工业出版社,2010.

[6] 曹龙汉. 柴油机智能化诊断技术[M]. 北京:国防工业出版社,2005.

[7] 冯廷敏,杨剑锋,唐静,等. RCM中潜在故障的净P-F间隔评判与维修策略[J]. 中国设备工程,2008(8):21-23.

[8] 何江清,王波. 军用装备基于状态的维修理论研究[J]. 舰船电子工程,2009(12):42-44.

[9] 马飒飒,贾希胜,夏良华. 军队装备维修工程CBM综述[J]. 北京:装备指挥技术学院学报,2008,19(2):111-116.

[10] 殷苏东,陈旭华. 基于状态的维修研究现状与发展趋势[J]. 科学技术与工程,2008(06):1530-1535.

[11] 武小悦. 武器装备CBM体系结构技术及其研究[J]. 国防科技,2005(11):22-23.

[12] 美国国国防部. 基于状态的维修评估报告[R]. 美国国国防部,2000.

[13] Condition Based Maintenance Plus(CBM+) for Materiel Maintenance[R]. DOD Instruction, 2007.

[14] 胡剑波. 军事装备维修保障技术概论[M]. 北京:解放军出版社,2010.

[15] 王瑞朝,王远达,郭俊强. CBM+:航空维修保障新趋势[J]. 国防科技,2009(1):11-15.

[16] Trend Prediction Method Based on the Largest Lyapunov Exponent for Large Rotating Machine Equipments[J]. Journal of Beijing Institute of Technology,2009,18(4):433-436.

[17] 刘震,王厚军,龙兵,等. 一种基于加权隐马尔可夫的自回归状态参数预测模型[J]. 电子学报,2009(10):2113-2118.

[18] 郑长松,马彪. 改进欧拉算法在油液光谱分析趋势预测中的应用[J]. 光谱学与光谱分析,2009,29(4):1078-1082.

[19] 王红军,张建民,徐小力. 基于支持向量机的机械系统状态组合预测模型研究[J]. 振动工程学报,2006,19(2):242-245.

[20] 张德丰,等.MATLAB 神经网络应用设计[M].北京:机械工业出版社,2009.

[21] 徐贵斌,周东华基于在线学习神经网络的状态依赖型故障预测[J].浙江大学学报(工学版),2010,44(7):1251-1254.

[22] 杨虞微,陈果.基于结构自适应径向基神经网络的油样光谱数据建模[J].仪器仪学报,2006,27(1):98-101.

[23] 李登峰.模糊多目标多人决策和对策[M].北京:国防工业出版社,2003.

[24] 俞乾,李卫国,罗日成.基于层次分析法的大型变压器状态评价量化方法研究[J].湖南大学学报(自然科学版),2011.38(10):56-60.

[25] 李伟,刘波峰,林挺宇,等.基于 D-S 证据理论的超速离心机健康状态评估方法[J].仪表技术与传感器,2011,4:97-99.

[26] 孙宜权,张英堂,李志宁,等.基于核主成分分析的柴油机技术状态评估[J].车用发动机,2012(2):89-92.

[27] 刘敏红.熵值理论在饮用水源地富营养化评价中的应用研究[J].安徽农业科学,2009,37(24):11699-11700.

[28] 程崪,王宇,余轩,等.电力变压器运行状态综合评判指标的权重确定[J].中国电力,2011,44(4):26-30.

[29] Gao R X, Wang C T. A Neural Network Approach to Bearing Health Assessment[C]. 2006 International Joint Conference on Neural Networks, Proceedings of the International Joint Conference on Neural Networks. Vancouver. BC: Neural Networks,2006:899-906.

[30] 王英.装备状态维修系统结构与决策模型研究[D].哈尔滨:哈尔滨工业大学,2007.

[31] 满强,陈丽,夏良华.基于比例风险模型的状态维修决策研究[J].装备指挥技术学院学报,2008,19(6):36-39.

[32] 程志君,杨征,谭林.基于机会策略的复杂系统视情维修决策模型[J].机械工程学报,2012,48(6):168-173.

[33] Richard C, Millar. Integrated Instrumentation and Sensor Systems Enabling Condition-Based Maintenance of Aerospace Equipment[R]. 2012.

[34] 杨宇航,高伏,李丹,等.美军直升机基于状态的维修[J].航空科学技术,2013(1):27-30.

[35] Stephen M, Dickerson. CH-47D Rotating System Fault Sensing for Condition Based Maintenance[R]. 2011,03.

[36] 杨洲,景博,张劼,等.飞机故障预测与健康管理应用模式研究[J].计算机测量与控制,2011,19(9):207-209.

[37] 孙博,康锐,谢劲松.故障预测与健康管理系统研究和应用现状综述[J].系统工程与电子技术,2007,29(10):1762-1767.

[38] Tom Udvare. Condition Based Maintenance[R]. TARDEC Technical Report,2008.04.

[39] David Gorsich, Ken Fischer. Ground Vehicle Condition Based Maintenance [R]. TARDEC Technical Report,2010.08.

[40] 胡剑波,葛小凯,王瑛,等.航空装备综合状态维修框架研究[J].空军航空大学学报（自然科学版）,2011.12.

[41] 韩新平,张国海,胡国栋,等.CBM 在车辆维修中关键技术研究[J].物流科技,2012（5）:86-88.

[42] 连光耀,吕晓明,黄考利,等.基于 PHM 的电子装备故障预测系统实现关键技术研究[J].计算机测量与控制,2010,18(9):1959-1961.

[43] 姚建刚,肖辉耀,章建,等.电力设备运行安全状态评估系统的方案设计[J].电力系统及其自动化学报,2009,21(1):52-57.

[44] 郝晋峰,李敏,史宪铭,等.自行火炮状态维修决策支持系统[J].火力与指挥控制,2012,37(3):161-164.

[45] 黄爱梅,董蕙茹.基于状态的维修对飞机装备维修的影响研究[J].装备指挥技术学院学报,2010(2):122-125.

[46] 数理统计编写组.数理统计[M].陕西:西北工业大学出版社,1999.

[47] 张建林.MATLAB&Excel 定量预测与决策—运作案例精编[M].北京:电子工业出版社,2012.

[48] 冯文权.经济预测与决策技术:第 2 版[M].湖北:武汉大学出版社,2000.

[49] 沈军.基于状态参数预测的装备任务成功性评估与维修决策研究[D].北京:装甲兵工程学院,2011.

[50] 刘童.话务量时间序列预测方法的实现[D].长春:吉林大学,2008.

[51] 王英.设备状态维修系统结构与决策模型研究[D].哈尔滨:哈尔滨工业大学,2007.

[52] 王英,王文彬,方淑芬,等.状态维修两阶段预知模型研究[J].哈尔滨工程大学学报2007,18(11):1279-1281.

[53] 陈华友.组合预测方法有效性理论及其应用[M].北京:科学出版社,2008.

[54] 邓聚龙.灰预测与会决策[M].武汉:华中科技大学出版社,2000.

[55] 段赵磊,古志民.基于灰预测的 Web Cache 集群热点对象处理策略[J].北京理工大学学报,2010,30(7):794-797.

[56] 郭齐胜,董志明,李亮,等.系统建模与仿真:上册[M].北京:国防工业出版社,2007.

[57] 李德毅,杜鹃.不确定性人工智能.北京:国防工业出版社,2005.

[58] 李德毅,孟海军,史雪梅.隶属云和隶属云发生器[J].计算机研究与发展,1995,25(6):15-17.

[59] 刘常昱,冯芒,戴晓军,等.基于云 X 信息的逆向云新算法[J].系统仿真学报,2004,16(11):2417-2420.

[60] 王书方.关于自然信息的哲学思考[J].中南大学学报（社会科学版）,2007,13(3):

258-261.

[61] 丁世飞,朱红,许新征,等.基于熵的模糊信息测度研究[J].计算机学报版,2012,35(4):796-801.

[62] 赵丽,朱永明,付梅臣,等.主成分分析法和熵值法在农村居民点集约利用评价中的比较[J].农业工程学报,2012,28(7):235-242.

[63] 齐伟伟,夏良华,李敏,等.基于云重心评估法的装备健康状态评估[J].火力与指挥控制,2012,4(37):217-219:79-81.

[64] 刘建敏.装甲车辆柴油机技术状态评价与预测方法研究[D].北京:装甲兵工程学院,2006.

[65] Lawless J F.寿命数据中的统计模型与方法[M].茆诗松,等译.北京:中国统计出版社,1998.

[66] 左洪福,蔡景.维修决策理论与方法[M].北京:航空工业出版社,2008.

[67] 张耀辉,郭金茂,徐宗昌,等.基于故障风险的状态维修检测间隔期的确定[J]中国机械工程,2008,19(5):555-558.

[68] 陈武.装备状态维修决策研究[D].北京:装甲工程学院,2010.

[69] 周激流.遗传算法理论及其在水问题中的应用研究[D].成都:四川大学,2000.

[70] 仇丽霞.基于遗传算法的最优值选择及医药学应用研究[D].太原:山西医科大学,2007.

[71] 方元华,胡昌华,李瑛.基于遗传算法的威布尔分队参数估计及 MATLAB 实现[J].战术导弹控制技术,2007,56(1):100-103.

[72] 叶玉玲,伞冶.基于遗传算法的粗糙集混合数据属性约简[J].哈尔滨工业大学学报,2008,40(5):683-687.

[73] 高惠璇.应用多元统计分析[M].北京:北京大学出版社,2005.

[74] 骆行文,姚海林.基于主成分分析的岩石质量综合评价模型与应用[J].岩土力学,2010,31(增刊2):452-455.

[75] 任国全,张培林,张英堂.装备油液智能控制原理[M].北京:国防工业出版社,2006.

[76] 陈丽.基于状态的维修模型及应用研究[D].石家庄:军械工程学院,2009.

[77] 彭友福,朱小冬,王苏刚,等.基于业务流程的装备保障信息流模型研究[J].科学技术与工程,2006,6(19):3188-3192.

[78] 李茂华.SAP 企业管理解决方案在装备修理中的应用[D].济南:山东大学,2011.

[79] 施首健.变电设备在线监测与状态检修的研究与实践[D].杭州:浙江大学,2010.

[80] 钟德超,顾祝平.基于状态的维修策略在民航维修领域的应用和展望[J].航空维修与工程,2013,3.

[81] 殷苏东,陈旭华.基于状态的维修研究现状与发展趋势[J].科学技术与工程,2008(3).

[82] 杨宇航,高伏,李丹,等.美军直升机基于状态的维修[J].航空科学技术,2013(1).

[83] 黄立军,陈宇,陈世均．解析以可靠性为中心维修与状态维修的关系[J]．设备管理与维修,2011(S1).

[84] 刘峻．灰色预测控制对燃煤锅炉氮氧化物排放控制的应用[D]．北京:华北电力大学,2015.

[85] 张永波．基于灰色系统理论的预测模型的研究[D]．哈尔滨:哈尔滨工程大学,2005.

[86] 靳飞．灰色系统理论动态模型 GM(1,1)的优化研究及应用[D]．秦皇岛:燕山大学,2012.